物理学レクチャーコース

Introduction to Electromagnetism

電磁気学入門

加藤岳生 著

裳華房

PHYSICS LECTURE COURSE

Introduction to Electromagnetism

by

Takeo KATO

SHOKABO
TOKYO

刊行趣旨

20世紀，物理学は，自然界の基本的要素が電子・ニュートリノなどのレプトンとクォークから構成されていることや，その間の力を媒介する光子やグルーオンなどの役割を解明すると共に，様々な科学技術の発展にも貢献してきました．特に，20世紀初頭に完成した量子力学は，トランジスタの発明やコンピュータの発展に多大な貢献をし，インターネットを通じた高度情報化社会を実現しました．また，レーザーや超伝導といった技術も，いまや不可欠なものとなっています．

そして21世紀は，ヒッグス粒子の発見・重力波の検出・ブラックホールの撮影・トポロジカル物質の発見など，新たな進展が続いています．さらに，今後ビッグデータ時代が到来し，それらを活かした人工知能技術も急速に発展すると考えられます．同時に，人類の将来に関わる環境・エネルギー問題への取り組みも急務となっています．

このような時代の変化にともなって，物理学を学ぶ意義や価値は，以前にも増して高まっているといえます．つまり，“複雑な現象の中から，本質を抽出してモデル化する”という物理学の基本的な考え方や，原理に立ち返って問題解決を行おうとする物理学の基本姿勢は，物理学の深化だけにとどまらず，自然科学・工学・医学ならびに人間科学・社会科学などの多岐にわたる分野の発展，そしてそれら異分野の連携において，今後ますます重要になってくることでしょう．

一方で，大学における教育環境も激変し，従来からの通年やセメスター制の講義に加えて，クォーター制が導入されました．さらに，オンラインによる講義など，多様な講義形態が導入されるようになってきました．それらにともなって，教える側だけでなく，学ぶ側の学習環境やニーズも多様化し，「現代に相応しい物理学の新しいテキストシリーズを」との声を多くの方々からいただくようになりました．

裳華房では，これまでにも，『裳華房テキストシリーズ－物理学』を始め，その時代に相応しい物理学のテキストを企画・出版してきましたが，昨今の時代の要請に応えるべく，新時代の幕開けに相応しい新たなテキストシリーズとして，この『物理学レクチャーコース』を刊行することにいたしました．

この『物理学レクチャーコース』が，物理学の教育・学びの双方に役立つ21世紀の新たなガイドとなり，これから本格的に物理学を学んでいくための“入門”となることを期待しております．

2022年9月

編集委員　　永江知文，小形正男，山本貴博

編集サポーター　　須貝駿貴，ヨビノリたくみ

はしがき

本書は，理工系の学部初年級で電磁気学を初めて学ぶ方々を対象に執筆したテキストです．大学で学ぶ電磁気学では，新しい物理法則はそれほど出てきません．代わりに，高等学校の物理の授業で学ぶ電磁気学の法則を，新しい形で書き直すことを学びます．高等学校で曖昧に記述されていた物理法則を，多変数関数の微積分（ベクトル解析）とよばれる数学によってしっかりと表現することを学ぶわけです．これにより，個別の物理法則を統一的に記述することが初めて可能になり，さらに多くの物理現象を理解することができるようになります．

このような事情で，電磁気学を学ぶ際には多変数関数の微積分は必須の知識となります．しかし，これが電磁気学を学ぶときの障壁ともなります．そこでこのテキストでは，電磁気学で必要となる多変数関数の微積分について，まず最初にまとめて解説することにしました．これが，このテキストの一番の特徴になりますが，このような順番にしたのには理由があります．通常の電磁気学のテキストでは，電磁気学の法則の解説の合間に数学の解説をするのですが，これだと，どこまでが「数学」で，どこからが「物理」かがわからなくなります．また，多変数関数の微積分を解説する段階で直観的な理解をしておくと，電磁気学がぐっとわかりやすくなります．

本書で取り上げる項目は，大学の授業の半期で教えることができる分量を目安に選んでおり，電磁気学を学ぶ上で最も重要な項目に絞って丁寧に解説しました．そのため，本来は電磁気学のテキストに含めるべき項目のうち，いくつかは紙面の都合で省略せざるを得ませんでした．これらのトピックについては，後に出版される本シリーズの通年用の『電磁気学』のテキストなどを参照してください．

すでに電磁気学のテキストは多数出版されている状況で，私がいったいどのような本を書いたらいいか，執筆時には大いに迷いました．大学1年生向けに何回か授業を行っており，授業ノートもあったのですが，正直に告白すると，執筆時においても，書いている内容に自信がもてませんでした．そのときに支えになったのは，私が大学時代に受けた生井澤 寛先生の電磁気学の講義の記憶でした．生井澤先生の授業では，いろいろな法則が微積分を使って統一的な形にまとまっていくことに大いに興奮したことを覚えています．そのときの興奮を少しでも読者に伝えられたのであれば，本書は役割を果たしたといえるでしょう．

本書を執筆するに当たっては，講義をする先生の視点からは編集委員の小形正男先生に，読者の視点からは編集サポーターの須貝駿貴氏とヨビノリたくみ氏に，原稿の査読と共に的確なアドバイスをいただきました．また，私の講義の受講生の一人である小山田峻大さんにも原稿に目を通していただきました．ここに感謝申し上げます．

最後に，筆の遅い筆者を叱咤激励し，丁寧な編集作業で執筆を支えていただいた裳華房編集部の小野達也氏，團 優菜氏に心より感謝いたします．

2022 年 10 月

加藤岳生

目　　次

電磁気学を理解するための大事な一歩

A　スカラー場とベクトル場の微分 ～全微分, grad, div, rot～

A.1　電磁気学と微積分・・・・・・2
A.2　スカラー場とスカラー場の微分・・・・・・・・・・・・・・3
A.2.1　スカラー場とは・・・・・3
A.2.2　スカラー場の偏微分・・・3
A.2.3　全微分公式・・・・・・・5
A.2.4　全微分公式の直観的な意味・・・・・・・・・・・・8
A.2.5　微分記号の導入・・・・・8
A.2.6　grad の直観的な意味・・10
A.2.7　スカラー場の可視化 ―等高面―・・・・・13
A.3　ベクトル場の微分・・・・・15
A.3.1　ベクトル場とは・・・・15
A.3.2　ベクトル場の発散（div）16
A.3.3　ベクトル場の循環（rot）17
A.3.4　循環（rot）のナブラ記号による表記とベクトルの外積・・・・・・・17
A.4　ベクトル場の微分の意味・・19
A.4.1　ベクトル場のイメージ・19
A.4.2　ベクトル場の rot と div の計算練習・・・・・・20
A.4.3　div の意味・・・・・・・22
A.4.4　rot の意味・・・・・・・25
A.4.5　微分公式・・・・・・・28
Practice・・・・・・・・・・・・・29

B　ベクトル場の積分 ～線積分，面積分，体積積分～

B.1　線積分・・・・・・・・・・・30
B.1.1　線積分の定義・・・・・30
B.1.2　力学における線積分の例 31
B.1.3　線積分の計算方法・・・32
B.1.4　線積分の基本定理・・・34
B.2　面積分・・・・・・・・・・・36
B.2.1　面積分とは ―磁場と磁束を例にして―・・・・・・36
B.2.2　面積分の定義・・・・・40
B.3　ストークスの定理・・・・・41
B.3.1　ストークスの定理とは・41
B.3.2　ストークスの定理の証明（ステップ1）・・・・・42
B.3.3　ストークスの定理の証明（ステップ2）・・・・・43
B.3.4　ストークスの定理の証明（ステップ3）・・・・・46
B.3.5　再び rot の意味・・・・・46

B.3.6 ストークスの定理の応用 47
B.4 体積積分・・・・・・・・・・49
B.5 ガウスの定理・・・・・・・51
B.5.1 ガウスの定理とは・・・51
B.5.2 ガウスの定理の証明（ステップ1）・・・・・52
B.5.3 ガウスの定理の証明（ステップ2）・・・・・53
B.5.4 再びdivの意味・・・・・54
Practice・・・・・・・・・・・・・・57

電磁気学入門

1 静電場（Ⅰ）～電場と電位～

1.1 静電気と電荷・・・・・・・・・60
1.2 クーロンの法則・・・・・・・61
1.3 電場・・・・・・・・・・・・・63
1.3.1 電場とは・・・・・・・・・63
1.3.2 点電荷がつくる電場・・・64
1.3.3 電気力線・・・・・・・・65
1.3.4 電場の重ね合わせ・・・・66
1.3.5 様々な形状の電荷がつくる電場・・・・・・・・・69
1.4 ガウスの法則・・・・・・・・・71
1.4.1 点電荷に対するガウスの法則・・・・・・・・・71
1.4.2 任意の閉曲面に対するガウスの法則・・・・・73
1.4.3 ガウスの法則に関する補足・・・・・・・・・・・・75
1.4.4 ガウスの法則の応用・・・78
1.4.5 連続的に分布する電荷がつくる電場・・・・・・80
1.5 電場の湧き出しとガウスの法則・・・・・・・・・・・・・・81
1.6 ガウスの法則の微分形・・・・83
1.7 電位・・・・・・・・・・・・・85
1.7.1 静電場の渦なし条件 ―点電荷が1個あるとき―・・・・・・・・・・・・85
1.7.2 静電場の渦なし条件 ―点電荷が複数あるとき―・・・・・・・・・・・・87
1.7.3 電位の定義・・・・・・・87
1.7.4 電場と電位の関係・・・・90
1.7.5 点電荷がつくる電位・・・93
本章のPoint・・・・・・・・・・・96
Practice・・・・・・・・・・・・・97

2 静電場（Ⅱ）～導体とコンデンサー～

2.1 導体の性質・・・・・・・・・・98
2.1.1 帯電した導体球・・・・101
2.1.2 導体に蓄えられる静電エネルギー・・・104
2.2 コンデンサー・・・・・・・・106
2.2.1 球殻コンデンサー・・・106
2.2.2 平板コンデンサー・・・107
2.2.3 コンデンサーに蓄えられる

静電エネルギー・・・109
2.3　ポアソン方程式・・・・・・111
本章のPoint・・・・・・・・・・・114
Practice・・・・・・・・・・・・・115

3 電　流

3.1　自由電子の運動・・・・・・117
3.2　電流の定義・・・・・・・・120
3.3　電流密度の定義・・・・・・121
3.4　電流密度と電流の関係・・・122
3.5　電荷保存則・・・・・・・・124
3.5.1　連続方程式・・・・・・125
3.5.2　連続方程式の微分形・・126
3.5.3　連続方程式の微分形の意味
・・・・・・・・・・　128
3.6　オームの法則・・・・・・・129
3.7　ジュール熱・・・・・・・・131
3.8　キルヒホッフの法則・・・・132
3.9　コンデンサーを含む回路・　134
本章のPoint・・・・・・・・・・・137
Practice・・・・・・・・・・・・・138

4 静 磁 場

4.1　磁石と磁場・・・・・・・・140
4.2　アンペールの法則・・・・・141
4.3　アンペールの法則の適用例・144
4.4　ローレンツ力・・・・・・・149
4.5　電流が磁場から受ける力・・151
4.6　磁場の渦なし条件・・・・・153
4.7　アンペールの法則の微分形・157
4.8　モノポールが存在しない条件
・・・・・・・・・・・・・159
4.9　ビオ - サバールの法則・・・162
4.10　ビオ - サバールの法則の導出
・・・・・・・・・・・・・166
4.10.1　ベクトルポテンシャル　166
4.10.2　ゲージ変換・・・・・・167
4.10.3　クーロンゲージ・・・・167
4.10.4　ビオ - サバールの法則の
証明・・・・・・・・168
本章のPoint・・・・・・・・・・・173
Practice・・・・・・・・・・・・・174

5 電磁誘導

5.1　電磁誘導・・・・・・・・・175
5.2　ファラデーの法則・・・・・177
5.3　回路が動く場合・・・・・・182
5.4　コイルの自己インダクタンス
・・・・・・・・・・・・・183
5.5　自己インダクタンスの効果・185
5.6　磁場のもつエネルギー・・・187
5.7　共振回路・・・・・・・・・189

本章の Point・・・・・・・・・・・192
Practice・・・・・・・・・・・・・192

6 マクスウェル方程式

6.1　基本法則のまとめ・・・・・194
6.2　ファラデーの法則の微分形・195
6.3　変位電流・・・・・・・・・198
6.4　マクスウェル方程式・・・・203
6.5　電磁場の性質・・・・・・・207
6.6　相対性理論との関係・・・・209
本章の Point・・・・・・・・・・・213
Practice・・・・・・・・・・・・・214

Training と Practice の略解・・・・・・・・・・・・・・・・・・・・・・・・215
索引・・・・・・・・・・・・・・・・・・・・・・・・・・・・・・・・・・226

電磁気学を理解するための大事な一歩

A. スカラー場とベクトル場の微分

～ 全微分，grad，div，rot ～

B. ベクトル場の積分

～ 線積分，面積分，体積積分 ～

スカラー場とベクトル場の微分

～ 全微分，grad, div, rot ～

本章では，電磁気学を学ぶ上で必要不可欠となる数学について解説します．まず，スカラー場とベクトル場の考え方を解説した後，それらの微分について詳しく説明します．ここで学ぶ数学の知識は，電磁気学の法則の記述に必須のものとなります．

A. 1　電磁気学と微積分

電磁気学では，空間中の点 (x, y, z) を決めるとベクトル量が１つ定まるような量（**ベクトル場**といいます）が出てきます[1]．また，点 (x, y, z) を決めると実数が１つ定まるような量（**スカラー場**といいます）も出てきます[2]．**これらのベクトル場やスカラー場の微分や積分を考えることは，電磁気学を理解する際の大事な一歩となります．**

本書では，電磁気学の理解に必要な数学の解説から始めます．多くの電磁気学のテキストでは，物理法則を学びつつ，ベクトル場の微分や積分も同時進行で学ぶことになりますが，そうやってしまうと，電磁気学の「物理」の部分と「数学」の部分がごちゃごちゃになってしまいます．そこで本書では，

1）　ベクトル場の代表的な例として，電場 $\boldsymbol{E}$ や磁場 $\boldsymbol{B}$ が挙げられます．

2）　スカラーとは通常の実数（一般には複素数）のことを指します．ベクトルは座標によって決められる成分がある量ですが，スカラーはこれとは対照的に，座標系とは無関係な量となります．スカラー場の代表的な例として，電位 ϕ や電荷密度 ρ が挙げられます．

「物理法則」と「物理法則とは関係のない，単なる数学的な記述方法や定理から導かれること」を，明確にしながら話を進めていきたいと思います．

また本書では，3次元のベクトル $\boldsymbol{a}$ を成分表示する際に，

$$\boldsymbol{a} = \begin{pmatrix} a_x \\ a_y \\ a_z \end{pmatrix} \tag{A.1}$$

と縦ベクトルで表記します．ただし，スペースの関係で $\boldsymbol{a} = (a_x, a_y, a_z)$ のように横ベクトルで表記することもありますので，ご了承ください．

A. 2　スカラー場とスカラー場の微分

A. 2. 1　スカラー場とは

位置 $\boldsymbol{r} = (x, y, z)$ を1つ定めることで1つの実数（スカラー量）が決まるような物理量を**スカラー場**といいます．例えば，ストーブの前では温度が高く，クーラーの前では温度が低い，などのように，温度 T の値は場所によって異なるので，温度 T はスカラー場になっています．空気の密度 ρ や圧力 p などの物理量も，場所によって異なる値を示すので，スカラー場とみなすことができます．一般にスカラー場 f は位置 $r = (x, y, z)$ の関数となっており，$f(\boldsymbol{r}) = f(x, y, z)$ のように x, y, z の3変数関数として記述されます．

A. 2. 2　スカラー場の偏微分

スカラー場 $f(x, y, z)$ の微分は，3変数関数の微分として考えることができます．まず，x, y, z に関する**偏微分**の定義を書いてみましょう．

$$\frac{\partial f}{\partial x} = \lim_{\Delta x \to 0} \frac{f(x + \Delta x, y, z) - f(x, y, z)}{\Delta x} \tag{A.2}$$

$$\frac{\partial f}{\partial y} = \lim_{\Delta y \to 0} \frac{f(x, y + \Delta y, z) - f(x, y, z)}{\Delta y} \tag{A.3}$$

$$\frac{\partial f}{\partial z} = \lim_{\Delta z \to 0} \frac{f(x, y, z + \Delta z) - f(x, y, z)}{\Delta z} \tag{A.4}$$

偏微分とは，**着目する変数以外の変数を固定した微分**のことをいいます．例えば $\dfrac{\partial f}{\partial x}$ は，y と z を固定して x だけを少し動かしたときの f の変化率を表します[3]．$\dfrac{\partial f}{\partial x}$ の計算は簡単で，「y と z をあたかも定数だと考えて，普通に x で微分する」だけで求めることができます．他の偏微分 $\dfrac{\partial f}{\partial y}$, $\dfrac{\partial f}{\partial z}$ についても，同様に計算することができます．

Exercise A.1

$f(x,y,z) = x^2yz^3$ に対して，$\dfrac{\partial f}{\partial x}$, $\dfrac{\partial f}{\partial y}$, $\dfrac{\partial f}{\partial z}$ を求めなさい．

Coaching $\dfrac{\partial f}{\partial x} = 2xyz^3$,　$\dfrac{\partial f}{\partial y} = x^2z^3$,　$\dfrac{\partial f}{\partial z} = 3x^2yz^2$ ■

Training A.1

次の 3 変数関数 $f(x,y,z)$ に対して，$\dfrac{\partial f}{\partial x}$, $\dfrac{\partial f}{\partial y}$, $\dfrac{\partial f}{\partial z}$ を求めなさい．

(1)　$f(x,y,z) = 2x - y + z$

(2)　$f(x,y,z) = x^2 + y^2 + z^2$

(3)　$f(x,y,z) = \cos(ax + by + cz)$　(a, b, c は定数)

3 変数関数 $f(x,y,z)$ を x で 2 回偏微分したものを，$\dfrac{\partial^2 f}{\partial x^2}$ と表します．また，y で偏微分した後にさらに x で偏微分したものを $\dfrac{\partial}{\partial x}\left(\dfrac{\partial f}{\partial y}\right) = \dfrac{\partial^2 f}{\partial x\,\partial y}$ と表します．

---

3)　∂ という記号を見てぎょっとする方もいるかもしれませんが，これは 1 変数関数の微分を $\dfrac{df}{dx}$ などと書くときの d が変形したものです．微分記号が ∂ を含んでいたら，「何かしら変数が固定されている」ということにだけ注意すれば，後は通常の微分記号 d と同じだと思って構いません．

Exercise A.2

$f(x,y,z)=x^2yz^3$ に対して，$\dfrac{\partial^2 f}{\partial x^2}$，$\dfrac{\partial^2 f}{\partial x\,\partial y}$，$\dfrac{\partial^2 f}{\partial y\,\partial x}$ を求めなさい．

Coaching　$\dfrac{\partial f}{\partial x}=2xyz^3$ および $\dfrac{\partial f}{\partial y}=x^2z^3$ より，

$$\frac{\partial^2 f}{\partial x^2}=\frac{\partial}{\partial x}(2xyz^3)=2yz^3,\qquad \frac{\partial^2 f}{\partial x\,\partial y}=\frac{\partial}{\partial x}(x^2z^3)=2xz^3,$$

$$\frac{\partial^2 f}{\partial y\,\partial x}=\frac{\partial}{\partial y}(2xyz^3)=2xz^3$$

となります．ここで $\dfrac{\partial^2 f}{\partial x\,\partial y}=\dfrac{\partial^2 f}{\partial y\,\partial x}$ が成り立っていることに注意してください．

一般に，$\dfrac{\partial^2 f}{\partial x\,\partial y}$，$\dfrac{\partial^2 f}{\partial y\,\partial x}$ が共に存在し，かつ，共に連続であれば，偏微分の順番を交換しても結果が変わらないことを証明することができます[4)]．■

Training A.2

$f(x,y,z)=x^2yz^3$ に対して，$\dfrac{\partial^2 f}{\partial y\,\partial z}$，$\dfrac{\partial^2 f}{\partial z\,\partial y}$，$\dfrac{\partial^2 f}{\partial z\,\partial x}$，$\dfrac{\partial^2 f}{\partial x\,\partial z}$ を計算し，微分の順番を交換しても同じ結果となることを確かめなさい．

A.2.3　全微分公式

次に，位置 $\boldsymbol{r}=(x,y,z)$ から位置 $\boldsymbol{r}+\Delta\boldsymbol{r}=(x+\Delta x,y+\Delta y,z+\Delta z)$ に少しだけ移動したとき，f の値の変化を考えてみましょう．f の値の変化を Δf とすると，

$$\Delta f=f(x+\Delta x,y+\Delta y,z+\Delta z)-f(x,y,z) \tag{A.5}$$

となります．

例として，$f(x,y,z)=x^2yz^3$ と表される場合を考えてみると，

$$\Delta f=(x+\Delta x)^2(y+\Delta y)(z+\Delta z)^3-x^2yz^3 \tag{A.6}$$

となります．$\Delta x,\Delta y,\Delta z$ が十分小さいとき，$(\Delta x)^2$ や $\Delta x\,\Delta y$ などの 2 次以上の項は，1 次の項に比べて十分小さくなるので，以下では $\Delta x,\Delta y,\Delta z$ の 1 次の項のみに注目して式の展開を行うことにしましょう．

4)　ここでは証明を省略します．詳しくは数学のテキストを参照してください．

$$\begin{aligned} \Delta f &= (x^2 + 2x\,\Delta x + \cdots)(y + \Delta y)(z^3 + 3z^2\Delta z + \cdots) - x^2yz^3 \\ &= 2xyz^3\Delta x + x^2z^3\Delta y + 3x^2yz^2\Delta z + 2\text{ 次以上の項} \end{aligned} \tag{A.7}$$

ここで $\Delta x, \Delta y, \Delta z$ の1次の項の係数に着目してみてください．それぞれ，先ほど Exercise A.1 で求めた偏微分 $\dfrac{\partial f}{\partial x}, \dfrac{\partial f}{\partial y}, \dfrac{\partial f}{\partial z}$ の結果と一致しています！

つまり，

$$\Delta f = \frac{\partial f}{\partial x}\Delta x + \frac{\partial f}{\partial y}\Delta y + \frac{\partial f}{\partial z}\Delta z + 2\text{ 次以上の項} \tag{A.8}$$

が成り立っています．

ここまでは例を用いて解説してきましたが，一般に f の値の変化は

$$\Delta f = \frac{\partial f}{\partial x}\Delta x + \frac{\partial f}{\partial y}\Delta y + \frac{\partial f}{\partial z}\Delta z + \text{誤差項} \tag{A.9}$$

と書き表されることを示すことができます[5)]．ここで最後の誤差項は，$\Delta x, \Delta y, \Delta z$ の2次以上の式で与えられます．もし $\Delta x, \Delta y, \Delta z$ を十分小さくとれば，誤差項は1次の項に比べて十分小さくなって無視できるので，

$$\Delta f \simeq \frac{\partial f}{\partial x}\Delta x + \frac{\partial f}{\partial y}\Delta y + \frac{\partial f}{\partial z}\Delta z \tag{A.10}$$

と近似することも可能です．これは，**1次近似**といわれる近似の考え方を3変数関数に拡張したものに相当します．

Training A.3

$f(x, y, z) = x^2yz^3$ に対して，$(x, y, z) = (1, 1, 1)$ から $(x, y, z) = (1.01, 1.02, 0.99)$ へと変化させたときの f の値の変化を，1次近似の範囲で求めなさい．

1次近似の式（A.10）において，$\Delta x, \Delta y, \Delta z$ を限りなく小さくしていくと，次のような**全微分公式**が得られます．

5)　本書では証明は省略します．気になる方は本書の Web ページの補足事項を，2変数関数の全微分公式については，本シリーズの『物理数学』などを参照してください．

▶ **全微分公式**：3変数関数 $f(x,y,z)$ に対して，$df = f(x+dx, y+dy, z+dz) - f(x,y,z)$ としたとき，

$$df = \frac{\partial f}{\partial x}dx + \frac{\partial f}{\partial y}dy + \frac{\partial f}{\partial z}dz \tag{A.11}$$

が成り立つ．

dx, dy, dz は，$\Delta x, \Delta y, \Delta z$ を限りなく小さくとった理想的な微小量を表しています．つまり，dx, dy, dz は限りなくゼロに近いが，決してゼロではない，実際に存在しない数を表す記号となります．理想的な微小変位 $d\boldsymbol{r} = (dx, dy, dz)$ に対して，(A.9) の誤差項は dx, dy, dz の2次以上の項となり，1次の項に比べて限りなく小さくなるため，式から誤差項を落としてしまって構わないわけです．言い換えれば，全微分公式 (A.11) は (A.10) のように近似式ではなく，等号として成立しているのです．

物理学の計算では，dx, dy, dz は「非常に小さい数」と考えてもらって大丈夫ですが，数学的に厳密な表現ではありません．気になる方は，「全微分公式 (A.11) は (A.9) を簡潔に（標語的に）表したものであり，元々の意味は (A.9) である」と思ってください[6]．

Exercise A.3

$f(x,y,z) = ax + by + cz$ （a, b, c は定数）に対して，df を dx, dy, dz を用いて表しなさい．

Coaching $\frac{\partial f}{\partial x} = a$, $\frac{\partial f}{\partial y} = b$, $\frac{\partial f}{\partial z} = c$ となるので，全微分公式 (A.11) より，$df = a\,dx + b\,dy + c\,dz$． ■

Training A.4

次の3変数関数 $f(x,y,z)$ に対して，df を dx, dy, dz を用いて表しなさい．

(1)　$f(x,y,z) = x^2 + y^2 + z^2$　　(2)　$f(x,y,z) = xyz$

6)　実際，この方針で全微分公式を厳密に証明できます．

A. 2. 4　全微分公式の直観的な意味

全微分公式の意味をイメージするために，次のような例を考えてみましょう．道を歩いていたところ，どこかからカレーのよい匂いが漂ってきたとします．カレーの匂いの元となる分子の濃度を $f(x, y, z)$ とすると，これは位置を定めれば値が1つに定まるので，スカラー場とみなせます．

さて，カレーはどこにあるのでしょうか．あなたならどうしますか？ おそらく，自分の体の位置をわずかにずらすことでしょう！　まず，体の位置を (x, y, z) から $(x + dx, y, z)$ へとずらしたときは，y と z は固定されているので，単位距離当たりの匂いの変化の割合は $\dfrac{\partial f}{\partial x}$ で与えられます．よって，体の位置を (x, y, z) から $(x + dx, y, z)$ へ動かしたときの匂いの変化は，

$$\text{匂いの変化の割合} \times \text{移動距離} = \frac{\partial f}{\partial x}\, dx \tag{A. 12}$$

となるはずです．同様にして，体の位置を $(x, y + dy, z)$ へ動かしたときの匂いの変化は $\dfrac{\partial f}{\partial y}\, dy$，体の位置を $(x, y, z + dz)$ へ動かしたときの匂いの変化は $\dfrac{\partial f}{\partial z}\, dz$ となります．全微分公式は，「体の位置を (x, y, z) から $(x + dx, y + dy, z + dz)$ へと少し動かしたときの匂いの変化は，x, y, z の各方向に体を少し移動したときの匂いの変化をすべて足したものである」といっているのです．式で表せば，

$$df = \underbrace{\frac{\partial f}{\partial x}\, dx}_{x\text{ 方向にずれたときの変化}} + \underbrace{\frac{\partial f}{\partial y}\, dy}_{y\text{ 方向にずれたときの変化}} + \underbrace{\frac{\partial f}{\partial z}\, dz}_{z\text{ 方向にずれたときの変化}} \tag{A. 13}$$

となります．

A. 2. 5　微分記号の導入

全微分公式の形を踏まえて，ここでスカラー場の微分記号を導入しておきましょう．

▶ **スカラー場の勾配**（grad）：スカラー場 $f(x,y,z)$ に対して，

$$\operatorname{grad} f = \nabla f = \begin{pmatrix} \dfrac{\partial f}{\partial x} \\ \dfrac{\partial f}{\partial y} \\ \dfrac{\partial f}{\partial z} \end{pmatrix} \tag{A.14}$$

をスカラー場の**勾配**（gradient，グラディエント）という．

例えば，スカラー場 $f(x,y,z) = x^2yz^3$ に対して，

$$\operatorname{grad} f = \begin{pmatrix} 2xyz^3 \\ x^2z^3 \\ 3x^2yz^2 \end{pmatrix} \tag{A.15}$$

となります．また，grad の代わりに，次のナブラ記号もよく用いられます．

$$\nabla = \begin{pmatrix} \dfrac{\partial}{\partial x} \\ \dfrac{\partial}{\partial y} \\ \dfrac{\partial}{\partial z} \end{pmatrix} \tag{A.16}$$

このナブラ記号は単独では意味をもちませんが，スカラー場 $f(x,y,z)$ に左から作用させたときに

$$\nabla f = \begin{pmatrix} \dfrac{\partial f}{\partial x} \\ \dfrac{\partial f}{\partial y} \\ \dfrac{\partial f}{\partial z} \end{pmatrix} \tag{A.17}$$

となると約束します．これは，スカラー場 $f(x,y,z)$ の勾配 $\operatorname{grad} f$ と同じ意味になるので，$\operatorname{grad} f$ は ∇f とも表せるわけです．

f はスカラー場でしたが，$\operatorname{grad} f$ を計算するとベクトルとなり，位置 (x,y,z) によって向きと大きさが変化します．よって，$\boldsymbol{A} = \operatorname{grad} f$ とおくと，$\boldsymbol{A}$ はベクトル場となります．つまり，スカラー場の微分である勾配（grad）は，

スカラー場 f からベクトル場 $\boldsymbol{A}$ を生成するような微分でもあるのです．

A. 2. 6　grad の直観的な意味

grad f はどのような意味をもつでしょうか．その鍵は A. 2. 3 項で述べた全微分公式にあります．位置 (x, y, z) から位置 $(x+dx, y+dy, z+dz)$ へ移動したときの f の微小変化は，全微分公式によって，

$$df = \frac{\partial f}{\partial x}\,dx + \frac{\partial f}{\partial y}\,dy + \frac{\partial f}{\partial z}\,dz \tag{A. 18}$$

と表されます．これを grad f（$= \nabla f$）で書き直してみましょう．

$$df = \begin{pmatrix} \dfrac{\partial f}{\partial x} \\ \dfrac{\partial f}{\partial y} \\ \dfrac{\partial f}{\partial z} \end{pmatrix} \cdot \begin{pmatrix} dx \\ dy \\ dz \end{pmatrix} = (\mathrm{grad}\, f) \cdot d\boldsymbol{r} \tag{A. 19}$$

ここで，ベクトルとベクトルの間にあるドットはベクトルの**内積**（**スカラー積**）を表します．また，$d\boldsymbol{r} = (dx, dy, dz)$ は位置の微小変位を表す変位ベクトルです．

まず，grad f の向きの意味から考えてみましょう．図 A. 1（a）のように，位置ベクトル $\boldsymbol{r}$ から，位置ベクトル $\boldsymbol{r} + d\boldsymbol{r}$ への微小変位を考えますが，この移動距離

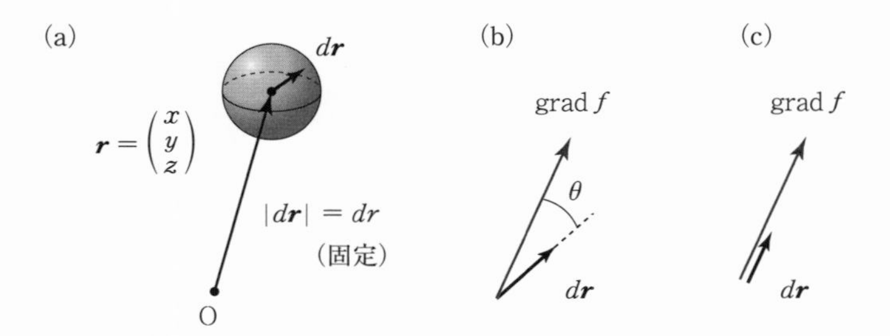

図 A. 1　（a）　位置ベクトルと変位ベクトル
（b）　grad f と $d\boldsymbol{r}$ の成す角
（c）　df が最も大きくなる変位 $d\boldsymbol{r}$

$$dr = |d\boldsymbol{r}| = \sqrt{(dx)^2 + (dy)^2 + (dz)^2} \tag{A.20}$$

は固定しておくことにします．このとき，位置 (x, y, z) から，(x, y, z) を中心とする半径 dr の球面上の点へ微小移動することになりますが，f の値が最も増えるような変位 $d\boldsymbol{r} = (dx, dy, dz)$ の向きはどうなるでしょうか？

その答えは，(A.19) を

$$df = |\mathrm{grad}\, f|\, dr \cos\theta \tag{A.21}$$

と変形することで求められます（内積の公式 $\boldsymbol{a} \cdot \boldsymbol{b} = |\boldsymbol{a}||\boldsymbol{b}| \cos\theta$ を用いました）．ここで θ は，ベクトル $\mathrm{grad}\, f$ と微小変位ベクトル $d\boldsymbol{r}$ の成す角です（図 A.1 (b)）．dr は固定されているので，微小変位 $d\boldsymbol{r} = (dx, dy, dz)$ の向きを変えたときに唯一変化しうるのは θ だけです[7]．よって，f の微小変化である df を最大にするには $\cos\theta$ を最大，すなわち，$\theta = 0$ とすればよいことがわかります．これは，図 A.1 (c) のように，ベクトル $\mathrm{grad}\, f$ とベクトル $d\boldsymbol{r}$ が同じ向きを向いているということを意味します．

以上のことから，**ベクトル $\mathrm{grad}\, f$ （$= \nabla f$）の向きは f の値の変化 df が最も大きくなるような変位の向き**となることがわかります．

さらに，(A.21) に $\theta = 0$ を代入してみると，

$$df = |\mathrm{grad}\, f|\, dr \quad \Leftrightarrow \quad |\mathrm{grad}\, f| = \frac{df}{dr} \tag{A.22}$$

となります．すなわち，**ベクトル $\mathrm{grad}\, f$ （$= \nabla f$）の大きさは，df が最大になる向きに変位したときの f の変化率，つまり f の変化率の最大値となる**ことがわかります．これらをまとめておきましょう．

▶ **grad の性質 1（向きと大きさ）**：スカラー場 $f(x, y, z)$ に対して，ベクトル $\mathrm{grad}\, f$ （$= \nabla f$）の向きに微小変位させると $f(x, y, z)$ の単位距離当たりの増加の割合が最大となり，その値は $|\mathrm{grad}\, f|$ （$= |\nabla f|$）で与えられる．

先ほどのカレーの匂いの例を用いて，もう少し直観的に解説してみましょう．スカラー場 $f(x, y, z)$ を位置 (x, y, z) におけるカレーの匂いの分子濃度とします．このとき，(x, y, z) から $(x + dx, y + dy, z + dz)$ へと体の位

7） $\mathrm{grad}\, f$ は点 (x, y, z) で計算されているので，微小変位 $d\boldsymbol{r}$ に依存しないことに注意．

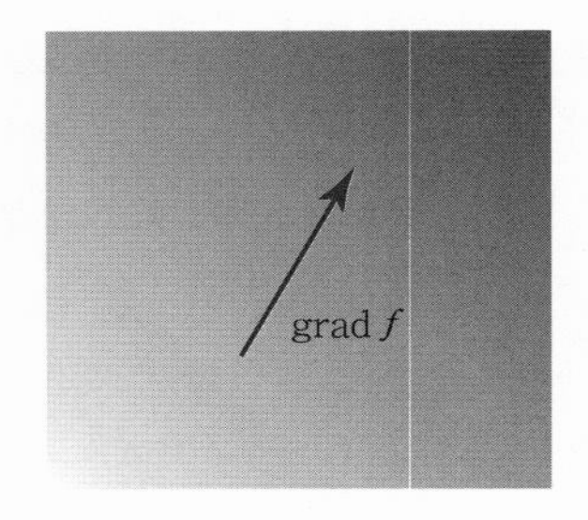

図 A. 2　カレーの匂いの分子の濃度 $f(x, y, z)$ と grad f の関係．色が濃い所が分子の濃度が高い場所を表す．

置をずらしたとしましょう．体を動かす距離 dr を固定して，様々な向きに体を動かしたとき，「カレーの匂いが最も強くなる方向」が grad f の向きとなります．つまり，ベクトル grad f の向きは，（おそらくは）カレーがある場所を指し示しているのです（図 A. 2）！ そして，ベクトル grad f の大きさは，「カレーの匂いが最も強くなる方向」に体を動かしたときの匂いの増加の割合（単位距離当たりの匂いの増加率）に対応する，というわけです．

Exercise A. 4

$r = \sqrt{x^2 + y^2 + z^2}$ としたとき，$f(x, y, z) = 1/r$ に対して grad f を求めなさい．また，grad f が原点へ向かう向きとなることを示し，$|\mathrm{grad}\, f|$ を求めなさい．

Coaching　$f(x, y, z) = \dfrac{1}{\sqrt{x^2 + y^2 + z^2}}$ と表せるので，y と z は定数とみなして x で通常の微分（偏微分）を行うと，

$$\frac{\partial f}{\partial x} = \frac{\partial}{\partial x}\left(\frac{1}{\sqrt{x^2 + y^2 + z^2}}\right) = -\frac{2x}{2(x^2 + y^2 + z^2)^{3/2}} = -\frac{x}{r^3} \tag{A. 23}$$

となります．同様にして，

$$\frac{\partial f}{\partial y} = -\frac{y}{r^3}, \qquad \frac{\partial f}{\partial z} = -\frac{z}{r^3} \tag{A. 24}$$

となるので，これらをまとめると，

$$\mathrm{grad}\, f = \begin{pmatrix} \dfrac{\partial f}{\partial x} \\ \dfrac{\partial f}{\partial y} \\ \dfrac{\partial f}{\partial z} \end{pmatrix} = \frac{1}{r^3}\begin{pmatrix} -x \\ -y \\ -z \end{pmatrix} \tag{A. 25}$$

となります．

これより，ベクトル $\mathrm{grad}\,f$ は位置 (x, y, z) から見て原点へ向かう向きとなり，$\mathrm{grad}\,f$ の大きさは，

$$|\mathrm{grad}\,f| = \frac{1}{r^3}\left|\begin{pmatrix} -x \\ -y \\ -z \end{pmatrix}\right| = \frac{1}{r^3} \times r = \frac{1}{r^2} \tag{A.26}$$

となります．

この最後の結果は納得しやすいと思います．なぜなら，$\mathrm{grad}\,f$ の向きは位置 (x, y, z) から見て原点に近づく向きを向いており，その向きに変位したときの f の変化率の大きさは，r を変化させたときの f の変化率 $\left|\dfrac{df}{dr}\right| = \left|\dfrac{d}{dr}\left(\dfrac{1}{r}\right)\right| = \dfrac{1}{r^2}$ となるからです．■

スカラー場 $f(x, y, z) = x^2 + y^2 + z^2$ に対して，$\mathrm{grad}\,f$ を求めなさい．

A. 2. 7　スカラー場の可視化 ─等高面─

スカラー場 $f(x, y, z)$ は x, y, z の 3 変数関数になっているので，グラフで簡単に図示することができず，少し工夫が必要です．よく用いられる方法は，**等高面**を描くことです．等高面とは，$f(x, y, z)$ が同じ値をとる点を集めてできる曲面のことです．

例として，Exercise A. 4 で扱った $f(x, y, z) = 1/r$ を考えてみましょう $(r = \sqrt{x^2 + y^2 + z^2})$．原点からの距離 r が等しい場所では，$f(x, y, z)$ の値は同じになるので，等高面は原点を中心とする球面となります．例えば，$f(x, y, z) = 1, 2, 3$ の等高面は，半径 $1, 1/2, 1/3$ の球面となります．これでも描くのは大変なので，ある断面で**等高線**を描くこともよく行われます．例えば，$f(x, y, z) = 1/r$ の平面 $z = 0$ での等高線は図 A. 3 (a) のようになります．

このようにスカラー場の図示には等高面や等高線が便利ですが，実は，この等高面（等高線）とスカラー場の勾配 $\mathrm{grad}\,f$ の間には，ある重要な関係があります．そこでまず，図 A. 3 (b) のように点 (x, y, z) を通る f の等高面

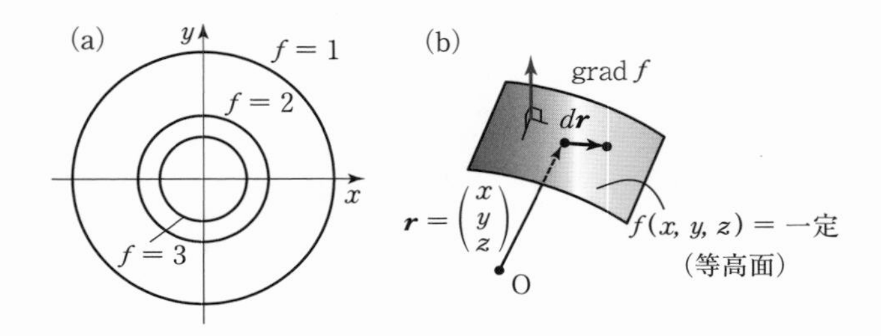

図 A.3　(a)　$f(x,y,z)=1/r$ の $z=0$ での等高線
(b)　f の値を変えないような変位 $d\boldsymbol{r}$．grad f は面の法線方向を向く．

を考えてみましょう．そして，これと同じ等高面上にあるすぐ近くの点 $(x+dx, y+dy, z+dz)$ を考えます．このとき，$f(x+dx, y+dy, z+dz)$ の値は $f(x,y,z)$ の値と同じなわけですから，当然

$$\begin{aligned} df &= f(x+dx, y+dy, z+dz) - f(x,y,z) \\ &= 0 \end{aligned} \tag{A.27}$$

が成り立つはずです．全微分公式（A.11）と組み合わせると，

$$df = (\mathrm{grad}\, f)\cdot d\boldsymbol{r} = 0 \tag{A.28}$$

となるので，この式は，**ベクトル grad f と変位ベクトル $d\boldsymbol{r}$ が直交することを意味しています！**　つまり，位置 (x,y,z) でのスカラー場の勾配 grad f は，(x,y,z) の位置を通る等高面と常に直交することがわかります．

▶ **grad の性質 2（等高面との関係）**：スカラー場 $f(x,y,z)$ に対して，その等高面 $f(x,y,z)=C$（C は定数）を考えたとき，等高面上の点 (x,y,z) での grad f の向きは等高面に必ず直交する．

この性質を直観的に理解するために，先ほどのカレーの匂いの例で考え直してみましょう．カレーの匂いが強くもならず，弱くもならない向きはどちらでしょうか？　位置 $\boldsymbol{r}$ から位置 $\boldsymbol{r}+d\boldsymbol{r}$ へと少し動いたときに，カレーの匂いの強さが変わらない（$df=0$）とすると，（A.28）より，$d\boldsymbol{r}$ は grad f と直交します．したがって，「匂いが変わらない方向に進むには，カレーの匂いが一番強くなる向き（grad f の向き）と直交する向きに進めばよい」という

ことがわかります！

Training A. 6

スカラー場 $f(x, y, z) = x^2 + y^2 + z^2$ に対して，等高面の形状はどうなるでしょうか．また，$\mathrm{grad}\, f$ と等高面が直交することを確かめなさい．

Training A. 7

C の値を一定間隔で変化させながら等高面 $f(x, y, z) = C$ を描いていったとき，等高面の間隔が狭くなった場所で $|\mathrm{grad}\, f|$ が大きな値をもつ理由を説明しなさい．

A. 3　ベクトル場の微分

A. 3. 1　ベクトル場とは

位置 (x, y, z) を1つ定めたときにベクトル量が1つ定まるとき，この量をベクトル場といいます．例えば，図 A. 4 のような川の流れを考えたとき，水の流速の向きや大きさは川の中の位置によって変化するので，水の速度ベクトル $\boldsymbol{v}$ はベクトル場になっています．電磁気学で重要な量となる電場 $\boldsymbol{E}$ や磁場 $\boldsymbol{B}$ もベクトル場になっています．

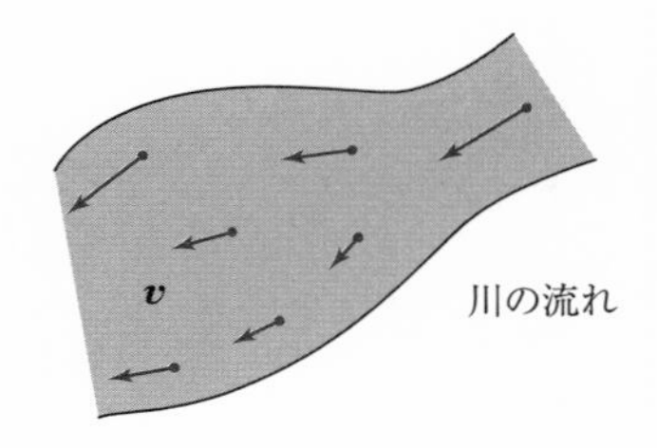

図 A. 4　川の流れと水の速度ベクトル $\boldsymbol{v}$

一般に，ベクトル場を $\boldsymbol{A}$ としたとき，

$$\boldsymbol{A}(x, y, z) = \begin{pmatrix} A_x(x, y, z) \\ A_y(x, y, z) \\ A_z(x, y, z) \end{pmatrix} \tag{A. 29}$$

のように，$\boldsymbol{A}$ の各成分は位置 (x, y, z) の関数となっています[8)]．

8)　本書では表記を簡単にするために，しばしば $A_x(x, y, z)$ を A_x と略記します．

A.3.2　ベクトル場の発散（div）

次に，ベクトル場の微分を考えてみましょう．電磁気学で重要となるベクトル場の微分には，発散（div）と循環（rot）の２種類があります．まず，ベクトル場の発散（div）を定義しましょう．

▶ **ベクトル場の発散**（div）：ベクトル場 $\boldsymbol{A} = (A_x, A_y, A_z)$ に対して，

$$\mathrm{div}\,\boldsymbol{A} = \nabla\cdot\boldsymbol{A} = \frac{\partial A_x}{\partial x} + \frac{\partial A_y}{\partial y} + \frac{\partial A_z}{\partial z} \tag{A.30}$$

をベクトル場の**発散**（divergence，ダイバージェンス）という．

$\mathrm{div}\,\boldsymbol{A}$ は「ダイバージェンス・エー」と読みます．例えば，ベクトル場が $\boldsymbol{A} = (x^2, y^2, z^2)$ で与えられるときは，

$$\mathrm{div}\,\boldsymbol{A} = \frac{\partial}{\partial x}(x^2) + \frac{\partial}{\partial y}(y^2) + \frac{\partial}{\partial z}(z^2) = 2x + 2y + 2z \tag{A.31}$$

となります．

また，$\mathrm{div}\,\boldsymbol{A}$ はナブラ記号 ∇ を用いて表すこともできます．∇ は（A.16）のように微分記号 $\frac{\partial}{\partial x}, \frac{\partial}{\partial y}, \frac{\partial}{\partial z}$ を並べてベクトルにしたものなので，∇ をあたかも普通のベクトルのように考え，ベクトル場 $\boldsymbol{A}$ に左から掛けて内積をとってみると

$$\nabla\cdot\boldsymbol{A} = \begin{pmatrix} \frac{\partial}{\partial x} \\ \frac{\partial}{\partial y} \\ \frac{\partial}{\partial z} \end{pmatrix} \cdot \begin{pmatrix} A_x \\ A_y \\ A_z \end{pmatrix} = \frac{\partial A_x}{\partial x} + \frac{\partial A_y}{\partial y} + \frac{\partial A_z}{\partial z} \tag{A.32}$$

となり，確かに $\mathrm{div}\,\boldsymbol{A}$ と同じになります．つまり，$\mathrm{div}\,\boldsymbol{A}$ は $\nabla\cdot\boldsymbol{A}$ と表すこともできるわけです．

なぜ，こんな微分を考えるのか，気になる方もいると思いますが，少し後（A.4.3 項）で詳しく解説します．

A.3.3　ベクトル場の循環（rot）

ベクトル場のもう1つの微分である循環（rot）は，次のように定義されます．

▶ **ベクトル場の循環（rot）**：ベクトル場 $\boldsymbol{A} = (A_x, A_y, A_z)$ に対して，

$$\operatorname{rot} \boldsymbol{A} = \nabla \times \boldsymbol{A} = \begin{pmatrix} \dfrac{\partial A_z}{\partial y} - \dfrac{\partial A_y}{\partial z} \\ \dfrac{\partial A_x}{\partial z} - \dfrac{\partial A_z}{\partial x} \\ \dfrac{\partial A_y}{\partial x} - \dfrac{\partial A_x}{\partial y} \end{pmatrix} \tag{A.33}$$

をベクトル場の**循環**（rotation，ローテーション）という．

$\operatorname{rot} \boldsymbol{A}$ は「ローテーション・エー」と読みます．やや複雑な定義ですが，$\operatorname{rot} \boldsymbol{A}$ のもつ意味については，A.4.4項で詳しく解説したいと思います．

A.3.4　循環（rot）のナブラ記号による表記とベクトルの外積

ベクトル場の発散 $\operatorname{div} \boldsymbol{A}$ を $\nabla \cdot \boldsymbol{A}$ と表すことができたのと同様に，$\operatorname{rot} \boldsymbol{A}$ はナブラ記号によって $\nabla \times \boldsymbol{A}$ と表すことができます．ここで $\times$ は，ベクトルの**外積**（**ベクトル積**）を表します．なぜこのように表せるかを解説するために，ベクトルの外積について簡単に復習しておきましょう．

▶ **ベクトルの外積**：$\boldsymbol{a} = (a_x, a_y, a_z)$，$\boldsymbol{b} = (b_x, b_y, b_z)$ に対して，

$$\boldsymbol{a} \times \boldsymbol{b} = \begin{pmatrix} a_x \\ a_y \\ a_z \end{pmatrix} \times \begin{pmatrix} b_x \\ b_y \\ b_z \end{pmatrix} = \begin{pmatrix} a_y b_z - a_z b_y \\ a_z b_x - a_x b_z \\ a_x b_y - a_y b_x \end{pmatrix} \tag{A.34}$$

をベクトルの外積という．

まず，$\boldsymbol{a} \times \boldsymbol{b}$ はベクトルになることに注意しましょう．そのため，$\boldsymbol{a} \times \boldsymbol{b}$ は向きと大きさをもちますが，向きについては，

$$(\boldsymbol{a} \times \boldsymbol{b}) \cdot \boldsymbol{a} = 0, \qquad (\boldsymbol{a} \times \boldsymbol{b}) \cdot \boldsymbol{b} = 0 \tag{A.35}$$

が成り立つことから，$\boldsymbol{a} \times \boldsymbol{b}$ は $\boldsymbol{a}$ および $\boldsymbol{b}$ と直交する向きを向くことがわかります（証明は Training A.8 で取り組んでください）．さらに $\boldsymbol{a} \times \boldsymbol{b}$ の大きさについては，公式

$$|\boldsymbol{a}\times\boldsymbol{b}| = |\boldsymbol{a}||\boldsymbol{b}|\sin\theta \tag{A. 36}$$

が成り立ちます（この証明も Training A. 8 で取り組んでください）．これは内積の公式 $\boldsymbol{a}\cdot\boldsymbol{b} = |\boldsymbol{a}||\boldsymbol{b}|\cos\theta$ とよく似ていますので，少し親しみが湧かないでしょうか．さらに，同じベクトルの成す角度は $\theta = 0$ なので，

$$|\boldsymbol{a}\times\boldsymbol{a}| = 0 \quad\Leftrightarrow\quad \boldsymbol{a}\times\boldsymbol{a} = \boldsymbol{0} \tag{A. 37}$$

が成り立ちます（$\boldsymbol{0}$ はゼロベクトル）．(A. 37) は，外積の定義式 (A. 34) で $b_x = a_x,\ b_y = a_y,\ b_z = a_z$ とすることでも得られます．

Training A. 8

$\boldsymbol{a} = (a_x, a_y, a_z)$，$\boldsymbol{b} = (b_x, b_y, b_z)$ のとき，次の問いに答えなさい．

(1) $(\boldsymbol{a}\times\boldsymbol{b})\cdot\boldsymbol{a} = 0$ および $(\boldsymbol{a}\times\boldsymbol{b})\cdot\boldsymbol{b} = 0$ を成分表示によって証明しなさい．

(2) 次の恒等式を証明しなさい．

$$(a_y b_z - a_z b_y)^2 + (a_z b_x - a_x b_z)^2 + (a_x b_y - a_y b_x)^2$$
$$= (a_x{}^2 + a_y{}^2 + a_z{}^2)(b_x{}^2 + b_y{}^2 + b_z{}^2) - (a_x b_x + a_y b_y + a_z b_z)^2$$

(3) (2) の恒等式を用いて，$|\boldsymbol{a}\times\boldsymbol{b}| = |\boldsymbol{a}||\boldsymbol{b}|\sin\theta$ を示しなさい．ただし，θ は $\boldsymbol{a}$ と $\boldsymbol{b}$ の成す角とします．

さて，ベクトルの微分の話に戻りましょう．∇ は微分記号 $\dfrac{\partial}{\partial x}, \dfrac{\partial}{\partial y}, \dfrac{\partial}{\partial z}$ を並べたベクトルだったわけですが，これを左からベクトル場 $\boldsymbol{A}$ に外積として掛けてみると

$$\nabla\times\boldsymbol{A} = \begin{pmatrix} \dfrac{\partial}{\partial x} \\ \dfrac{\partial}{\partial y} \\ \dfrac{\partial}{\partial z} \end{pmatrix} \times \begin{pmatrix} A_x \\ A_y \\ A_z \end{pmatrix} = \begin{pmatrix} \dfrac{\partial A_z}{\partial y} - \dfrac{\partial A_y}{\partial z} \\ \dfrac{\partial A_x}{\partial z} - \dfrac{\partial A_z}{\partial x} \\ \dfrac{\partial A_y}{\partial x} - \dfrac{\partial A_x}{\partial y} \end{pmatrix} \tag{A. 38}$$

となります．ここで 2 番目の等号では，∇ の各成分をあたかも数のようにみなして，ベクトルの外積の公式をそのまま当てはめています．このようにして考えると，確かに $\mathrm{rot}\,\boldsymbol{A}$ は $\nabla\times\boldsymbol{A}$ と同じになることがわかります．

A. 4　ベクトル場の微分の意味

A. 4. 1　ベクトル場のイメージ

前節でベクトル場 $\boldsymbol{A}$ の微分として，$\mathrm{div}\,\boldsymbol{A}$，$\mathrm{rot}\,\boldsymbol{A}$ を導入しました．いよいよ，その直観的なイメージを解説することにしましょう．

そのための第1ステップは，まず何より，ベクトル場そのもののイメージをもつことです．具体的な例として，次の6つのベクトル場を考えてみましょう[9]．

$$(\mathrm{i})\quad \boldsymbol{A} = \begin{pmatrix} x \\ 0 \\ 0 \end{pmatrix} \qquad (\mathrm{ii})\quad \boldsymbol{A} = \begin{pmatrix} 0 \\ x \\ 0 \end{pmatrix}$$

$$(\mathrm{iii})\quad \boldsymbol{A} = \begin{pmatrix} x \\ y \\ 0 \end{pmatrix} \qquad (\mathrm{iv})\quad \boldsymbol{A} = \begin{pmatrix} -y \\ x \\ 0 \end{pmatrix}$$

$$(\mathrm{v})\quad \boldsymbol{A} = \begin{pmatrix} \dfrac{x}{R^2} \\ \dfrac{y}{R^2} \\ 0 \end{pmatrix} \qquad (\mathrm{vi})\quad \boldsymbol{A} = \begin{pmatrix} -\dfrac{y}{R^2} \\ \dfrac{x}{R^2} \\ 0 \end{pmatrix}$$

$$(R = \sqrt{x^2 + y^2})$$

早速，これらの（ i ）～(vi) のベクトル場について，$z = 0$ の断面を考え，点 $(x, y, 0)$ でのベクトル場の向きと大きさを様々な点で描いてみると図A.5のようになります．この図を見ると，ベクトル場は「各点に張り付いた矢印の集合」だということがわかります[10]．

9)　本書では $r = \sqrt{x^2 + y^2 + z^2}$ と $R = \sqrt{x^2 + y^2}$ を区別して書き表すことにします．

10)　（ i ）～(vi) のベクトル場はすべて z 成分がゼロになっているので，$\boldsymbol{A}$ は xy 平面に平行となり，2次元平面内だけに描くことができます．さらに，ベクトル場 $\boldsymbol{A}$ は z によらないので，どのような $z =$ 一定 の断面で考えてもベクトル場の様子は同じになります(金太郎飴のように)．

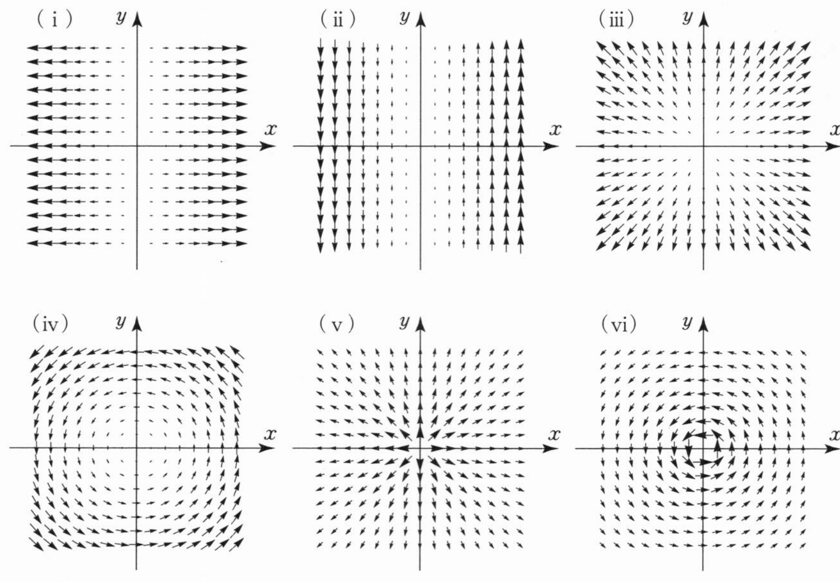

図 A.5　ベクトル場の様子

A.4.2　ベクトル場の rot と div の計算練習

(i)～(vi) のベクトル場の式と図を１つ１つ対応させることができたので，第２ステップに進みましょう．(i)～(vi) のベクトル場に対して，div $\boldsymbol{A}$ と rot $\boldsymbol{A}$ を手を動かして計算してみてください．

Exercise A.5

(i)～(vi) のベクトル場 $\boldsymbol{A}$ について，div $\boldsymbol{A}$ および rot $\boldsymbol{A}$ を求めなさい．

Coaching　まず，すべての $\boldsymbol{A}$ に対して，z 成分 A_z はゼロで，かつ x 成分 A_x と y 成分 A_y は z に依存していないことを使うと，div $\boldsymbol{A}$ は

$$\mathrm{div}\,\boldsymbol{A} = \frac{\partial}{\partial x}\{A_x(x, y)\} + \frac{\partial}{\partial y}\{A_y(x, y)\} + \frac{\partial}{\partial z}(0) = \frac{\partial A_x}{\partial x} + \frac{\partial A_y}{\partial y} \quad \text{(A.39)}$$

となります．

次に，rot $\boldsymbol{A}$ は

$$\mathrm{rot}\,\boldsymbol{A} = \begin{pmatrix} \dfrac{\partial}{\partial y}(0) - \dfrac{\partial}{\partial z}\{A_y(x,y)\} \\ \dfrac{\partial}{\partial z}\{A_x(x,y)\} - \dfrac{\partial}{\partial x}(0) \\ \dfrac{\partial}{\partial x}\{A_y(x,y)\} - \dfrac{\partial}{\partial y}\{A_x(x,y)\} \end{pmatrix} = \begin{pmatrix} 0 \\ 0 \\ \dfrac{\partial A_y}{\partial x} - \dfrac{\partial A_x}{\partial y} \end{pmatrix}$$

となるので[11]，rot $\boldsymbol{A}$ は z 成分の

$$(\mathrm{rot}\,\boldsymbol{A})_z = \frac{\partial A_y}{\partial x} - \frac{\partial A_x}{\partial y} \tag{A.40}$$

しかもたないことがわかります．

（A. 39）と（A. 40）を用いて，（ｉ）～（vi）の div と rot を求めてみましょう．

（ｉ）　$\mathrm{div}\,\boldsymbol{A} = \dfrac{\partial}{\partial x}(x) + \dfrac{\partial}{\partial y}(0) = 1,\qquad (\mathrm{rot}\,\boldsymbol{A})_z = \dfrac{\partial}{\partial x}(0) - \dfrac{\partial}{\partial y}(x) = 0$

（ii）　$\mathrm{div}\,\boldsymbol{A} = \dfrac{\partial}{\partial x}(0) + \dfrac{\partial}{\partial y}(x) = 0,\qquad (\mathrm{rot}\,\boldsymbol{A})_z = \dfrac{\partial}{\partial x}(x) - \dfrac{\partial}{\partial y}(0) = 1$

（iii）　$\mathrm{div}\,\boldsymbol{A} = \dfrac{\partial}{\partial x}(x) + \dfrac{\partial}{\partial y}(y) = 2,\qquad (\mathrm{rot}\,\boldsymbol{A})_z = \dfrac{\partial}{\partial x}(y) - \dfrac{\partial}{\partial y}(x) = 0$

（iv）　$\mathrm{div}\,\boldsymbol{A} = \dfrac{\partial}{\partial x}(-y) + \dfrac{\partial}{\partial y}(x) = 0,\qquad (\mathrm{rot}\,\boldsymbol{A})_z = \dfrac{\partial}{\partial x}(x) - \dfrac{\partial}{\partial y}(-y) = 2$

（ｖ），（vi）については，$1/R^2$ を x, y でそれぞれ偏微分したときの計算を先にしておくとよいでしょう[12]．

$$\frac{\partial}{\partial x}\left(\frac{1}{R^2}\right) = -\frac{2}{R^3}\frac{\partial R}{\partial x} = -\frac{2}{R^3}\frac{2x}{2\sqrt{x^2+y^2}} = -\frac{2x}{R^4} \tag{A.41}$$

$$\frac{\partial}{\partial y}\left(\frac{1}{R^2}\right) = -\frac{2}{R^3}\frac{\partial R}{\partial y} = -\frac{2}{R^3}\frac{2y}{2\sqrt{x^2+y^2}} = -\frac{2y}{R^4} \tag{A.42}$$

（A. 41）と（A. 42）を用いて，

（ｖ）
$$\begin{aligned}\mathrm{div}\,\boldsymbol{A} &= \frac{\partial}{\partial x}\left(\frac{x}{R^2}\right) + \frac{\partial}{\partial y}\left(\frac{y}{R^2}\right) = \frac{1}{R^2} + x\frac{\partial}{\partial x}\left(\frac{1}{R^2}\right) + \frac{1}{R^2} + y\frac{\partial}{\partial y}\left(\frac{1}{R^2}\right) \\ &= \frac{1}{R^2} + x\left(-\frac{2x}{R^4}\right) + \frac{1}{R^2} + y\left(-\frac{2y}{R^4}\right) = 0 \end{aligned} \tag{A.43}$$

$$\begin{aligned}(\mathrm{rot}\,\boldsymbol{A})_z &= \frac{\partial}{\partial x}\left(\frac{y}{R^2}\right) - \frac{\partial}{\partial y}\left(\frac{x}{R^2}\right) = y\frac{\partial}{\partial x}\left(\frac{1}{R^2}\right) - x\frac{\partial}{\partial y}\left(\frac{1}{R^2}\right) \\ &= y\left(-\frac{2x}{R^4}\right) - x\left(-\frac{2y}{R^4}\right) = 0 \end{aligned} \tag{A.44}$$

11）　A_x, A_y が z に依存しないことから，途中で $\dfrac{\partial A_x}{\partial z} = \dfrac{\partial A_y}{\partial z} = 0$ を使いました．

12）　$R = \sqrt{x^2+y^2}$ を x で偏微分する際には，y を定数とみなして x で通常の微分を実行します．同様に，$R = \sqrt{x^2+y^2}$ を y で偏微分する場合は，x を定数とみなして y で微分を実行します．

(vi)
$$\mathrm{div}\,\boldsymbol{A} = \frac{\partial}{\partial x}\left(-\frac{y}{R^2}\right) + \frac{\partial}{\partial y}\left(\frac{x}{R^2}\right) = -y\frac{\partial}{\partial x}\left(\frac{1}{R^2}\right) + x\frac{\partial}{\partial y}\left(\frac{1}{R^2}\right)$$
$$= -y\left(-\frac{2x}{R^4}\right) + x\left(-\frac{2y}{R^4}\right) = 0 \tag{A.45}$$
$$(\mathrm{rot}\,\boldsymbol{A})_z = \frac{\partial}{\partial x}\left(\frac{x}{R^2}\right) - \frac{\partial}{\partial y}\left(-\frac{y}{R^2}\right)$$
$$= \frac{1}{R^2} + x\frac{\partial}{\partial x}\left(\frac{1}{R^2}\right) + \frac{1}{R^2} + y\frac{\partial}{\partial y}\left(\frac{1}{R^2}\right)$$
$$= \frac{1}{R^2} + x\left(-\frac{2x}{R^4}\right) + \frac{1}{R^2} + y\left(-\frac{2y}{R^4}\right) = 0 \tag{A.46}$$
となります. ■

A.4.3 div の意味

div $\boldsymbol{A}$ の意味を考えてみましょう. Exercise A.5 の Coaching を振り返ると, (i) のベクトル場に対しては div $\boldsymbol{A} \neq 0$ となりますが, (ii) のベクトル場に対しては div $\boldsymbol{A} = 0$ となります. 図 A.5 に示した (i) と (ii) の 2 つのベクトル場に対して, div $\boldsymbol{A}$ の値の特徴はどこに現れるでしょうか？

試しに, 各点のベクトル場の向きに沿って線を引いてみましょう[13]. (i) と (ii) のベクトル場 $\boldsymbol{A}$ に沿って線を引いたものを図 A.6 に示しますが,

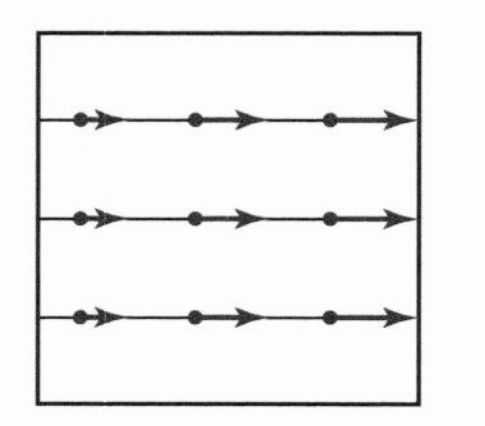
(a) (i) のベクトル場 (div $\boldsymbol{A} > 0$)

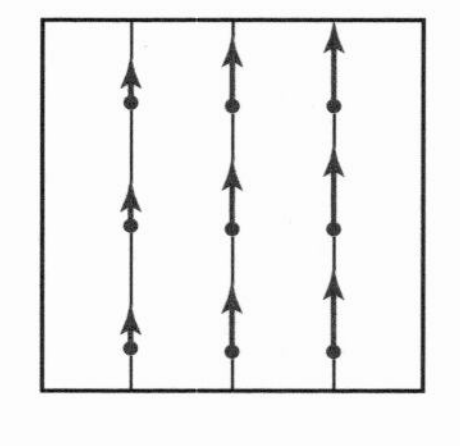
(b) (ii) のベクトル場 (div $\boldsymbol{A} = 0$)

図 A.6 ベクトル場に沿って引いた線の上での矢印の様子. 線に沿って動いたときに, ベクトル場 $\boldsymbol{A}$ の大きさが変化するかどうかによって, div $\boldsymbol{A}$ が有限になるかどうかが決まる.

13) 電場 $\boldsymbol{E}$ や磁場 $\boldsymbol{B}$ に対してこのような線を引くと, それはまさに電気力線および磁力線になります.

ベクトル場（図中の線）に沿って動いたときにベクトル場の大きさが変化するかどうか，によって，div $\boldsymbol{A}$ が有限になるかゼロになるように見えます．（ⅰ）のベクトル場であれば，図 A.6 (a) に示すように，ベクトル場に沿って動くとベクトルの大きさがだんだん長くなるのですが，このときに div $\boldsymbol{A}$ が有限の値になっています．一方，（ⅱ）のベクトル場であれば，図 A.6 (b) に示すように，ベクトル場に沿って動いてもベクトルの大きさが常に一定で変わらないので，div $\boldsymbol{A}$ がゼロになるというわけです．

div $\boldsymbol{A}$ のイメージをつかむには，ベクトル場 $\boldsymbol{A}$ を**その点での光の向きと強さを表す**と思うとよいでしょう．ベクトル場の向きを光の向き，ベクトル場の大きさを光の強さと思うのです．このとき，光線（＝ベクトル場の向きに沿ってつないだ線）に沿って光が徐々に強くなる（もしくは弱くなる）ときに，div $\boldsymbol{A} \neq 0$ となることが確かめられます．つまり，div $\boldsymbol{A}$ は光の湧き出しや吸い込みを表しているとイメージすることができそうです[14)]！

ただ，これだけでは div $\boldsymbol{A}$ の特徴を完全に捉えきれたわけではありません．特に（ⅴ）のベクトル場の例では，注意深い議論が必要です．

図 A.7 (a) に，（ⅴ）のベクトル場の模式図を示します．ベクトルの向きに沿って引いた線（光の例では光線に当たる）をなぞっていくと，ベクトルの長さが徐々に短くなっていきます．実際に，ベクトル場 $\boldsymbol{A}$ の大きさは

$$|\boldsymbol{A}| = \sqrt{\left(\frac{x}{R^2}\right)^2 + \left(\frac{y}{R^2}\right)^2 + 0^2} = \frac{1}{R} \tag{A.47}$$

となり，原点からの距離に反比例します．先ほどの考え方に従うと，線に沿ってベクトル場の大きさが変わるので，div が有限の値になりそうですが，実際は Exercise A.5 で示したように div $\boldsymbol{A} = 0$ となります．何を見落としているのでしょうか？

図 A.7 (b) のように，原点を中心とした2つの円 C_1, C_2 を考えてみましょ

14)　光が進むにつれて光の強さが強くなるときは，途中の空間で発光が起きていることになります．ここでは，このような場合を「光の湧き出し」と表現しています．逆に光が進むにつれて光が弱くなるときは，光は途中で吸収されてしまっています．このような場合を「光の吸い込み」と表現しています．わかりにくく感じる方は，$\boldsymbol{A}$ を水の流れと考えて，div $\boldsymbol{A}$ は水の湧き出しや吸い込みと考えても構いません．いまここで出している例は少しわかりにくいですが，電磁気学の内容に入ると，よりわかりやすい例が出てきます．

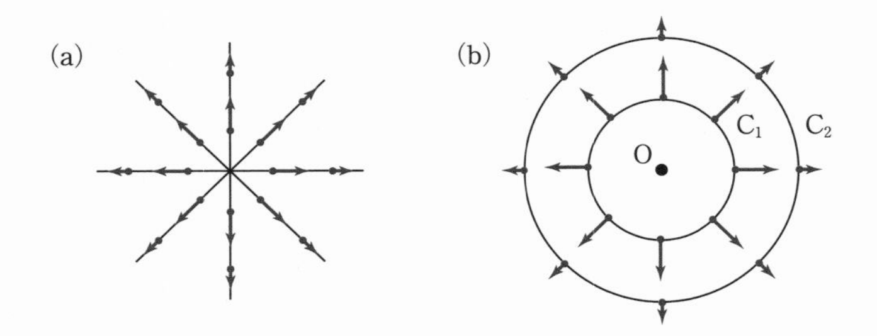

図 A.7　(a)（v）のベクトル場 $\boldsymbol{A}$ の様子と，ベクトル場に沿って引いた線.
(b)　$\boldsymbol{A}$ を光の向きと強さとしたとき，$\mathrm{div}\,\boldsymbol{A}=0$ であっても光の強さが変化する理由を示した図. 円 C_1 を貫く光の総量と円 C_2 を貫く光の総量は等しい.

う. いま，円 C_2 の半径が円 C_1 の半径の k 倍であったとすると，(A.47) より，円 C_2 上のベクトル場の大きさは，円 C_1 上のベクトル場の大きさの $1/k$ になっています. しかし，見るとわかるように，円 C_2 の方が円周が長いですよね！　つまり，ベクトル場を光の強さだと考えると，円 C_2 で光の強さは $1/k$ となりますが，円周の長さは k 倍になっているので，「円 C_1 を貫く光の総量と円 C_2 を貫く光の総量はちょうど一致する」ことがわかります. これより，円 C_1 と円 C_2 の間の領域で光の湧き出しがないことがわかり，$\mathrm{div}\,\boldsymbol{A}=0$ であることとうまく対応するのです.

このように考えると，$\mathrm{div}\,\boldsymbol{A}=0$ が，「湧き出しや吸い込みがないことを表している」ということを，正確に実感してもらえるのではないでしょうか.

Exercise A.5 で，（v）のベクトル場は $\mathrm{div}\,\boldsymbol{A}=0$ であることを確かめたのですが，ここで注意が必要です. この図 A.7 (a) をよく見てください. 1 点だけ，「湧き出し」がある場所がないでしょうか. そう，原点です. 原点からは光が湧き出しているように見えますね. 原点は特別で，ここで $\mathrm{div}\,\boldsymbol{A}$ は無限大に発散してしまうことがわかります[15].

ここまでのまとめをしておきましょう.

15)　正確には，原点で微分が定義できなくなってしまいます.

▶ **div の意味**：ベクトル場 $\boldsymbol{A}$ の向きと大きさを，光の向きと強さとみなしたとき，$\mathrm{div}\,\boldsymbol{A}$ の値は光の湧き出しや吸い込みの大きさに相当する．

A.4.4　rot の意味

rot の意味は，ベクトル場（i）と（ii）の比較から始めるとわかりやすいです．（i）のベクトル場 $\boldsymbol{A}$ に対しては，$(\mathrm{rot}\,\boldsymbol{A})_z = 0$ になっていますが，（ii）のベクトル場に対しては，$(\mathrm{rot}\,\boldsymbol{A})_z$ が有限の値をもちます．ベクトル場のどのような特徴が $(\mathrm{rot}\,\boldsymbol{A})_z$ の値を決めることになりそうでしょうか？実は，ベクトル場を水の流速とみなし，そこに**小さな水車を置いたときに，それが回るかどうか**（渦があるかどうか）によって決まります．

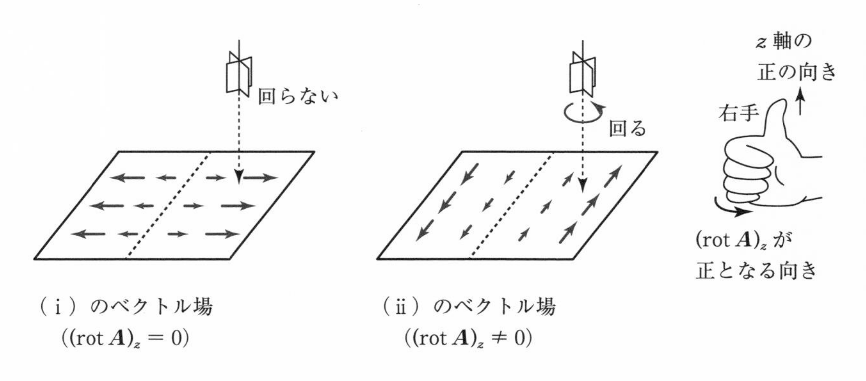

図 A.8　ベクトル場を水の速度とみなし，小さな水車を入れたときの様子．水車が回らないときは $\mathrm{rot}\,\boldsymbol{A} = 0$，回るときは $\mathrm{rot}\,\boldsymbol{A} \neq 0$ である．

図 A.8 に，（i）と（ii）のベクトル場に対して，xy 平面に垂直な方向に軸をもつ小さな水車を置いたときの回転の様子を示します．図 A.8 (a) では，左右の羽に当たる水流が同じ大きさなので，水車は回転しません．一方，図 A.8 (b) では左右の羽に当たる水量の大きさが異なるので，水車は回転しそうですよね．水車が回転しないときに $(\mathrm{rot}\,\boldsymbol{A})_z = 0$，回転するときに $(\mathrm{rot}\,\boldsymbol{A})_z \neq 0$ となっていそうです．

さらに，図 A.5（ii）でベクトル場の向きを変えて $(0, -x, 0)$ というベクトル場を考えると，図 A.9 のように $\mathrm{rot}\,\boldsymbol{A}$ の符号が変わることがわかります．つまり，水車が z 軸の正の方向から見て反時計回りに回っているときに

$(\mathrm{rot}\,\boldsymbol{A})_z$ は正，時計回りに回っているときに $(\mathrm{rot}\,\boldsymbol{A})_z$ は負となります．なお，$(\mathrm{rot}\,\boldsymbol{A})_z$ の正負については，図 A.8 に示したように，右手を使って考えるとわかりやすいです．

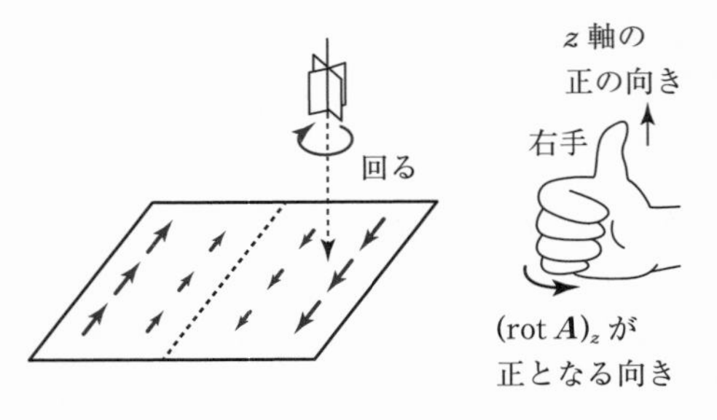

図 A.9　ベクトル場 $\boldsymbol{A} = (0, -x, 0)$ の様子と，小さな水車を入れたときの様子．

この直観的な rot の理解は，定義式（A.33）でも確かめられます．まず，図 A.5 に示したベクトル場では，rot $\boldsymbol{A}$ は x, y 成分はゼロで，z 成分が

$$(\mathrm{rot}\,\boldsymbol{A})_z = \frac{\partial A_y}{\partial x} - \frac{\partial A_x}{\partial y} \tag{A.48}$$

で与えられていたことを思い出しましょう．実は，この式の第 1 項と第 2 項には，直観的にわかりやすい意味があります．第 1 項の $\dfrac{\partial A_y}{\partial x}$ は，y 座標を固定したまま，位置を x から $x + dx$ へと変化したときのベクトル場の y 成分の変化の割合を表しています．この y 成分の変化によって，図 A.10（a）のように水車がトルク（力のモーメント）を受けて回り出すことになります．同様にして，第 2 項の $\dfrac{\partial A_x}{\partial y}$ は，x 座標を固定したまま，位置を y から $y + dy$ へと変化したときのベクトル場の x 成分の変化の割合を表しています．この変化によっても，図 A.10（b）のように，水車はトルクを受けて回

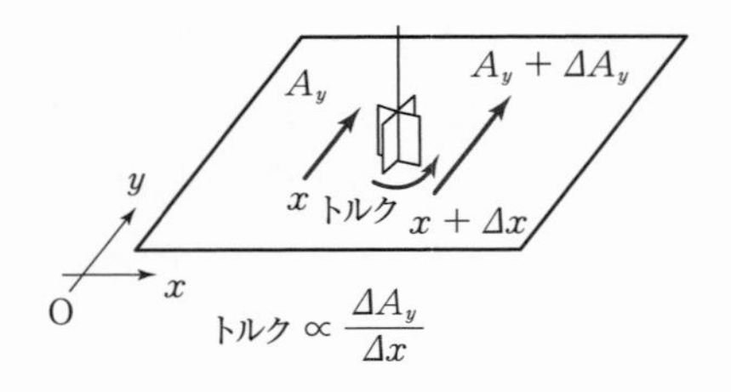

(a)　A_y の変化によるもの

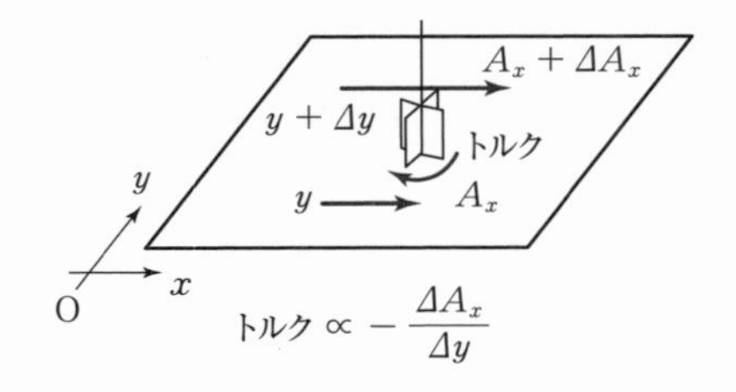

(b)　A_x の変化によるもの

図 A.10　水車にかかる単位長さ当たりのトルク

り出すことがわかります．

ところで，なぜ $(\mathrm{rot}\,\boldsymbol{A})_z$ の定義式（A. 48）の第 2 項にマイナスが付いているのでしょうか？　その答えは簡単です．図 A. 10（a）の場合は，水車を反時計回りに回す方向にトルクがはたらきますが，図 A. 10（b）の場合は，時計回りに回す方向にトルクがはたらきます．rot $\boldsymbol{A}$ の z 成分は，反時計回りの向きにはたらくトルクを正と考えていて，$\dfrac{\partial A_y}{\partial x} > 0$ かつ $\dfrac{\partial A_x}{\partial y} > 0$ のときには，前者は正に，後者は負に寄与するわけです．

最後の（vi）のベクトル場については注意が必要です．Exercise A. 5 の計算から $(\mathrm{rot}\,\boldsymbol{A})_z = 0$ がいえるので，この場合は水車を入れても回りません．しかし図 A. 5（vi）を見ると，絶対間違いなく，水車が勢いよく回りそうな場所が 1 点だけありますよね？　そう，原点です！　原点 $(x, y) = (0, 0)$ では $(\mathrm{rot}\,\boldsymbol{A})_z$ は発散することがわかります[16)]．

ところで，なぜ rot $\boldsymbol{A}$ はベクトルなのでしょうか？　その答えは簡単で，上述の例では，水車の軸を z 軸に平行にして入れたときの水車の回転の度合いが rot $\boldsymbol{A}$ の z 成分に対応していたのですが，実際には水車の軸はいろいろな方向に向けることが可能です．ということで，図 A. 11 のように水車の軸を x 軸に平行にして入れたときの水車の回転の度合いが rot $\boldsymbol{A}$ の x 成分に，y 軸に平行に水車を入れたときの水車の回転の度合いが rot $\boldsymbol{A}$ の y 成分に対応するということなのです．

各成分が正となる回転の向きは，図 A. 8 と同様にして，右手を用いて決めます．つまり，親指の向きを各座標軸の正の向きとしたとき，他の 4 本の指

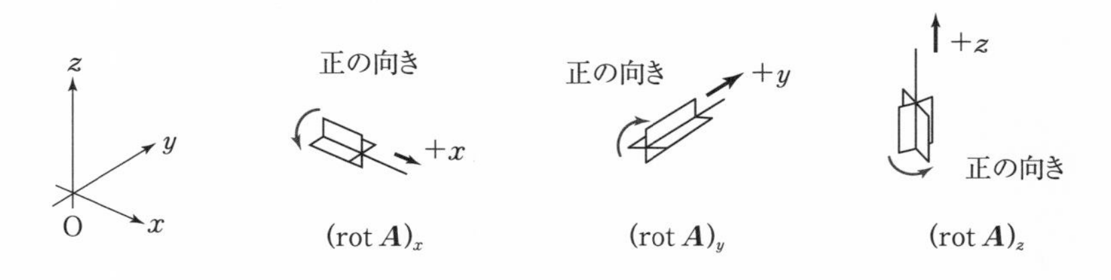

図 A. 11　rot $\boldsymbol{A}$ の各成分の意味

16）正確には，原点で微分が定義できなくなっています．

が巻く向きが，水車の回転の正の向きになります．

▶ **rot の意味**：ベクトル場 $\boldsymbol{A}$ をその点における水の流速とみなしたとき，rot $\boldsymbol{A}$ の z 成分は，水車の軸を z 軸に平行にして，その点に置いたときの水車の回転の度合いを表す．また，rot $\boldsymbol{A}$ の x 成分，y 成分は，水車の軸を x 軸，y 軸にそれぞれ置き換えたときの水車の回転の度合いを表す．

A.4.5　微分公式

最後に，微分記号についての公式をまとめておきましょう．証明は Practice で取り組んでください．

▶ **微分公式**：$\boldsymbol{A}, \boldsymbol{B}$ をベクトル場，f, g をスカラー場としたとき，次の式が成り立つ．

(i)　$\mathrm{grad}(f+g) = \mathrm{grad}\, f + \mathrm{grad}\, g$
　　$(\nabla(f+g) = \nabla f + \nabla g)$

(ii)　$\mathrm{div}(\boldsymbol{A}+\boldsymbol{B}) = \mathrm{div}\,\boldsymbol{A} + \mathrm{div}\,\boldsymbol{B}$
　　$(\nabla\cdot(\boldsymbol{A}+\boldsymbol{B}) = \nabla\cdot\boldsymbol{A} + \nabla\cdot\boldsymbol{B})$

(iii)　$\mathrm{rot}(\boldsymbol{A}+\boldsymbol{B}) = \mathrm{rot}\,\boldsymbol{A} + \mathrm{rot}\,\boldsymbol{B}$
　　$(\nabla\times(\boldsymbol{A}+\boldsymbol{B}) = \nabla\times\boldsymbol{A} + \nabla\times\boldsymbol{B})$

(iv)　$\mathrm{rot}(\mathrm{grad}\, f) = \boldsymbol{0}$　　$(\nabla\times(\nabla f) = \boldsymbol{0})$

(v)　$\mathrm{div}(\mathrm{rot}\,\boldsymbol{A}) = 0$　　$(\nabla\cdot(\nabla\times\boldsymbol{A}) = 0)$

Coffee Break

div と rot を体感する方法

ベクトル場の div や rot の意味を体感するには，朝の通勤ラッシュや遊園地の人混みを思い浮かべるとよいでしょう．なぜなら，人の流れ（その位置での人の歩く速度）をベクトル場 $\boldsymbol{A}$ とみなすことができるからです．

いま，幸運なことに人の流れがスムーズに進んでいたとしましょう．このとき，人が勝手に湧き出したり，どこかに消え失せることはないので，$\boldsymbol{A}$ の湧き出しや吸い込みはゼロです．つまり定常的な人の流れは，div $\boldsymbol{A}$ がゼロになるようなものになっているはずです（ゼロじゃない場合は，p. 129 で解説します）.

rot の方はどうでしょう．実は rot $\boldsymbol{A}$ は，人の流れのあちこちで観測されます．例えば，駅構内の通路が左右に分かれていて，人々は左側通行で歩行しないといけないとしましょう．左右の通路ともにたくさんの人が歩行していることを想像してください．通路の真ん中（左右の仕切りがある場所）に人が入り込むと，その人は左右の人混みによってクルクルと回るはずです（絵を書いてみるとすぐわかります）．したがって，通路のちょうど真ん中では rot $\boldsymbol{A}$ が有限の値をもつことになります．

今度，人混みの中で歩く機会があったら，上記のことを思い出して，ぜひ div や rot を「体感」してみてください．

Practice

[A. 1]　全微分公式

3 変数関数 $f(x, y, z) = xy + yz + zx$ に対して，全微分公式を書き下しなさい．

[A. 2]　grad の計算

スカラー場 $f(x, y, z) = \dfrac{1}{\sqrt{x^2 + y^2 + z^2}}$ に対して，grad f を計算しなさい．

[A. 3]　div の計算

ベクトル場 $\boldsymbol{A} = (x/r^3, y/r^3, z/r^3)$ に対して，原点 $(x, y, z) = (0, 0, 0)$ を除いて div $\boldsymbol{A}$ がゼロになることを示しなさい．ただし，$r = \sqrt{x^2 + y^2 + z^2}$ とします．

[A. 4]　rot の計算

ベクトル場 $\boldsymbol{A} = (x/r^3, y/r^3, z/r^3)$ に対して，rot $\boldsymbol{A}$ がゼロになることを示しなさい．ただし，$r = \sqrt{x^2 + y^2 + z^2}$ とします．

[A. 5]　微 分 公 式

微分公式（ｉ）〜（ｖ）を示しなさい．ただし，偏微分の順番が交換できること（例：$\dfrac{\partial^2 f}{\partial x\, \partial y} = \dfrac{\partial^2 f}{\partial y\, \partial x}$）は用いて構いません．

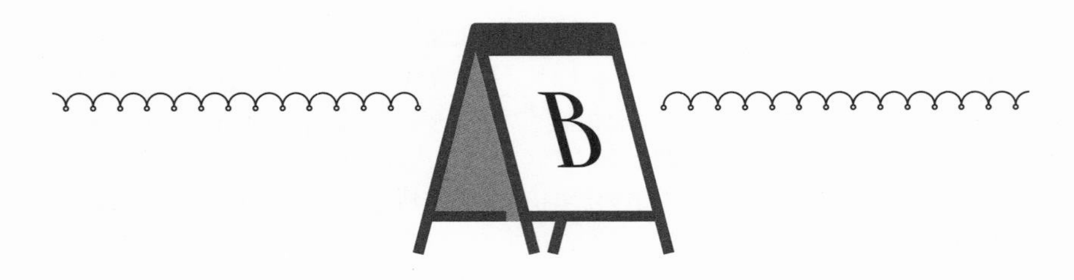

ベクトル場の積分
〜線積分，面積分，体積積分〜

本章では，引き続き，電磁気学を学ぶ上で必要不可欠となる数学を解説します．今度は，ベクトル場の積分です．線積分，面積分，体積積分の3種類の積分を紹介しますが，本章で数学の解説は終わりますので，あと少し頑張ってください！

B.1 線積分

B.1.1 線積分の定義

まず最初に考える積分は**線積分**です．線積分は，図B.1の左図のような始点Pと終点Qをもつ，3次元空間中の（向きのある）経路C上で定義されます．

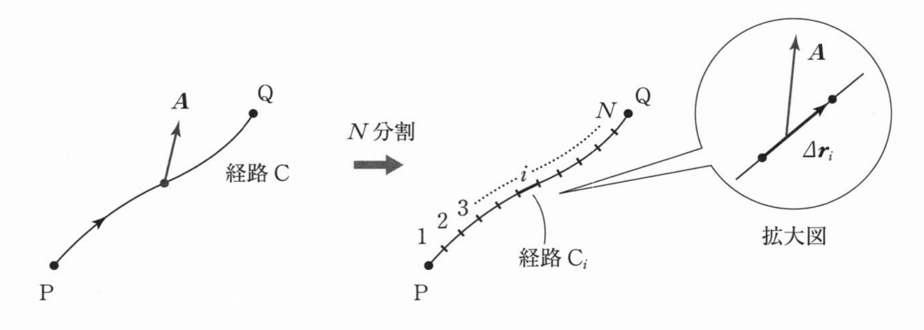

経路Cとベクトル場 $\boldsymbol{A}$　　　経路Cの分割と途中経路 C_i の拡大図

図B.1

この経路C上を点Pから点Qへ向けて動いていくと，ベクトル場 $\boldsymbol{A}$ が変化していくことに注意しましょう．そして，経路Cを図B.1の右図のように N 個の区間に分割し，分割された経路を点Pから点Qに向けて $1, 2, 3, \cdots, N$ と番号を付け，i 番目の経路区間を C_i とします．

さて，ある区間の経路 C_i に注目してみましょう．分割数 N が十分大きければ，経路 C_i は十分短くなり，ベクトル場 $\boldsymbol{A}$ は C_i 上でほとんど一定とみなすことができます．よって，経路 C_i 上の適当な点を1つとり，そこでのベクトル場の値 $\boldsymbol{A}_i$ を経路 C_i での代表値と考えることができます．そして，経路 C_i の始点から終点への変位ベクトルを $\Delta\boldsymbol{r}_i$ としたとき，経路 C_i における内積 $\boldsymbol{A}_i\cdot\Delta\boldsymbol{r}_i$ をすべての区間 i について足し合わせ，最後に分割数 N を無限に大きくしていった極限のことを線積分といいます．

▶ **ベクトル場の線積分**：ベクトル場 $\boldsymbol{A}$ と3次元空間中の経路Cが与えられたとする．経路を N 分割し，i 番目の区間 C_i での変位ベクトルを $\Delta\boldsymbol{r}_i$，区間 C_i 上のある点におけるベクトル場の値を $\boldsymbol{A}_i$ としたとき，

$$\int_{\mathrm{C}} \boldsymbol{A}\cdot d\boldsymbol{r} \equiv \lim_{N\to\infty} \sum_{i=1}^{N} \boldsymbol{A}_i\cdot\Delta\boldsymbol{r}_i \qquad \text{(B. 1)}$$

をベクトル場 $\boldsymbol{A}$ の経路Cにおける線積分という．

B.1.2 力学における線積分の例

線積分は一見するととても不思議な定義なのですが，私たちは，もうすでに線積分で記述される物理量を知っています．それは，力が物体にする仕事です！

図B.2のように，物体に力 $\boldsymbol{f}$ を加えながら，点Pから点Qへ経路C上をゆっくりと移動させていくことを考えてみましょう．このとき，経路上の位置に応じて力 $\boldsymbol{f}$ が物体にする仕事の量は変化していくとします．これをきちんと定量化するためには，経路を短い区間に分割して考える必要があります．ある微小区間に注目して，そこでの位置の変位ベクトルを $d\boldsymbol{r}$ としましょう．その区間では，力 $\boldsymbol{f}$ はほとんど変化しないとみなすことができるので，この区間で力 $\boldsymbol{f}$ が物体にする仕事 dW は

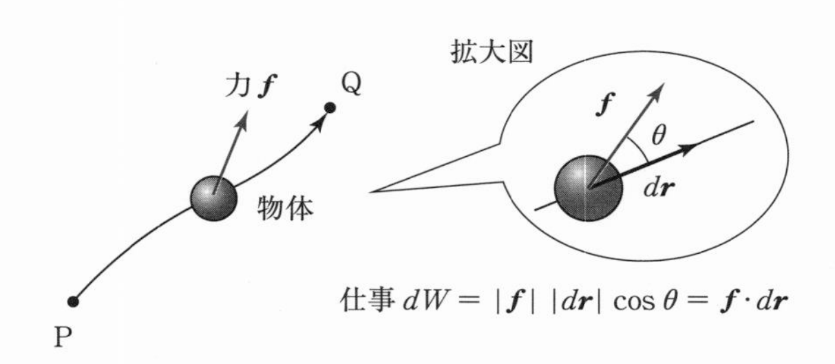

図 B.2　経路 C に沿って力 $\boldsymbol{f}$ が物体にする仕事．
拡大図は力 $\boldsymbol{f}$ が微小変位 $d\boldsymbol{r}$ で行う仕事を示す．

$$dW = |\boldsymbol{f}||d\boldsymbol{r}|\cos\theta = \boldsymbol{f}\cdot d\boldsymbol{r} \tag{B.2}$$

と書き表されます．ここで仕事は，力の大きさ $|\boldsymbol{f}|$，移動距離 $|d\boldsymbol{r}|$ だけでなく，力と変位の成す角 θ にも依存することに注意しましょう（図 B.2 の拡大図を参照）．

このdW を全区間で積算したものが，経路 C における力 $\boldsymbol{f}$ が物体にする仕事 W になるので，これはそのまま線積分の定義から，

$$W = \int_{\mathrm{C}} \boldsymbol{f}\cdot d\boldsymbol{r} \tag{B.3}$$

と表せることになります．線積分とは，「力 $\boldsymbol{f}$ から仕事 W を求める計算方法」くらいに思っておけばよいでしょう．

B.1.3　線積分の計算方法

線積分は経路を媒介変数表示する（位置 (x, y, z) を 1 つの変数で書き表す）ことで，具体的に計算することが可能です．早速，Exercise B.1 で計算してみましょう．

Exercise B.1

次の経路 C_1 と C_2 に対して，ベクトル場 $\boldsymbol{A} = \begin{pmatrix} -y \\ x \\ 0 \end{pmatrix}$ の線積分 $\int_{\mathrm{C}} \boldsymbol{A}\cdot d\boldsymbol{r}$ を計算しなさい（ベクトル場 $\boldsymbol{A}$ の様子を図 B.3 (a) に，経路 C_1 と C_2 を図

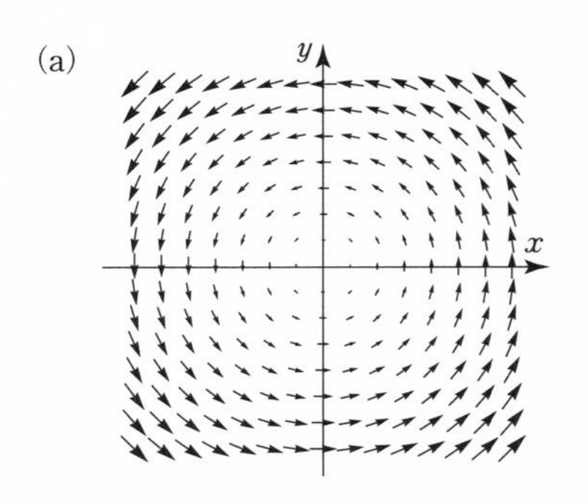

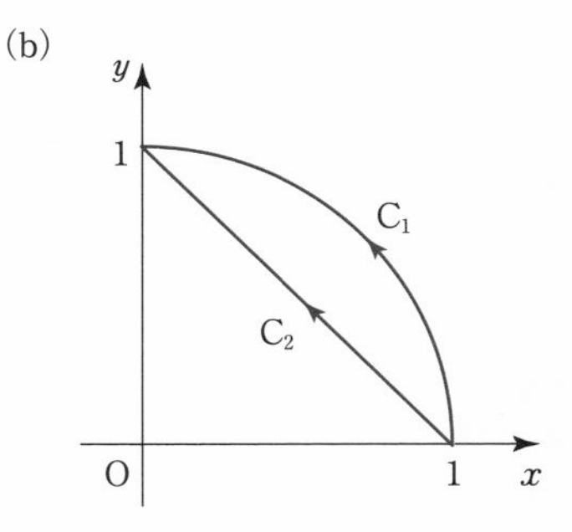

図 B.3 (a) ベクトル場 $\boldsymbol{A}$ の様子
(b) 線積分の経路．経路は，すべて $z=0$ の平面上にある．

B.3 (b) に，それぞれ示しました)．

(1) 経路 C_1 : $z=0$ 平面上の $(1,0)$ から $(0,1)$ へ向かう半径 1 の $\dfrac{1}{4}$ 円弧．

(2) 経路 C_2 : $z=0$ 平面上の $(1,0)$ から $(0,1)$ へ向かう線分．

Coaching (1) C_1 を t で媒介変数表示すると $\begin{pmatrix} x \\ y \\ z \end{pmatrix} = \begin{pmatrix} \cos t \\ \sin t \\ 0 \end{pmatrix}$ $(0 \leq t \leq \pi/2)$．

これより

$$\int_{\mathrm{C}_1} \boldsymbol{A}\cdot d\boldsymbol{r} = \int_{\mathrm{C}_1} (A_x\,dx + A_y\,dy + A_z\,dz)$$
$$= \int_0^{\pi/2} \left(A_x \frac{dx}{dt} + A_y \frac{dy}{dt} + A_z \frac{dz}{dt} \right) dt$$

となります．ここで 2 番目の等式では，dx, dy, dz を dt で割っておき，最後に dt を掛けるような変形をして，t の積分に置き直しています．t の下限と上限は，経路の始点と終点における t の値をとってくればよく，後はベクトル場が $(A_x, A_y, A_z) = (-y, x, 0)$ となっていること，(x, y, z) が媒介変数表示によって t で書き直されることを用いると，

$$\int_{\mathrm{C}_1} \boldsymbol{A}\cdot d\boldsymbol{r} = \int_{\mathrm{C}_1} (-y\,dx + x\,dy + 0\cdot dz)$$
$$= \int_0^{\pi/2} \left\{ (-\sin t) \frac{d}{dt}(\cos t) + (\cos t) \frac{d}{dt}(\sin t) + 0 \right\} dt$$
$$= \int_0^{\pi/2} (\sin^2 t + \cos^2 t)\,dt = \frac{\pi}{2}$$

となります．このように，媒介変数表示ができれば，どんな線積分も普通の定積分に帰着させることができます．

(2)　C_2 を t で媒介変数表示すると $\begin{pmatrix} x \\ y \\ z \end{pmatrix} = \begin{pmatrix} 1-t \\ t \\ 0 \end{pmatrix}$　$(0 \leq t \leq 1)$．これより

$$\begin{aligned}\int_{C_2} \boldsymbol{A} \cdot d\boldsymbol{r} &= \int_0^1 \left\{ (-t) \frac{d}{dt}(1-t) + (1-t) \frac{d}{dt}(t) + 0 \right\} dt \\ &= \int_0^1 (t + 1 - t)\, dt = 1\end{aligned}$$

■

Training B.1

Exercise B.1 と同じベクトル場 $\boldsymbol{A}$ に対して，次の経路における線積分を求めなさい．

(1)　$(0,1)$ から $(1,0)$ へ向かう半径 1 の 1/4 円弧（経路 C_1 と逆向きの経路）．

(2)　$(1,0)$ から原点へ向かった後，さらに $(0,1)$ へ向かう折れ線の経路．

B.1.4　線積分の基本定理

Exercise B.1 では，同じベクトル場 $\boldsymbol{A}$ に対して，2 つの異なる経路について線積分を計算しました．その結果からわかるように，一般に**線積分は経路のとり方に依存します**．しかしながら，ベクトル場 $\boldsymbol{A}$ がスカラー場 f によって $\boldsymbol{A} = \mathrm{grad}\, f$ と表せるとき，線積分は始点と終点の位置のみにより，途中の経路のとり方に依存しなくなります．この性質を**線積分の基本定理**といいます．

▶ **線積分の基本定理**：ベクトル場 $\boldsymbol{A}$ が，あるスカラー場 f によって $\boldsymbol{A} = \mathrm{grad}\, f$ と表せるとき，始点 P と終点 Q をもつ経路 C の線積分は

$$\int_C \boldsymbol{A} \cdot d\boldsymbol{r} = f(\boldsymbol{r}_Q) - f(\boldsymbol{r}_P) \tag{B.4}$$

で与えられ，点 P と点 Q の位置のみによる．ここで，$\boldsymbol{r}_P, \boldsymbol{r}_Q$ はそれぞれ点 P，点 Q の位置ベクトルである（図 B.4）．

線積分の基本定理は，高等学校で学んだ積分の基本定理と形がよく似ています．1 変数関数 $f(x)$ の原始関数を $F(x)$ とする（つまり $F'(x) = f(x)$

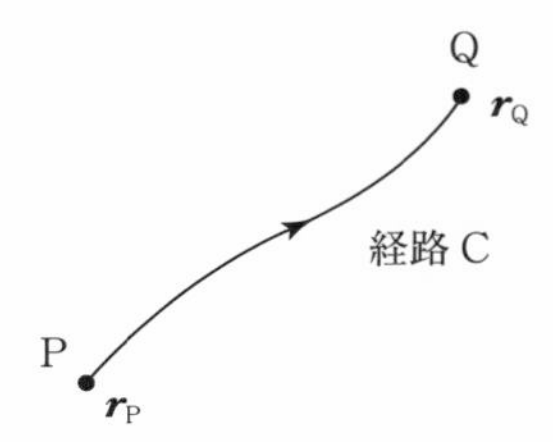

図 B.4 線積分の経路

となるような $F(x)$ を1つ見つけたとする）と，積分の基本定理より

$$\int_a^b f(x)\,dx = F(b) - F(a)$$

が成り立ちますよね．これを3次元のベクトル場に拡張したものが「線積分の基本定理」です．$\boldsymbol{A} = \mathrm{grad}\, f$ となるようなスカラー場 f は，ベクトル場 $\boldsymbol{A}$ の原始関数のような役割を果たし，$\boldsymbol{A}$ の線積分は，この「原始関数 f」の終点と始点での値の差で表されるというわけです．何となくイメージが湧いたでしょうか．

早速，線積分の基本定理を証明してみましょう．線積分に現れる内積を，$\boldsymbol{A} = (A_x, A_y, A_z)$ および $d\boldsymbol{r} = (dx, dy, dz)$ で書き直します．

$$\int_\mathrm{C} \boldsymbol{A}\cdot d\boldsymbol{r} = \int_\mathrm{C} (A_x\,dx + A_y\,dy + A_z\,dz) \tag{B.5}$$

次に，ベクトル場が $\boldsymbol{A} = \mathrm{grad}\, f$ と書き表せることから，

$$A_x = \frac{\partial f}{\partial x}, \qquad A_y = \frac{\partial f}{\partial y}, \qquad A_z = \frac{\partial f}{\partial z} \tag{B.6}$$

と表されるので，線積分（B.4）は

$$\int_\mathrm{C} \boldsymbol{A}\cdot d\boldsymbol{r} = \int_\mathrm{C} \left(\frac{\partial f}{\partial x}\,dx + \frac{\partial f}{\partial y}\,dy + \frac{\partial f}{\partial z}\,dz\right) \tag{B.7}$$

のようにスカラー場 $f(x, y, z)$ で書き直すことができます．

このカッコの中の式，どこかで見覚えがないでしょうか．そう，全微分公式です！（A.2.3項を参照.）全微分公式から

$$df = \frac{\partial f}{\partial x}\,dx + \frac{\partial f}{\partial y}\,dy + \frac{\partial f}{\partial z}\,dz \tag{B.8}$$

がいえるので，

$$\int_{\mathrm{C}} \boldsymbol{A}\cdot d\boldsymbol{r} = \int_{\mathrm{C}} df = \text{経路 C に沿って } f \text{ の微小変化を集めたもの}$$

$$= \text{経路 C で始点から終点へ動いたときの } f \text{ の変化の合計}$$

$$= f(\boldsymbol{r}_{\mathrm{B}}) - f(\boldsymbol{r}_{\mathrm{A}}) \tag{B.9}$$

となり，これで証明終了です．

Training B. 2

ベクトル場 $\boldsymbol{A} = (x, y, 0)$ に対して，次の問いに答えなさい．

(1)　A $(1, 0, 0)$ から B $(2, 2, 0)$ へ向かう直線経路を経路 C とするとき，線積分 $\int_{\mathrm{C}} \boldsymbol{A}\cdot d\boldsymbol{r}$ を Exercise B. 1 にならって求めなさい．

(2)　$f(x, y, z) = \dfrac{x^2}{2} + \dfrac{y^2}{2}$ に対して，$\boldsymbol{A} = \mathrm{grad}\, f$ となることを確かめなさい．

(3)　(1) で求めた線積分が，$f(\boldsymbol{r}_{\mathrm{B}}) - f(\boldsymbol{r}_{\mathrm{A}})$ と一致することを確かめなさい．

Training B. 3

地上で鉛直上向きに z 軸をとったときに，質量 m の物体の位置エネルギーは $V(\boldsymbol{r}) = mgz$ と書き表されます（g は重力加速度）．

(1)　物体に加わる重力を $\boldsymbol{f}$ としたとき，$\boldsymbol{f} = -\mathrm{grad}\, V$ となることを示しなさい．

(2)　重力とつり合うような外力 $\boldsymbol{F}$ を加えながら，始点 $\mathrm{P}(x_1, y_1, z_1)$ と終点 $\mathrm{Q}(x_2, y_2, z_2)$ を結ぶ経路 C に沿って物体を動かしたとき，経路 C で外力 $\boldsymbol{F}$ がした仕事を求めなさい．また，得られた式の物理的な意味を答えなさい．

B. 2　面 積 分

B. 2. 1　面積分とは ― 磁場と磁束を例にして ―

2つ目の積分は面積分です．本来，面積分は数学的に定義されるわけですが，すでに皆さんの多くは面積分で定義される量に出会っています．それは磁束（ある面を貫く磁場の総量）です．数学的な定義に入る前に，磁束を例にして面積分の考え方を解説することにしましょう．

磁場 $\boldsymbol{B}$ は位置によって向きと大きさが変わるので，ベクトル場とみなす

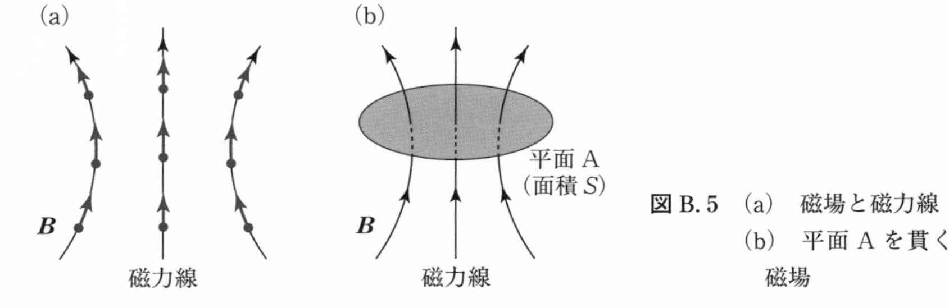

図 B.5 (a) 磁場と磁力線
(b) 平面 A を貫く磁場

ことができますが，その様子を表すには，図 B.5 (a) のように各点での磁場の向きに線をつないでできる**磁力線**を考えると便利です．ここでは，図 B.5 (b) のように，空間中に有限の面積をもつ平面 A を考え，そこを貫く磁束（磁場の総量）を考えてみましょう．

まず，磁束の正負を定めるために，**面の正の向き**を決めておく必要があります．面 A の正の向きに対して，同じ向きに磁力線が貫くときは磁束が正，逆の向きに磁力線が貫くときは磁束が負，と定義するわけです（図 B.6）．面 A の正の向きは自分で適当に定めてよいのですが，一度定めた向きは途中で変更してはいけません．

次に，面 A の単位法線ベクトルを $\boldsymbol{n}$ とし ($|\boldsymbol{n}| = 1$)，向きは面 A の正の向きと同じにしておきます．ここで，面 A の面積を S としたときに，**面積ベクトル**とよばれるベクトル

$$\boldsymbol{S} = S\boldsymbol{n} \tag{B.10}$$

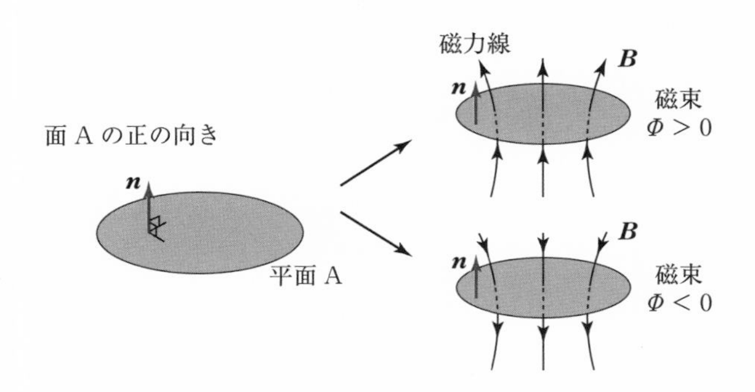

図 B.6 面 A の正の向きと磁束の符号

を定義しておくと便利です．$\boldsymbol{S}$ の大きさは面 A の面積（$|\boldsymbol{S}|=S$），$\boldsymbol{S}$ の向きは面 A と直交し，かつ，面 A の正の向きを表すことになります．

まず簡単な例として，磁場 $\boldsymbol{B}$ が場所によらず一定である場合を考え，平面 A を貫く磁束を考えてみましょう．図 B.7（a）のように磁場が平面 A を垂直に貫くときは，面を貫く磁束 Φ は

$$\Phi = BS \tag{B.11}$$

と定義されます（$B=|\boldsymbol{B}|$）．この場合は簡単ですね．

次に，磁場が平面 A を斜めに貫く場合を考えてみましょう．このときは，図 B.7 (b) のように平面 A を磁場に垂直な平面に射影してできる平面 B を考え，「面 A を貫く磁束」＝「面 B を貫く磁束」と考えて計算します．磁場 $\boldsymbol{B}$ と面 A の法線ベクトル $\boldsymbol{n}$ の間の成す角を θ とすると，面 B の面積は $S\cos\theta$ となるので，このとき磁束は，

$$\Phi = BS\cos\theta = |\boldsymbol{B}|\,|\boldsymbol{S}|\cos\theta = \boldsymbol{B}\cdot\boldsymbol{S} \tag{B.12}$$

と定義されます[1)]．このように，磁束 Φ は「磁場 $\boldsymbol{B}$ と面積ベクトル $\boldsymbol{S}$ の内積」で表され，コンパクトに表せることがわかります．

ここまで簡単のために平面を考えてきましたが，ここから一般の曲面 A

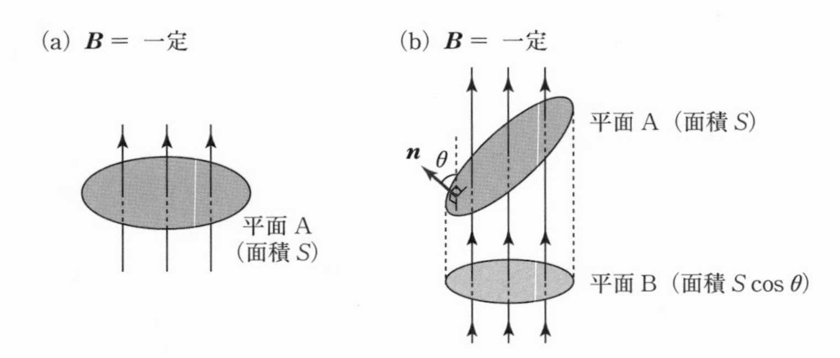

図 B.7　(a)　磁場 $\boldsymbol{B}$ が平面 A を垂直に貫く場合
(b)　磁場 $\boldsymbol{B}$ が平面 A を斜めに貫く場合

1)　$\theta=0$ とすると，磁場が平面 A に垂直に入射した場合の式（B.11）に一致します．

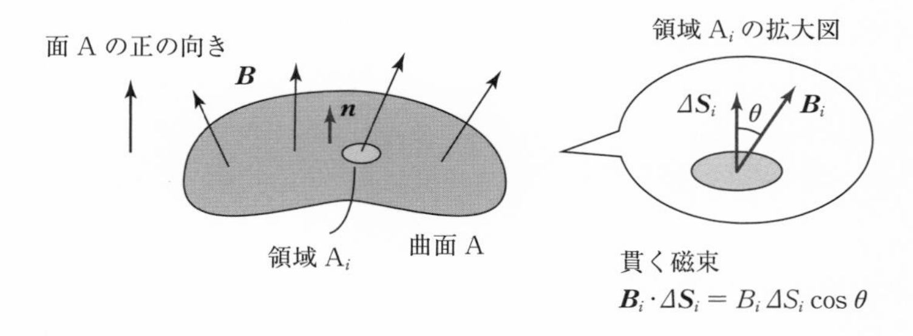

図 B.8 曲面 A を貫く磁束の一般的な定義

を考え，曲面 A を貫く磁束を定義してみましょう．さらに，図 B.8 のように，曲面 A 上の場所ごとに磁場 $\boldsymbol{B}$ の向きや大きさは変化しても構わないとします．この状況では，先ほどのように磁束を 磁場 × 面積 の形で簡単に計算することはできません．そこで，曲面 A を N 個の領域に分割し，小さな曲面 A_i（$i = 1, 2, 3, \cdots, N$）に分けます．分割数 N を十分大きくすれば，個々の領域の面積は小さくなるので，曲面 A_i をほぼ平面とみなすことができ，さらにその面を貫く磁場 $\boldsymbol{B}$ の向きや大きさもほぼ一定とみなせます．

そこで，いま領域 A_i 上のある点での磁場を $\boldsymbol{B}_i$，平面 A_i の面積ベクトルを $\Delta \boldsymbol{S}_i$ とすると，先ほどと同じ議論によって，領域 A_i を貫く磁束は

$$\Delta \Phi_i = \boldsymbol{B}_i \cdot \Delta \boldsymbol{S}_i \tag{B.13}$$

と表すことができます（図 B.8 の拡大図を参照）．後は各領域 A_i を貫く磁束 $\Delta \Phi_i$ をすべての領域 i（$= 1, 2, 3, \cdots, N$）について足し合わせて，最後に分割数 N を無限大にする極限をとることで，磁束を正確に定義することができます．

$$\Phi = \lim_{N \to \infty} \sum_{i=1}^{N} \Delta \Phi_i = \lim_{N \to \infty} \sum_{i=1}^{N} \boldsymbol{B}_i \cdot \Delta \boldsymbol{S}_i \tag{B.14}$$

このように，面を分割して，それぞれの微小面積を貫く量 $\boldsymbol{B}_i \cdot \Delta \boldsymbol{S}_i$ を計算し，それをすべての領域について足し合わせて $N \to \infty$ とした量を，$\boldsymbol{B}$ の面 A における「面積分」といい，次のように書き表します．

$$\int_{\mathrm{A}} \boldsymbol{B} \cdot d\boldsymbol{S} = \lim_{N \to \infty} \sum_{i=1}^{N} \boldsymbol{B}_i \cdot \Delta \boldsymbol{S}_i \tag{B.15}$$

つまり，**磁束 $\varPhi$ は磁場 $\boldsymbol{B}$ の面積分として定義されるのです！** これでやっと，磁束の正確な定義ができました．

B.2.2　面積分の定義

前項では，磁束の定義について述べましたが，面積分は磁場以外の一般のベクトル場についても考えることができるので，ここで面積分の数学的な定義をまとめておきましょう．

▶ **面積分の定義**：$\boldsymbol{A}$ を任意のベクトル場，A を曲面とし，曲面 A の正の向きを決めておく．曲面 A を N 分割してできる領域 A_i（$i = 1, 2, 3, \cdots, N$）に対し，各領域 A_i でのベクトル場の値を $\boldsymbol{A}_i$，面積ベクトルを $\varDelta\boldsymbol{S}_i$ として，ベクトル場 $\boldsymbol{A}$ の面 A での面積分を次のように定義する．

$$\int_{\mathrm{A}} \boldsymbol{A}\cdot d\boldsymbol{S} = \lim_{N\to\infty}\sum_{i=1}^{N}\boldsymbol{A}_i\cdot\varDelta\boldsymbol{S}_i \tag{B.16}$$

面積分の計算は少し複雑ですが，本書では初等的な計算で済む場合のみを取り扱うので，恐れることはありません．実際に少し計算してみましょう．

Exercise B.2

ベクトル場 $\boldsymbol{A} = (x/r^3, y/r^3, z/r^3)$（$r = \sqrt{x^2+y^2+z^2}$）に対して，原点を中心とする半径 a の球面 A での面積分を求めなさい．ただし，面の内側から外側への向きを球面 A の正の向きとします．

Coaching 図 B.9 のようにベクトル場 $\boldsymbol{A}$ の向きは，原点からの位置ベクトル $\boldsymbol{r} = (x, y, z)$ と平行で，球面 A とは常に直交しており，面の法線ベクトル $\boldsymbol{n}$ と同じ向きを向きます．また，半径 a の球面上でのベクトル場の大きさは $|\boldsymbol{A}| = 1/a^2$ と表すことができ，球面上で大きさが一定なので，面積分は $\boldsymbol{A}$ の大きさに球面の面積を掛けて

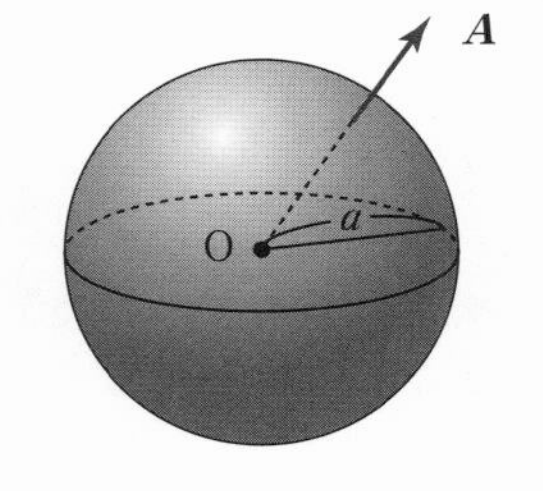

図 B.9　半径 a の球面 A とベクトル場 $\boldsymbol{A}$

$$\int_{\mathrm{A}} \boldsymbol{A} \cdot d\boldsymbol{S} = |\boldsymbol{A}| \times 4\pi a^2 = \frac{1}{a^2} \times 4\pi a^2 = 4\pi \tag{B.17}$$

と求められます．■

Training B.4

ベクトル場 $\boldsymbol{A} = (x/R^2, y/R^2, 0)$（$R = \sqrt{x^2 + y^2}$）に対して，$z$ 軸を中心軸とする半径 a，高さ h の円柱の表面 A での面積分を求めなさい．ただし，円柱の内側から外側へ向かう向きを表面 A の正の向きとします．

B.3　ストークスの定理

B.3.1　ストークスの定理とは

ここまで，「線積分」と「面積分」という，2つの異なる積分を導入してきましたが，実は，この2つの積分の間には深い関係があります．ここが本章の山場です．もう少しだけ頑張ってついてきて下さい！

図 B.10 のような周回経路 C について，ベクトル場 $\boldsymbol{A}$ の線積分を考えてみましょう．いま，経路 C で囲まれる曲面を A とし，経路 C の周回方向に右ネジを回したときにネジの進む向き（右ネジの法則），もしくは同じことですが，経路 C の周回方向に右手の 4 本の指を向けたときの親指の向き（右手の法則）を，面 A の正の向きとします．このとき，次の**ストークスの定理**が成り立ちます．

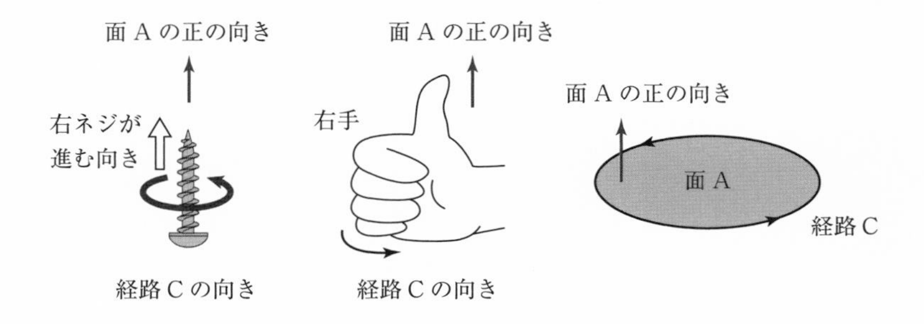

図 B.10　経路 C に囲まれる面 A の正の向きの決め方

▶ **ストークスの定理**：任意のベクトル場を $\boldsymbol{A}$ とし，周回経路を C，経路 C によって囲まれる曲面を A とするとき，

$$\int_{\mathrm{C}} \boldsymbol{A} \cdot d\boldsymbol{r} = \int_{\mathrm{A}} \mathrm{rot}\, \boldsymbol{A} \cdot d\boldsymbol{S} \tag{B.18}$$

が成り立つ．

つまり，**ベクトル場 $\boldsymbol{A}$ の線積分は rot $\boldsymbol{A}$ の面積分になる**のですが，これはかなりすごい定理ですね．この定理を証明すると，rot $\boldsymbol{A}$ の意味をより深く理解することが可能になります．頑張って証明してみましょう．

B. 3. 2　ストークスの定理の証明（ステップ 1）

まず，図 B. 11 のように経路 C があり，経路 C によって囲まれる面 A が xy 平面と平行な平面であるときを考えてみましょう．そして，面 A を x 軸と y 軸に平行に碁盤の目のように包丁を入れて細かく N 個の領域に分割し，i 番目の領域 $(i = 1, 2, 3, \cdots, N)$ を領域 A_i，その周回経路を C_i としておきます．

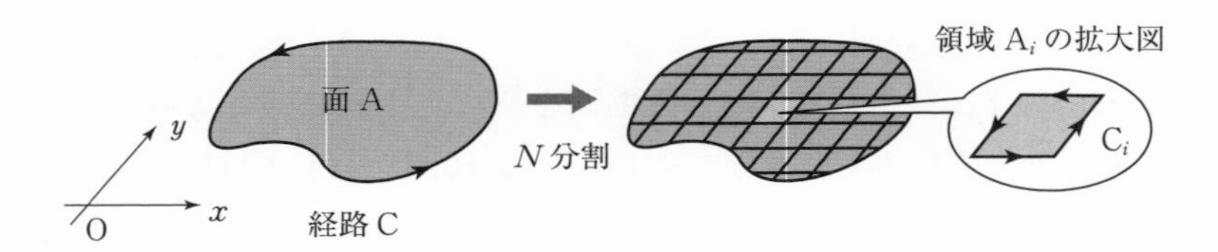

図 B. 11　周回経路 C に囲まれた xy 平面と平行な面 A およびその分割

ここで，隣り合った長方形（つまり，辺を共有した 2 つの長方形）の周回経路 $\mathrm{C}_1, \mathrm{C}_2$ について，線積分の性質を使うことができます．図 B. 12 のように隣り合う周回経路 $\mathrm{C}_1, \mathrm{C}_2$ について，線積分の値の和 $\int_{\mathrm{C}_1} \boldsymbol{A} \cdot d\boldsymbol{r} + \int_{\mathrm{C}_2} \boldsymbol{A} \cdot d\boldsymbol{r}$ を考えてみましょう．C_1 と C_2 が共有する辺では経路の向きが逆になっていることがポイントです．ある経路での線積分と，その逆を辿る経路での線積分は，値の大きさが等しく，符号が逆になる性質があります（B. 1. 3 項の末尾にある Training B. 1（1）を参照）．これにより，C_1 と C_2 の重複した部分での線積分は打ち消し合ってゼロになるので考えなくてよく，結局

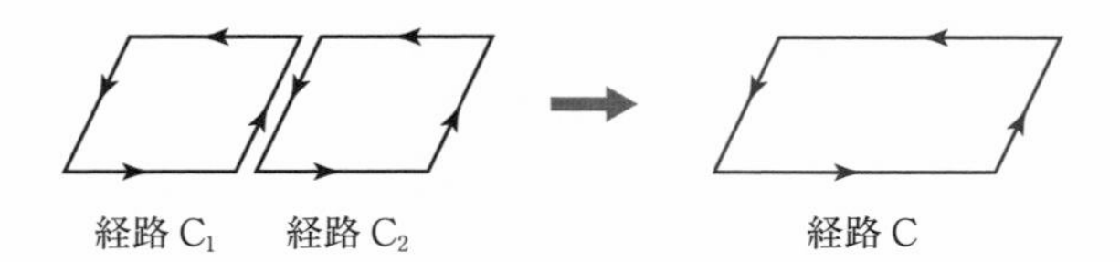

図 B. 12　経路の合成

$$\int_{C_1} \boldsymbol{A} \cdot d\boldsymbol{r} + \int_{C_2} \boldsymbol{A} \cdot d\boldsymbol{r} = \int_{C} \boldsymbol{A} \cdot d\boldsymbol{r} \tag{B.19}$$

が成り立ちます．ここで経路 C は，経路 C_1 と経路 C_2 を含む大きな周回経路です（図 B. 12）．

この性質を使えば，図 B. 11 のように細かく分割された小さな長方形の周回経路 C_i での線積分を，すべての領域 i について足し合わせたとき，一番外側の周回経路 C での線積分となります．つまり

$$\sum_{i=1}^{N} \int_{C_i} \boldsymbol{A} \cdot d\boldsymbol{r} = \int_{C} \boldsymbol{A} \cdot d\boldsymbol{r} \tag{B.20}$$

が成り立ちます[2)]．これはとても便利な性質です！　この式の導出でストークスの定理の証明のステップ 1 が完了します．

B. 3. 3　ストークスの定理の証明（ステップ 2）

次に，細かく分割された小さな周回経路 C_i で線積分 $\int_{C_i} \boldsymbol{A} \cdot d\boldsymbol{r}$ がどうなるかを調べてみましょう．分割数 N は十分に大きいものとし，着目している領域 A_i の面積は十分に小さいものとします．長方形の周回経路 C_i の 4 つの頂点について，座標を図 B. 13 のようにおいておきます．周回方向は右ネジの法則（もしくは右手の法則）で決まっていることに注意すると，周回経路は図 B. 13 のように 4 つの経路に分割できます．

2）　曲面 A の境界付近（経路 C 付近）では長方形の経路をとることができず，中途半端な図形ができてしまうことが気になる方がいるかもしれません．しかし，分割数 N を十分大きくとると，そのような端っこからの寄与は無視できるほどに小さくなるので，気にしなくても大丈夫です．

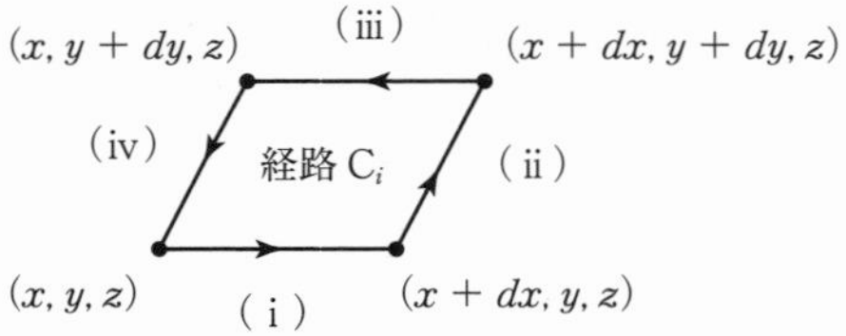

図 B.13　周回経路 C_i の頂点の座標

経路（i）：　$(x, y, z) \;\rightarrow\; (x+dx, y, z)$
経路（ii）：　$(x+dx, y, z) \;\rightarrow\; (x+dx, y+dy, z)$
経路（iii）：　$(x+dx, y+dy, z) \;\rightarrow\; (x, y+dy, z)$
経路（iv）：　$(x, y+dy, z) \;\rightarrow\; (x, y, z)$

各辺は非常に短いので，辺上でベクトル場 $\boldsymbol{A}$ はほとんど変化しないと考えてよく，線積分の値は，$\boldsymbol{A}$ の値と微小変位 $d\boldsymbol{r}$ の内積をとることで求められます（B.1.1 項の線積分の定義を参照）．

$$\int_{\mathrm{C}_i} \boldsymbol{A}\cdot d\boldsymbol{r} = \underbrace{\boldsymbol{A}(x,y,z)\cdot\begin{pmatrix} dx \\ 0 \\ 0 \end{pmatrix}}_{\text{経路（i）}} + \underbrace{\boldsymbol{A}(x+dx,y,z)\cdot\begin{pmatrix} 0 \\ dy \\ 0 \end{pmatrix}}_{\text{経路（ii）}}$$
$$+ \underbrace{\boldsymbol{A}(x,y+dy,z)\cdot\begin{pmatrix} -dx \\ 0 \\ 0 \end{pmatrix}}_{\text{経路（iii）}} + \underbrace{\boldsymbol{A}(x,y,z)\cdot\begin{pmatrix} 0 \\ -dy \\ 0 \end{pmatrix}}_{\text{経路（iv）}} \tag{B.21}$$

さて，(B.21) を $\boldsymbol{A}$ の成分である A_x, A_y, A_z を使って書き直すと，

$$\begin{aligned}\int_{\mathrm{C}_i} \boldsymbol{A}\cdot d\boldsymbol{r} &= \underbrace{A_x(x,y,z)\,dx}_{\text{経路（i）}} + \underbrace{A_y(x+dx,y,z)\,dy}_{\text{経路（ii）}} \\ &\quad \underbrace{-\,A_x(x,y+dy,z)\,dx}_{\text{経路（iii）}}\,\underbrace{-\,A_y(x,y,z)\,dy}_{\text{経路（iv）}} \\ &= \{A_x(x,y,z) - A_x(x,y+dy,z)\}\,dx \\ &\quad + \{A_y(x+dx,y,z) - A_y(x,y,z)\}\,dy \end{aligned} \tag{B.22}$$

となり，さらに偏微分の定義から

$$A_x(x, y+dy, z) - A_x(x, y, z) = \frac{\partial A_x}{\partial y}\,dy \tag{B.23}$$

$$A_y(x+dx, y, z) - A_y(x, y, z) = \frac{\partial A_y}{\partial x}\,dx \tag{B.24}$$

と表せるので，最終的に

$$\int_{C_i} \boldsymbol{A}\cdot d\boldsymbol{r} = \left(-\frac{\partial A_x}{\partial y} + \frac{\partial A_y}{\partial x}\right) dx\,dy \tag{B.25}$$

となります．カッコの中はちょうど $\mathrm{rot}\,\boldsymbol{A}$ の z 成分になっていますよね！さらに，$dx\,dy$ は考えている領域 A_i の面積 dS_i そのものなので，

$$\int_{C_i} \boldsymbol{A}\cdot d\boldsymbol{r} = (\mathrm{rot}\,\boldsymbol{A})_z\,dS_i \tag{B.26}$$

となることがわかります．実にうまくいっています．

いま，微小領域 A_i は xy 平面と平行になっているので，その単位法線ベクトル $\boldsymbol{n}$ は z 方向を向いていて，また，経路 C の周回方向から右ネジの法則で決められる A_i の正の向きは，z 軸の正の向きです．これより，微小領域 A_i の面積ベクトル $d\boldsymbol{S}_i$ は，

$$d\boldsymbol{S}_i = \boldsymbol{n}\,dS_i = \begin{pmatrix} 0 \\ 0 \\ dS_i \end{pmatrix} \tag{B.27}$$

となります．この $d\boldsymbol{S}_i$ と $(\mathrm{rot}\,\boldsymbol{A})_z = (\mathrm{rot}\,\boldsymbol{A})\cdot\boldsymbol{n}$ を用いて (B.26) を書き直すと，

$$\int_{C_i} \boldsymbol{A}\cdot d\boldsymbol{r} = (\mathrm{rot}\,\boldsymbol{A})_z\,dS_i = \mathrm{rot}\,\boldsymbol{A}\cdot d\boldsymbol{S}_i \tag{B.28}$$

となり，(B.20) と組み合わせると，

$$\int_{C} \boldsymbol{A}\cdot d\boldsymbol{r} = \sum_{i=1}^{N}\int_{C_i} \boldsymbol{A}\cdot d\boldsymbol{r} = \sum_{i=1}^{N} \mathrm{rot}\,\boldsymbol{A}\cdot d\boldsymbol{S}_i \tag{B.29}$$

となります．最後に $N \to \infty$ の極限をとることで，上式の右辺を面積分で表すことができ，ストークスの定理

$$\int_{C} \boldsymbol{A}\cdot d\boldsymbol{r} = \lim_{N\to\infty}\sum_{i=1}^{N} \mathrm{rot}\,\boldsymbol{A}\cdot d\boldsymbol{S}_i = \int_{A} \mathrm{rot}\,\boldsymbol{A}\cdot d\boldsymbol{S} \tag{B.30}$$

が得られます．

B. 3. 4　ストークスの定理の証明（ステップ3）

実は，まだ証明は終わっていません．ステップ2までで，経路Cによって囲まれる面Aが平面のときに，ストークスの定理が証明できました．一般に面Aが曲面である場合でも，ストークスの定理は成り立ちますが，その証明がまだだからです．

この証明は難しくはないのですが，少し長くなってしまうので，本書では省略します[3]．

B. 3. 5　再び rot の意味

さて，ここで rot $\boldsymbol{A}$ の意味をストークスの定理を使って改めて考えてみましょう．微小周回経路 C_i での線積分は，C_i で囲まれる面の面積ベクトル $d\boldsymbol{S}_i$ を使って，

$$\int_{\mathrm{C}_i} \boldsymbol{A}\cdot d\boldsymbol{r} = (\mathrm{rot}\,\boldsymbol{A})_z\, dS_i \tag{B.31}$$

と表せることが，ストークスの定理の証明の肝でした．この式の右辺にちょうど $(\mathrm{rot}\,\boldsymbol{A})_z$，つまり rot $\boldsymbol{A}$ の z 成分が現れています．ところで，A. 4. 4 項では rot $\boldsymbol{A}$ の z 成分のことを，「$\boldsymbol{A}$ を水の流速としたとき，軸を z 軸に平行にして水車を置いたときの回転の度合い」だと説明しました．上の式をよく見ると，まさにそうなっていることがわかりますね．そう，左辺は小さな周回経路 C_i での $\boldsymbol{A}$ の線積分ですが，図 B. 14 (a) に示すように，これがちょうど水車の回転方向に周回しています．この方向に水の流速 $\boldsymbol{A}$ を積算していき，線積分を計算したときにゼロでなければ，この周回経路の方向に「水の渦ができている」といえそうですね．つまり A. 4. 4 項でした説明は，微小経路 C_i に対するストークスの定理の内容を的確に言い表しているものなのです．

rot $\boldsymbol{A}$ の意味を踏まえて，逆にもう一度ストークスの定理の意味を考えるとわかりやすくなります．ストークスの定理とは，図 B. 14（b）に示すように，**小さな渦を足し合わせていくと大きな渦になる**，ということを意味するのです．「小さな渦の足し合わせ」とは rot $\boldsymbol{A}$ の面 A での面積分を，「大きな渦」

3）　気になる方は，本書の Web ページの補足事項を読んでみてください．

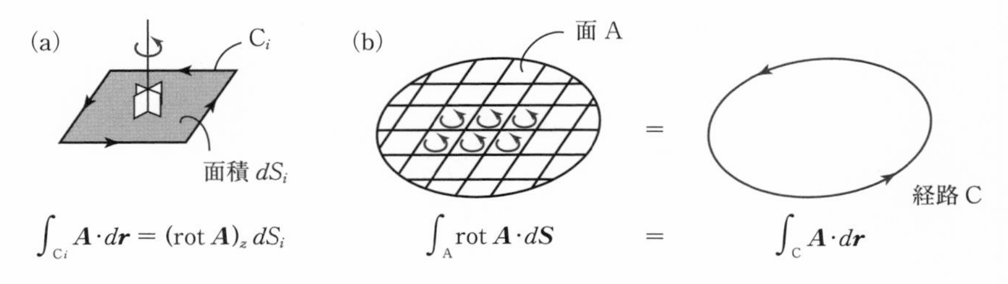

図 B. 14　(a)　小さな周回経路と rot の意味
(b)　ストークスの定理の意味

とは面 A の境界を周回する経路 C の線積分を，それぞれ表しています．すなわちストークスの定理とは，**ベクトル場の渦に関する定理である，**ともいえます．

B. 3. 6　ストークスの定理の応用

次に，ストークスの定理を応用することで導かれるベクトル場の性質を紹介しましょう．あるベクトル場 $\boldsymbol{A}$ があって，rot $\boldsymbol{A} = \boldsymbol{0}$ を満たしているとします．このベクトル場は，水車をどこにどの方向から入れても回転しないので「渦なしベクトル場」といえますが，このようなベクトル場 $\boldsymbol{A}$ には，ある特別な性質が成り立ちます．

いま，図 B. 15 の左図のように，始点 P と終点 Q をもつ 2 つの異なる経路 C_1, C_2 を考えてみましょう．このとき，ベクトル場 $\boldsymbol{A}$ の経路 C_1 での線積分と経路 C_2 での線積分の差 I を

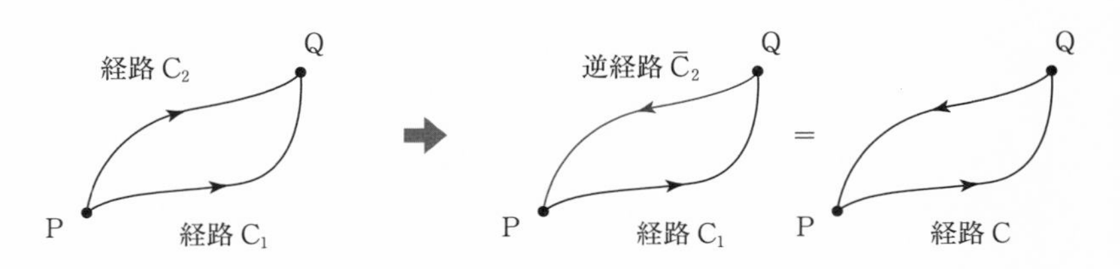

図 B. 15

$$I = \int_{C_1} \boldsymbol{A} \cdot d\boldsymbol{r} - \int_{C_2} \boldsymbol{A} \cdot d\boldsymbol{r} \tag{B. 32}$$

とおくと，経路 C_2 での線積分の値にマイナスを付けたものは，経路 C_2 を逆に辿る経路 $\overline{C}_2$ での線積分の値と一致するので，

$$I = \int_{C_1} \boldsymbol{A} \cdot d\boldsymbol{r} + \int_{\overline{C}_2} \boldsymbol{A} \cdot d\boldsymbol{r} = \int_{C} \boldsymbol{A} \cdot d\boldsymbol{r} \tag{B. 33}$$

となります．ここで経路 C は，図 B. 15 の右図に示すように，点 P から経路 C_1 を通って点 Q に向かった後，経路 C_2 を逆に辿って点 P に戻ってくる閉じた経路です．

さらに，ストークスの定理（B. 18）を使えば，渦なしのベクトル場（$\mathrm{rot}\,\boldsymbol{A} = \boldsymbol{0}$）に対して，

$$I = \int_{C} \boldsymbol{A} \cdot d\boldsymbol{r} = \int_{A} \mathrm{rot}\,\boldsymbol{A} \cdot d\boldsymbol{S} = 0$$

$$\Leftrightarrow \quad \int_{C_1} \boldsymbol{A} \cdot d\boldsymbol{r} = \int_{C_2} \boldsymbol{A} \cdot d\boldsymbol{r} \tag{B. 34}$$

がいえます（A は経路 C で囲まれる曲面）．これより，渦なしのベクトル場では，始点と終点を定めてしまえば，途中の経路によらずに線積分の値が定まってしまうことがわかります．これを定理にまとめておきましょう．

▶ **定理 1**：$\mathrm{rot}\,\boldsymbol{A} = \boldsymbol{0}$ のとき，経路 C での線積分 $\int_{C} \boldsymbol{A} \cdot d\boldsymbol{r}$ は経路 C の始点と終点のみで決まり，途中の経路によらない．

次に，ベクトル場 $\boldsymbol{A}$ の線積分が始点と終点の位置だけによると仮定したときに，どのような性質が現れるかを考えてみましょう．このとき，次のような定理が成り立ちます．

▶ **定理 2**：$\int_{C} \boldsymbol{A} \cdot d\boldsymbol{r}$ が経路 C の始点と終点のみで決まり，途中の経路によらないとき，あるスカラー場 f が存在して $\boldsymbol{A} = \mathrm{grad}\,f$ と表せる．

この定理の証明はそれほど難しくないので，章末の Practice の問題にしておきます．

さらに，$\boldsymbol{A} = \mathrm{grad}\, f$ となるようなベクトル場 $\boldsymbol{A}$ は渦なし（$\mathrm{rot}\, \boldsymbol{A} = \boldsymbol{0}$）となることが予想されますが，これは A.4.5 項で示した公式 $\mathrm{rot}\,(\mathrm{grad}\, f) = \boldsymbol{0}$ から確かにそうなっていることがわかります．

これより，図 B.16 に示すように，「$\mathrm{rot}\, \boldsymbol{A} = \boldsymbol{0}$（渦なし）」と「$\boldsymbol{A}$ の線積分が始点と終点のみによる」と「$\boldsymbol{A} = \mathrm{grad}\, f$ と表せる」が，すべて同値であることがわかります[4]．この結果はとても重要で，電磁気学では大活躍します．お楽しみに！

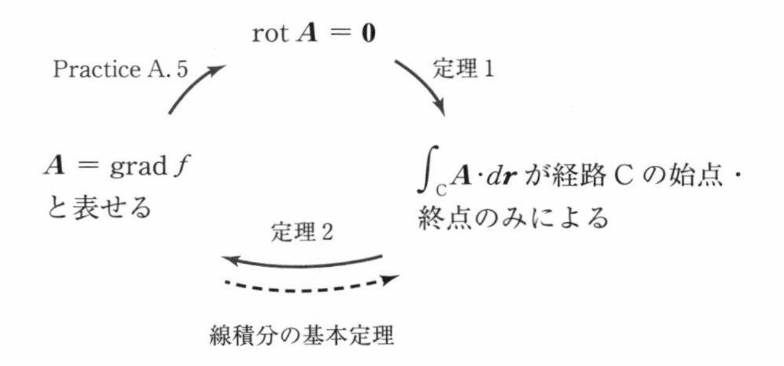

図 B.16 ベクトル場のもつ性質の間の関係

B.4 体積積分

最後に登場するのは**体積積分**です．これも例を挙げながら解説しましょう．

いま，3 次元空間中に置かれた有限の体積をもつ物体を V とし，$f(x, y, z)$ は物体 V の位置 (x, y, z) での質量密度であるとします（f はスカラー場になっています）．位置に依存して密度が異なってもよいとした場合，物体 V の質量はどのように計算できるでしょうか？

早速考えてみましょう．図 B.17 のように領域 V を（ジャガイモを包丁で細かく「さいの目切り」するような感じで）N 個の領域に分割し，分割された小さな領域を V_i（$i = 1, 2, 3, \cdots, N$）とします．分割数 N を十分大きくとると，領域 V_i の体積（ΔV_i としておきます）は十分小さくなり，この領域内における物体の密度 f の値はほとんど変化しないとみなすことができます．

4）ちなみに定理 2 は，B.1.4 項で述べた線積分の基本定理の逆に当たります．

このとき，領域 V_i 内の適当な点における質量密度 f の値を f_i とすると，それを領域 V_i における密度の代表値と考えることができ，領域 V_i 内の物体の質量は近似的に $f_i \Delta V_i$ と表すことができます．これをすべての領域について足し合わせて $N \to \infty$ の極限をとることで，物体 V の全質量が正確に求められます．これを「スカラー場 f の領域 V における体積積分」といいます．

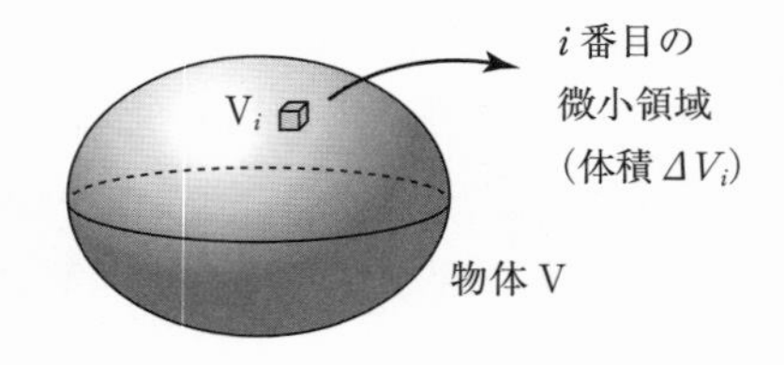

図 B. 17　物体の密度分布から全質量を計算する方法

$$\int_{\mathrm{V}} f\, dV = \lim_{N \to \infty} \sum_{i=1}^{N} f_i \Delta V_i \tag{B. 35}$$

似たような計算は，電磁気学でも（物理量 f の中身をいろいろ変えて）登場します．そこで，f の具体的な中身によらずに体積積分を定義しておきましょう．

▶ **体積積分の定義**：3 次元空間中の領域を V，任意のスカラー場を f とする．領域 V を N 分割してできる領域の体積を ΔV_i，領域内の f の代表値を f_i とするとき，

$$\int_{\mathrm{V}} f\, dV = \lim_{N \to \infty} \sum_{i=1}^{N} f_i \Delta V_i \tag{B. 36}$$

を体積積分という．

体積積分の計算は，本書では簡単に実行できる場合しか扱わないので，心配しないでください．具体的な計算例を Exercise B. 3 で見てみましょう．

Exercise B. 3

半径 R の球状の物体 V があり，中心から距離 r の位置の質量密度が $\rho(\boldsymbol{r}) = a + br$（$a, b$ は正の定数，$r = |\boldsymbol{r}|$）で与えられるとき，物体の全質量を求めなさい．

Coaching 中心から半径 r と半径 $r + dr$ の球面に挟まれた部分の微小体積は，表面積に厚さを掛けることで $dV = 4\pi r^2\,dr$ となります．この部分に含まれる質量は，$\rho(\boldsymbol{r})\,dV = 4\pi r^2\,(a + br)\,dr$ となるので，全質量は

$$\int_{\mathrm{V}}\rho(\boldsymbol{r})\,dV = \int_0^R 4\pi r^2(a + br)\,dr = 4\pi\int_0^R (ar^2 + br^3)\,dr$$
$$= 4\pi\left[\frac{1}{3}ar^3 + \frac{1}{4}br^4\right]_0^R = \frac{4\pi aR^3}{3} + \pi bR^4 \tag{B.37}$$

となります． ■

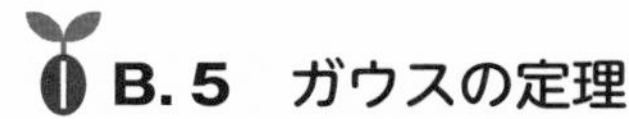

B.5 ガウスの定理

B.5.1 ガウスの定理とは

いよいよ本章の最後の定理となる，ガウスの定理を解説しましょう．図B.18 (a) のような3次元空間中の領域Vを考え，その表面をAとします．そして，表面Aでベクトル場 $\boldsymbol{A}$ の面積分を考えることにしましょう．このとき，次の**ガウスの定理**が成り立ちます．

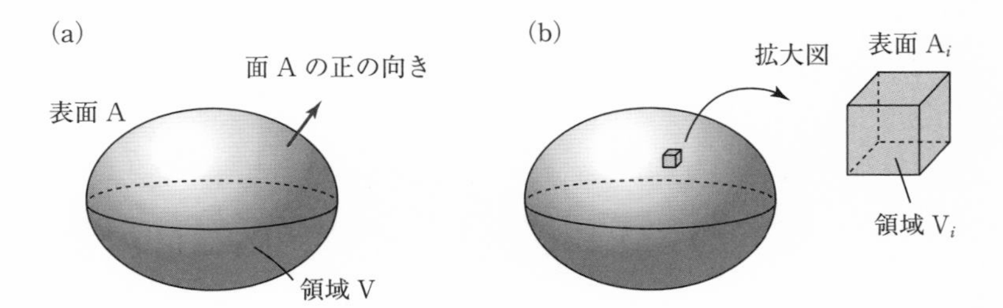

図B.18 (a) ガウスの定理で考える状況
(b) 領域Vを分割した結果得られる領域 V_i とその表面 A_i

▶ **ガウスの定理**：3次元空間中の領域をV，その表面をA，任意のベクトル場を $\boldsymbol{A}$ とするとき，

$$\int_{\mathrm{A}}\boldsymbol{A}\cdot d\boldsymbol{S} = \int_{\mathrm{V}}\mathrm{div}\,\boldsymbol{A}\,dV \tag{B.38}$$

が成り立つ．ここで表面Aの正の向きは，内側から外側へ向かう向きにとる．

B.5.2 ガウスの定理の証明（ステップ1）

早速，証明してみましょう．図B.18(b)のように領域Vを（さいの目状に）N 分割し，小さい直方体領域 V_i $(i=1,2,3,\cdots,N)$ に分け，領域 V_i の表面を A_i としておきます．このとき，隣接する領域の表面での面積分について，便利な公式が成り立ちます．

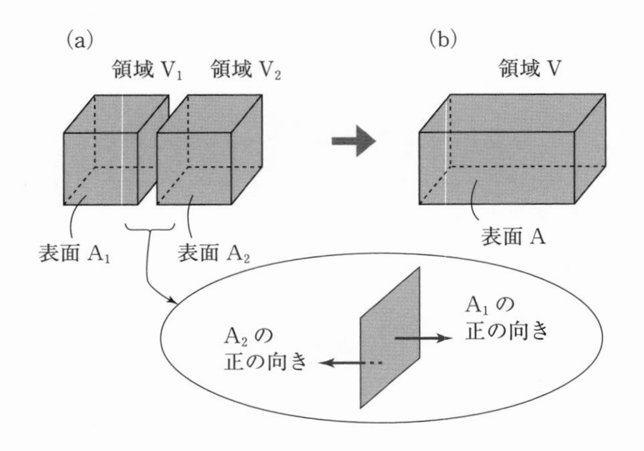

図B.19　(a)　隣接する直方体領域 $\mathrm{V}_1, \mathrm{V}_2$ とその表面 $\mathrm{A}_1, \mathrm{A}_2$
(b)　2つの直方体領域を合体させてできる領域Vとその表面A

図B.19(a)のように隣り合う直方体の領域を $\mathrm{V}_1, \mathrm{V}_2$ とし，それぞれの表面を $\mathrm{A}_1, \mathrm{A}_2$ としましょう．また，各領域の内側から外側に向かう向きを表面 $\mathrm{A}_1, \mathrm{A}_2$ の正の方向としておきます．このとき，2つの領域で共有している面での面積分に注目してみると，V_1 から見たら「V_1 の内側から外側へ向かう向き」が面 A_1 の正の向きとなりますが，これは領域 V_2 の表面 A_2 の正の向きと逆になります（図B.19の下図を参照）．このため，表面 A_1 での面積分と表面 A_2 での面積分の和を考えたとき，接している部分の面の寄与は打ち消されてしまいます．その結果，ベクトル場 $\boldsymbol{A}$ に対して，

$$\int_{\mathrm{A}_1} \boldsymbol{A}\cdot d\boldsymbol{S} + \int_{\mathrm{A}_2} \boldsymbol{A}\cdot d\boldsymbol{S} = \int_{\mathrm{A}} \boldsymbol{A}\cdot d\boldsymbol{S} \tag{B.39}$$

が成り立つことになります．ここでAは，V_1 と V_2 をくっつけてできる3次元空間中の領域Vの表面です（図B.19(b)を参照）．

この性質を使うと，領域Vの表面Aについての面積分は，領域Vを N 分割した後のそれぞれの領域 V_i の表面 A_i での面積分を，すべての領域 i（$i = 1, 2, 3, \cdots, N$）で足し上げたものと等しくなります．

$$\int_{\mathrm{A}} \boldsymbol{A} \cdot d\boldsymbol{S} = \sum_{i=1}^{N} \int_{\mathrm{A}_i} \boldsymbol{A} \cdot d\boldsymbol{S} \tag{B.40}$$

B. 5. 3　ガウスの定理の証明（ステップ2）

次に，小さな直方体領域 V_i の表面 A_i での面積分を考えてみましょう．図 B. 20 のように，直方体の辺は x 軸，y 軸，z 軸のいずれかに平行になっていて，それぞれの辺の長さは dx, dy, dz であるとします．この直方体は，面（i）～（vi）まで6つの面があり，面積分は6つの面の面積分の和になっています．

$$\int_{\mathrm{A}_i} \boldsymbol{A} \cdot d\boldsymbol{S} = (\mathrm{i}) + (\mathrm{ii}) + (\mathrm{iii}) + (\mathrm{iv}) + (\mathrm{v}) + (\mathrm{vi}) \tag{B.41}$$

まず，面（i）と面（ii）から考えてみましょう．直方体が十分小さいときには，各面でベクトル場 $\boldsymbol{A} = (A_x, A_y, A_z)$ の値はほぼ一定であると仮定してよく，面の正の向きに注意しながら計算すると，

$$\begin{aligned}(\mathrm{i}) + (\mathrm{ii}) &= \underbrace{\boldsymbol{A}(x, y, z) \cdot \begin{pmatrix} -dy\,dz \\ 0 \\ 0 \end{pmatrix}}_{\text{面（i）}} + \underbrace{\boldsymbol{A}(x + dx, y, z) \cdot \begin{pmatrix} +dy\,dz \\ 0 \\ 0 \end{pmatrix}}_{\text{面（ii）}} \\ &= \{-A_x(x, y, z) + A_x(x + dx, y, z)\}\, dy\,dz \end{aligned} \tag{B.42}$$

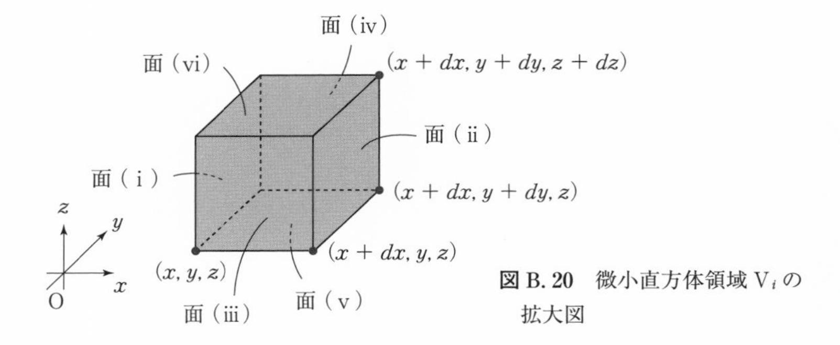

図 B. 20　微小直方体領域 V_i の拡大図

となります．面（ i ）と面（ ii ）では面の正の方向が逆転しているため，面積ベクトルが逆向きを向いていることに注意してください．

さらに，dx は微小量なので，偏微分の定義から，

$$A_x(x+dx, y, z) - A_x(x, y, z) = \frac{\partial A_x}{\partial x}\, dx \qquad \text{(B. 43)}$$

となるので，この関係を使うと（B. 42）は

$$(\text{ i }) + (\text{ ii }) = \frac{\partial A_x}{\partial x}\, dx\, dy\, dz = \frac{\partial A_x}{\partial x}\, dV_i \qquad \text{(B. 44)}$$

となります．ここで $dV_i = dx\, dy\, dz$ は，考えている微小領域 V_i の体積です．きれいな形になってきましたね！ 同様にして，他の面も考えてみると，

$$(\text{iii}) + (\text{iv}) = \frac{\partial A_y}{\partial y}\, dx\, dy\, dz = \frac{\partial A_y}{\partial y}\, dV_i \qquad \text{(B. 45)}$$

$$(\text{ v }) + (\text{vi}) = \frac{\partial A_z}{\partial z}\, dx\, dy\, dz = \frac{\partial A_z}{\partial z}\, dV_i \qquad \text{(B. 46)}$$

となるので，これらをすべて足し合わせることで，

$$\int_{\mathrm{A}_i} \boldsymbol{A} \cdot d\boldsymbol{S} = \left(\frac{\partial A_x}{\partial x} + \frac{\partial A_y}{\partial y} + \frac{\partial A_z}{\partial z} \right) dV_i = \mathrm{div}\, \boldsymbol{A}\, dV_i \qquad \text{(B. 47)}$$

がいえます．これで後少しです．

この結果を（B. 40）に代入すると，

$$\int_{\mathrm{A}} \boldsymbol{A} \cdot d\boldsymbol{S} = \sum_{i=1}^{N} \int_{\mathrm{A}_i} \boldsymbol{A} \cdot d\boldsymbol{S} = \sum_{i=1}^{N} \mathrm{div}\, \boldsymbol{A}\, dV_i \qquad \text{(B. 48)}$$

となるので，最後に分割数 N を無限大にする極限をとって，体積積分の定義を用いると，

$$\int_{\mathrm{A}} \boldsymbol{A} \cdot d\boldsymbol{S} = \lim_{N \to \infty} \sum_{i=1}^{N} \mathrm{div}\, \boldsymbol{A}\, dV_i = \int_{\mathrm{V}} \mathrm{div}\, \boldsymbol{A}\, dV \qquad \text{(B. 49)}$$

が得られ，ガウスの定理が示されます．

B. 5. 4　再び div の意味

A. 4. 3 項で，ベクトル場 $\boldsymbol{A}$ を光の向きと強さとしたとき，$\mathrm{div}\, \boldsymbol{A}$ は光の湧き出し（吸い込み）を表す，ということを述べましたが，なぜそれでよいの

かはきちんと説明していませんでした．これはガウスの定理の証明途中で出てきた式，

$$\int_{\mathrm{A}_i} \boldsymbol{A} \cdot d\boldsymbol{S} = \mathrm{div}\, \boldsymbol{A}\, dV_i \qquad \text{(B.50)}$$

を見ると明らかですね．左辺の面積分がちょうど「微小領域 V_i から表面 A_i を通して外に出る光の量」になっていて，その量が div $\boldsymbol{A}$ に比例していることからきているのです（図 B.21 (a) を参照）．つまり，div $\boldsymbol{A} > 0$ であれば，光は全体として V_i の表面 A_i を貫いて内側から外側に出ていっていることになり，V_i から光が湧き出していることになります．逆に div $\boldsymbol{A} < 0$ であれば，光は V_i の表面 A_i を貫いて外側から内側に入ってきていることになり，V_i で光が吸い込まれていることになります．最後に div $\boldsymbol{A} = 0$ であれば，表面 A_i から出ていく光の量と入ってくる光の量がつり合い，湧き出し・吸い込みが起こっていないことがわかります．これでようやく，数学的にきちんと div $\boldsymbol{A}$ の意味を説明できたことになります．

div $\boldsymbol{A}$ は光の湧き出し（吸い込み）であることを踏まえて，もう一度ガウスの定理を眺めてみると，図 B.21 (b) のように解釈できます．これで div の意味と同時に，ガウスの定理の直観的な意味をつかむことができます．

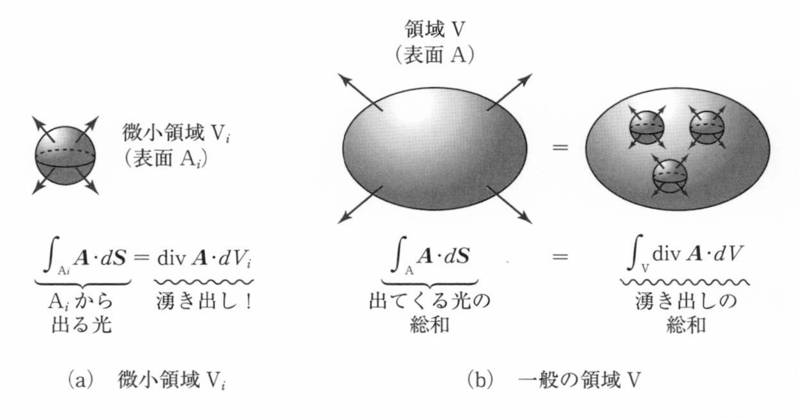

図 B.21　$\boldsymbol{A}$ を光の強さと向きだと思ったときのガウスの定理の直観的意味

Coffee Break

ファラデーとマクスウェル

電磁気学の歴史には様々な登場人物が現れますが，著者にとって一番印象に残っている人物はファラデーです．ファラデーは1791年にロンドン近郊のニューイングトンで生まれましたが，家が貧しかったため，14歳で製本屋の見習いとして働き始めます．その後，科学者のデイビーとの運命的な出会いにより，助手として科学実験を始めることになりますが，その活躍は素晴らしく，電流による磁場生成，電磁誘導の法則，反磁性，電気分解の法則などを次々に発見します．このような経歴ですから，ファラデーは教育をほとんど受けてはおらず，高度な数学は理解できなかったようです．しかし，ファラデーは磁力線や電気力線の考え方を駆使して，次々と電磁気学の物理法則を見出していったのです．きっとファラデーの頭の中には，ベクトル場がつくる渦や湧き出しが生き生きと見えていたのではないかと思われます．

後年，マクスウェルがファラデーの電磁場の考え方に数学的な基礎を与えたとき，ファラデーはマクスウェルの仕事に感嘆し，感謝の手紙を送っています．ファラデーのすば抜けた発想は素晴らしいですが，我々には真似できませんので，ここではおとなしくマクスウェルとその後継者が整備してくれたベクトル場の微積分を使わせてもらうことにしましょう．

Practice

[B. 1] 線積分とストークスの定理

ベクトル場 $\boldsymbol{A} = (-y, x, 0)$ に対して，次の問いに答えなさい．

(1) $z = 0$ 平面上の 4 点 $\mathrm{P}(0,0,0)$，$\mathrm{Q}(a,0,0)$，$\mathrm{R}(a,b,0)$，$\mathrm{S}(0,b,0)$ をこの順で周回する長方形の経路を C とします（a, b は正の定数）．このとき，線積分 $\int_{\mathrm{C}} \boldsymbol{A}\cdot d\boldsymbol{r}$ を求めなさい．

(2) $\mathrm{rot}\,\boldsymbol{A}$ を計算しなさい．

(3) (1) と (2) を用いて，ストークスの定理が成り立っていることを示しなさい．

[B. 2] 定理 2 の証明

ベクトル場 $\boldsymbol{A}$ の経路 C における線積分 $\int_{\mathrm{C}} \boldsymbol{A}\cdot d\boldsymbol{r}$ が，経路 C の始点と終点のみによるとします．このとき，通常の定積分と同じように線積分を $\int_{\boldsymbol{r}_{\mathrm{A}}}^{\boldsymbol{r}_{\mathrm{B}}} \boldsymbol{A}\cdot d\boldsymbol{r}$ と表記することが可能です（積分の下限と上限は経路の始点および終点の位置ベクトルを表します）．スカラー場 $f(\boldsymbol{r})$ を $f(\boldsymbol{r}) = \int_{\boldsymbol{r}_0}^{\boldsymbol{r}} \boldsymbol{A}\cdot d\boldsymbol{r}$ によって定義したとき，$\boldsymbol{A} = \mathrm{grad}\, f$ となることを証明しなさい．

[B. 3] 面積分とガウスの定理

ベクトル場 $\boldsymbol{A} = (x, y, z)$ に対して，次の問いに答えなさい．

(1) 原点を中心とする半径 a の球面を A としたとき，面積分 $\int_{\mathrm{A}} \boldsymbol{A}\cdot d\boldsymbol{S}$ を求めなさい．

(2) $\mathrm{div}\,\boldsymbol{A}$ を計算しなさい．

(3) (1) と (2) を用いて，ガウスの定理が成り立っていることを示しなさい．

[B. 4] 線積分の経路依存性

次のベクトル場 $\boldsymbol{A}$ のうち，経路 C に関する線積分 $\int_{\mathrm{C}} \boldsymbol{A}\cdot d\boldsymbol{r}$ が経路 C の始点と終点の位置にのみ依存し，途中の経路の形状によらなくなるものはどれでしょうか．

(1) $\boldsymbol{A} = (x, 0, 0)$　(2) $\boldsymbol{A} = (0, x, 0)$　(3) $\boldsymbol{A} = (x, y, z)$

[B. 5] 閉じた曲面の面積分

閉じた曲面 A（空間中の領域を取り囲むような曲面）を考えます．次のベクトル場 $\boldsymbol{A}$ のうち，曲面 A の形状によらずに面積分 $\int_{\mathrm{A}} \boldsymbol{A}\cdot d\boldsymbol{S}$ がゼロとなるようなものはどれでしょうか．

(1) $\boldsymbol{A} = (x, 0, 0)$　(2) $\boldsymbol{A} = (0, x, 0)$　(3) $\boldsymbol{A} = (x, y, z)$

電磁気学入門

1. 静電場（Ⅰ）～電場と電位～

2. 静電場（Ⅱ）～導体とコンデンサー～

3. 電　流

4. 静磁場

5. 電磁誘導

6. マクスウェル方程式

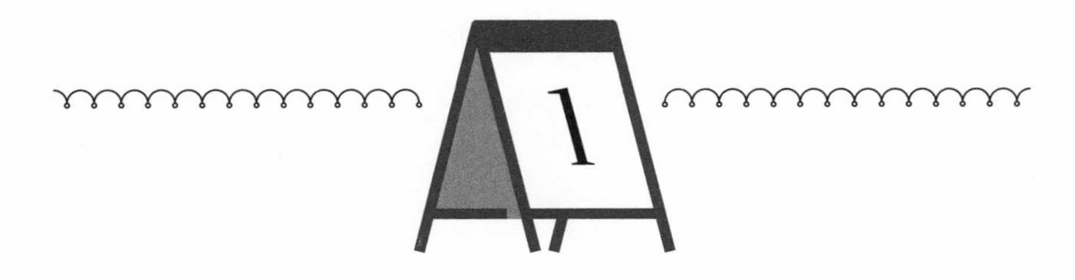

静電場（I）
～電場と電位～

本章から，いよいよ電磁気学に入ります．まず，静止した電荷がつくる電場（**静電場**）について解説しましょう．点電荷がつくる電場（クーロンの法則）について解説した後，静電場をより一般的に記述するガウスの法則を解説します．さらに，電位の概念についても解説します．ここでは，第A章と第B章で学んだ数学の概念が大活躍します．

 1.1 静電気と電荷

身の回りには，静電気によって生じる様々な物理現象が存在します．冬の乾燥した日にドアノブを触るとパチっとなる，下敷きをこすると髪の毛を引き寄せるようになる，などの現象は静電気によって生じます．古来から静電気に関する現象は詳しく研究されてきましたが，いまではこれらの静電気の現象は物質中の原子の構造に由来していることがわかっています．

原子は原子核とその周りを周回する電子によって構成されていますが，原子核は正の電気（**電荷**）を，電子は負の電気（電荷）をもっています．通常は原子核のもつ正の電荷と電子のもつ負の電荷がつり合って，全体として電荷をもたない状態（中性の状態）にありますが，物体を接触させることで物体中の電子の一部が移動し，電荷のつり合いが崩れて物体が帯電するようになります．電荷の単位はC（クーロン）ですが，これは電子のもつ電荷 $-e$

（もしくは同じことですが，陽子の電荷 $+e$）を基準として定義されます．そして，電子および陽子のもつ電荷の大きさ $e = 1.6 \times 10^{-19}\,\mathrm{C}$ のことを**電気素量**といいます[1]．

したがって，正に帯電した物体がもつ電荷は $Q =$ (出ていった電子の数) $\times e$，負に帯電した物体がもつ電荷は $Q =$ (入ってきた電子の数) $\times (-e)$，とそれぞれ計算されます．

1.2　クーロンの法則

しばらくは簡単のため，帯電した物体のサイズが十分小さいとし，物体を点とみなすことができるものとします．このとき，帯電した物体を**点電荷**といいます．点電荷の間には**静電気力**（**クーロン力**）がはたらきますが，実験によって，次の**クーロンの法則**が成り立つことが知られています．

▶ **クーロンの法則**：図 1.1 (a) のように，点電荷 q_2 が点電荷 q_1 から受けるクーロン力を $\boldsymbol{F}$，点電荷 q_1 が点電荷 q_2 から受けるクーロン力を $\boldsymbol{F}'$ とする．

(1)　作用・反作用の法則（$\boldsymbol{F}' = -\boldsymbol{F}$）が成り立つ．

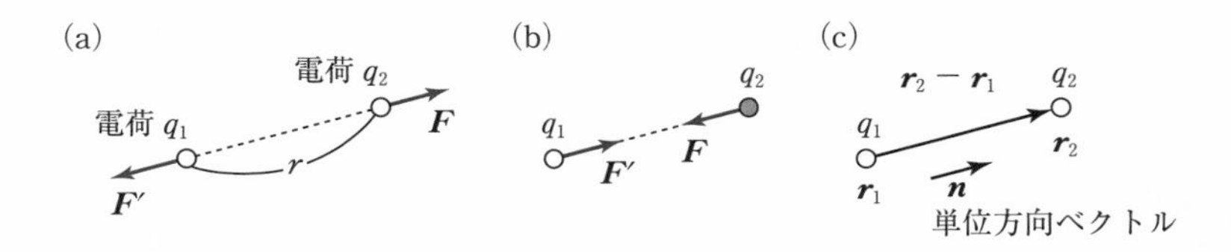

図 1.1　点電荷 q_1 と点電荷 q_2 の間にはたらくクーロン力
(a)　q_1 と q_2 が同符号のとき
(b)　q_1 と q_2 が異符号のとき
(c)　2 つの点電荷の位置を結ぶベクトル $\boldsymbol{r}_2 - \boldsymbol{r}_1$ と単位方向ベクトル $\boldsymbol{n}$．2 つの電荷間の距離は $r = |\boldsymbol{r}_2 - \boldsymbol{r}_1|$ と表される．

---

1)　国際単位系（SI 単位系）では現在，電子の電荷 $e = 1.602176634 \times 10^{-19}\,\mathrm{C}$ を定義値として，電荷の単位である C（クーロン）を定めています．

(2)　$\boldsymbol{F}, \boldsymbol{F}'$ は，2つの点電荷を結ぶ直線に平行である．2つの点電荷が同符号（$q_1 q_2 > 0$）のとき斥力が，異符号（$q_1 q_2 < 0$）のとき引力がはたらく．

(3)　力の大きさ $|\boldsymbol{F}|$（$= |\boldsymbol{F}'|$）は点電荷同士の間の距離 r の2乗に反比例し，点電荷 q_1, q_2 に比例する．

さて，ベクトルを用いて，クーロンの法則を数式で表してみましょう．点電荷 q_2 が点電荷 q_1 から受ける力 $\boldsymbol{F}$ の大きさは，クーロンの法則の (3) より

$$|\boldsymbol{F}| = \frac{kq_1 q_2}{r^2} \tag{1.1}$$

となります．ここで，k は実験によって決められる**クーロン定数**という物理定数であり，$k = 9.0 \times 10^9\,\mathrm{N \cdot m^2/C^2}$ で与えられます[2)]．なお，電磁気学では，クーロン定数の代わりに

$$k = \frac{1}{4\pi\varepsilon_0} \quad \to \quad \varepsilon_0 = \frac{1}{4\pi k} = 8.85 \times 10^{-12}\,\mathrm{C^2/N \cdot m^2} \tag{1.2}$$

によって定義される**真空の誘電率**の方がよく用いられます[3)]．本書でも以後は，真空の誘電率 ε_0 を用いてクーロンの法則を書き表すことにしましょう．

次に，点電荷 q_2 が点電荷 q_1 から受けるクーロン力 $\boldsymbol{F}$ の向きを考えてみましょう．2つの点電荷の位置を $\boldsymbol{r}_1, \boldsymbol{r}_2$ とし，斥力（$q_1 q_2 > 0$）の場合を考えると，図1.1 (c) のように点電荷 q_1 から遠ざかる向き，つまり，位置 $\boldsymbol{r}_1$ から位置 $\boldsymbol{r}_2$ へ向かう単位方向ベクトルを $\boldsymbol{n}$ とすると，$\boldsymbol{r}_2 - \boldsymbol{r}_1 = |\boldsymbol{r}_2 - \boldsymbol{r}_1|\boldsymbol{n}$ より

$$\boldsymbol{n} = \frac{\boldsymbol{r}_2 - \boldsymbol{r}_1}{|\boldsymbol{r}_2 - \boldsymbol{r}_1|} \tag{1.3}$$

の向きを向くことになります[4)]．$|\boldsymbol{n}| = 1$ となっていること，および，$r =$

---

2)　2つの1Cの点電荷を1mだけ離して置いたときのクーロン力が $9.0 \times 10^9\,\mathrm{N}$ となるので，電荷の単位1Cはかなり大きい単位であることがわかります．なお，身の回りの静電気はもっと少ない電荷によって生じます．

3)　後述するガウスの法則が簡単に記述できるからです．

4)　本書では a を定数としたとき，ベクトル $\boldsymbol{v}$ を $1/a$ 倍したベクトルを $\dfrac{\boldsymbol{v}}{a}$ と表すことにします．特に $a = |\boldsymbol{v}|$ のとき，$\dfrac{\boldsymbol{v}}{a} = \dfrac{\boldsymbol{v}}{|\boldsymbol{v}|}$ の長さは1になります．

$|\boldsymbol{r}_2 - \boldsymbol{r}_1|$ に注意すると，最終的にクーロン力 $\boldsymbol{F}$ は

$$\boldsymbol{F} = \frac{q_1 q_2}{4\pi\varepsilon_0 r^2}\boldsymbol{n} = \frac{q_1 q_2}{4\pi\varepsilon_0 |\boldsymbol{r}_2 - \boldsymbol{r}_1|^2}\frac{\boldsymbol{r}_2 - \boldsymbol{r}_1}{|\boldsymbol{r}_2 - \boldsymbol{r}_1|} \tag{1.4}$$

と表されます．$q_1 q_2$ が負のときには，$\boldsymbol{F}$ の向きが逆転し，点電荷 q_1 に向かう向きとなって，ちゃんと引力になってくれることがわかります．これでクーロンの法則をコンパクトに表すことができました．

クーロン力の大きさは，点電荷間の距離の 2 乗に反比例していますが，これは万有引力の法則とよく似ています．しかし，いくつかの点で違いがあります．クーロン力には引力と斥力の両方があるので，点電荷がたくさん集まっても互いに打ち消し合い，電気的に中性な物体にはクーロン力がはたらきません．一方，万有引力は物体間に引力のみがはたらき，しかも物体が集積すると引力が加算されていって，どんどん強くなっていきます．身近な現象の中で，重力の影響の方が実感を伴って感じるのは，このような理由によります．

Training 1.1

ヒトを構成する原子や分子に含まれる電子数は，およそ $N = 2 \times 10^{28}$ 個です．そのうちの 1% の電子がヒトの体から出ていったとき，ヒトに蓄えられる電荷 Q を求めなさい．また，これと同じ電荷 Q に帯電した 2 人の人間を 100 m だけ離して配置したときに生じるクーロン力の大きさを具体的に求めなさい．

1.3 電　場

1.3.1 電場とは

電荷をもつ物体同士の間にはクーロン力が生じますが，互いに離れた所にあって接触していない物体間にはたらく力のことを**遠隔力**（もしくは遠隔相互作用）といいます．静止した電荷に対しては，このような遠隔力の考え方は便利ですが，より一般的な状況では必ずしも成り立つとは限りません．そこで，こうした状況におけるクーロン力を 2 つのステップに分けて考えることにします．

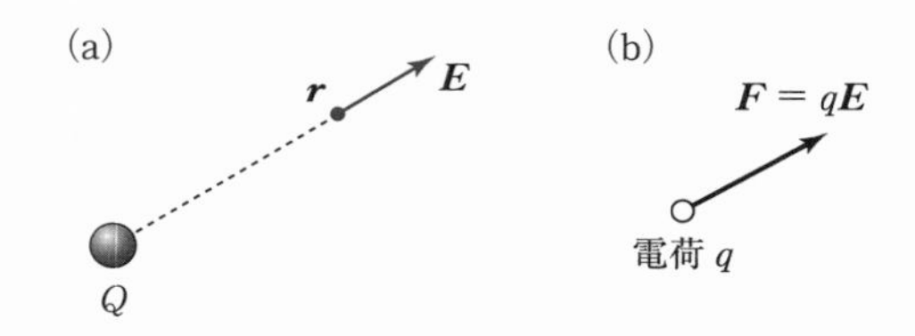

図 1.2　(a)　点電荷 Q が位置 $\boldsymbol{r}$ につくる電場 $\boldsymbol{E}$
(b)　電場 $\boldsymbol{E}$ の点に電荷 q を置いたときに受ける力 $\boldsymbol{F}$

図 1.2 (a) のように，点電荷 Q をある位置に固定しておきます．この点電荷 Q は周りの空間に $\boldsymbol{E}$ という電場をつくると考えます．電場 $\boldsymbol{E}$ は**空間に備わった性質**を表しており，点電荷が周りの空間の性質を変化させている，と解釈します．これが第 1 ステップです．

次に図 1.2 (b) のように，電場が $\boldsymbol{E}$ となっている空間のある点に点電荷 q を置くと，点電荷 q は力 $\boldsymbol{F} = q\boldsymbol{E}$ を受ける，と考えます．これが第 2 ステップです[5]．

▶ **電場の定義**：空間の各点がもつ性質として電場 $\boldsymbol{E}$ が定義され，その点に点電荷 q を置くと，点電荷は

$$\boldsymbol{F} = q\boldsymbol{E} \tag{1.5}$$

の力を受ける．電場の単位は N/C である．

一見すると，現象の記述がややこしくなっているように見えますが，本書を読み進めるにつれて，この電場 $\boldsymbol{E}$ こそが電磁気学の主役の座にあることが，徐々に明らかになります．

1.3.2　点電荷がつくる電場

1.2 節で述べたクーロンの法則を用いることで，点電荷が周りの空間につくる電場の向きと大きさがわかります．ここでは，図 1.3 のように位置 $\boldsymbol{r}_0$

5)　トランポリンの上に人が乗っている様子をイメージするとよいでしょう．このとき，人が点電荷，トランポリンが空間に相当します．人が乗ることによってトランポリンが凹んで変形しますが，この凹みが電場に相当します．そこに球を置くとトランポリンから力を受けて転がり始めますが，これが点電荷が電場から受ける力に相当します．

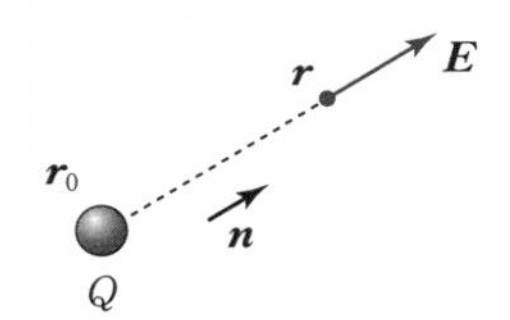

図 1.3　位置 $\boldsymbol{r}_0$ にある点電荷 Q がつくる電場 $\boldsymbol{E}$ とその単位方向ベクトル $\boldsymbol{n}$

に固定された点電荷 Q が位置 $\boldsymbol{r}$ につくる電場 $\boldsymbol{E}$ を求めてみましょう．

位置 $\boldsymbol{r}$ の点にもう1つの点電荷 q を置いたとき，クーロンの法則 (1.4) から，この点電荷には，

$$\boldsymbol{F} = \frac{qQ}{4\pi\varepsilon_0|\boldsymbol{r}-\boldsymbol{r}_0|^2}\frac{\boldsymbol{r}-\boldsymbol{r}_0}{|\boldsymbol{r}-\boldsymbol{r}_0|} \tag{1.6}$$

の力がはたらきます．これと電場の定義 $\boldsymbol{F} = q\boldsymbol{E}$ を組み合わせることで，点電荷がつくる電場 $\boldsymbol{E}$ は次のようにまとめることができます．

▶ **点電荷がつくる電場**：位置 $\boldsymbol{r}_0$ に置かれた点電荷 Q が位置 $\boldsymbol{r}$ につくる電場は，

$$\boldsymbol{E} = \frac{Q}{4\pi\varepsilon_0|\boldsymbol{r}-\boldsymbol{r}_0|^2}\frac{\boldsymbol{r}-\boldsymbol{r}_0}{|\boldsymbol{r}-\boldsymbol{r}_0|} = \frac{Q}{4\pi\varepsilon_0}\frac{\boldsymbol{r}-\boldsymbol{r}_0}{|\boldsymbol{r}-\boldsymbol{r}_0|^3} \tag{1.7}$$

となる．ここで ε_0 は真空の誘電率である．

なお，電場 $\boldsymbol{E}$ は

$$\boldsymbol{E} = \frac{Q}{4\pi\varepsilon_0\{(x-x_0)^2+(y-y_0)^2+(z-z_0)^2\}^{3/2}}\begin{pmatrix} x-x_0 \\ y-y_0 \\ z-z_0 \end{pmatrix} \tag{1.8}$$

のように，ベクトルの成分を用いて表すこともできます[6)]．

1.3.3 電気力線

点電荷がつくる電場 (1.8) からもわかるように，電場 $\boldsymbol{E}$ は位置 $\boldsymbol{r} = (x, y, z)$ によって，向きと大きさが変化します．つまり，電場は位置の関数となっており，$\boldsymbol{E}(\boldsymbol{r})$（もしくは $\boldsymbol{E}(x, y, z)$）と表せます．よって，**電場 $\boldsymbol{E}$ は**

6)　この式そのものを暗記する必要はありません．電場の大きさ $Q/4\pi\varepsilon_0 r^2$ と，向きをベクトルで記述する方法さえ覚えておけば，いつでも式をつくれるはずです．

ベクトル場に他ならないことがわかります．

第 A 章でベクトル場について詳しく述べましたが，ベクトル場は空間の各点に張り付いたベクトル（矢印）の集合体のようなものです（例えば，図 A.5 を参照）．ただ，これは我々が直観的に把握するには不便なので，もう少しわかりやすく可視化したいところです．そこで，ベクトル場である電場 $\boldsymbol{E}$ に沿って線を引いてみることにしましょう．このようにして描いた線を**電気力線**といいます．

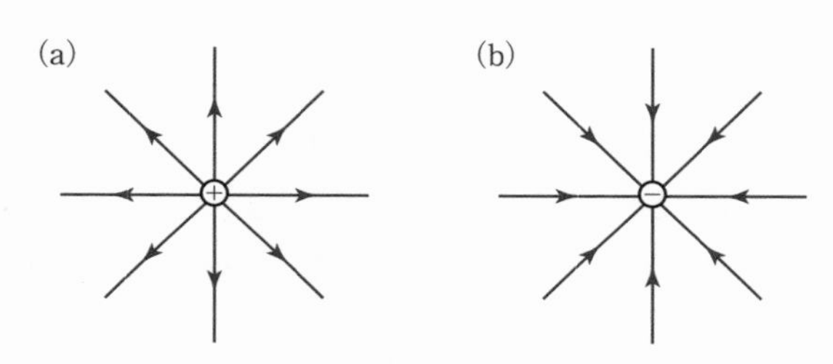

図 1.4　(a)　正の点電荷がつくる電場の電気力線
(b)　負の点電荷がつくる電場の電気力線

例として，点電荷 q がつくる電場 $\boldsymbol{E}$ の電気力線を，q が正の場合と負の場合に分けて図 1.4 に示します．正の点電荷がつくる電場 $\boldsymbol{E}$ は点電荷から離れる向きとなるので，電気力線は図 1.4 (a) のように点電荷から放射状に外側に向けて伸びることになります．一方，負の点電荷がつくる電場 $\boldsymbol{E}$ に対しても同様の電気力線が描けますが，図 1.4 (b) のように今度は点電荷に向かって電気力線が描かれることになります．このように電気力線を描くと，正の点電荷から電気力線が湧き出し，負の点電荷に向かって電気力線が吸い込まれているように見えます．

このような電気力線による直観的な電場の見方は，後述するガウスの法則で重要となります．

1.3.4　電場の重ね合わせ

次に，図 1.5 のように，位置 $\boldsymbol{r}_1, \boldsymbol{r}_2, \cdots$ に点電荷 $q_1, q_2, \cdots$ があるとしたとき，位置 $\boldsymbol{r}$ における電場 $\boldsymbol{E}$ を考えてみましょう．1 つの点電荷 q_i が位置 $\boldsymbol{r}$ につ

くる電場 $\boldsymbol{E}_i$ は（1.7）より，

$$\boldsymbol{E}_i = \frac{q_i}{4\pi\varepsilon_0}\frac{1}{|\boldsymbol{r}-\boldsymbol{r}_i|^2}\frac{\boldsymbol{r}-\boldsymbol{r}_i}{|\boldsymbol{r}-\boldsymbol{r}_i|} \quad (i=1,2,\cdots) \qquad (1.9)$$

で与えられますが，位置 $\boldsymbol{r}$ における電場 $\boldsymbol{E}$ は，これらの電場の和

$$\boldsymbol{E} = \boldsymbol{E}_1 + \boldsymbol{E}_2 + \cdots \qquad (1.10)$$

によって与えられることが，実験によってわかっています．この性質を**電場の重ね合わせ**といいます．

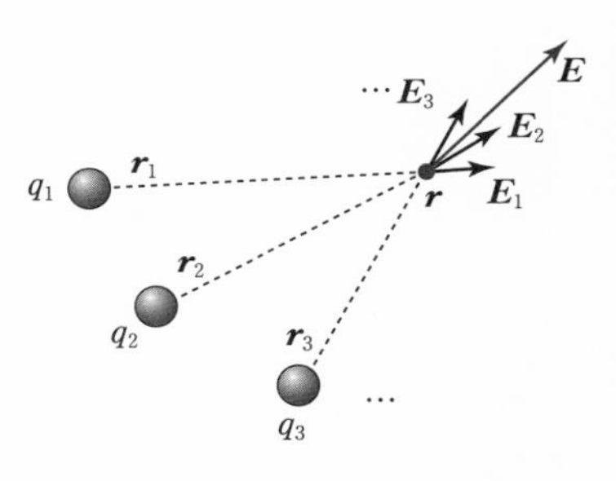

図 1.5　電場の重ね合わせ

▶ **電場の重ね合わせ**：複数の点電荷があるとき，空間中のある点にそれぞれの点電荷がつくる電場を $\boldsymbol{E}_1, \boldsymbol{E}_2, \cdots$ とすると，その点における電場は

$$\boldsymbol{E} = \boldsymbol{E}_1 + \boldsymbol{E}_2 + \cdots \qquad (1.11)$$

で与えられる．

Exercise 1.1

位置 $(0,0,a)$ に正の点電荷 q を，位置 $(0,0,-a)$ に負の点電荷 $-q$ を置いたとき，平面 $z=0$ 上の点 $(x,y,0)$ における電場を求めなさい．

Coaching　$\boldsymbol{r}_1 = (0,0,a)$ とおくと，図 1.6 のように，正の点電荷 q が $\boldsymbol{r} = (x,y,0)$ につくる電場 $\boldsymbol{E}_1$ は，$|\boldsymbol{r}-\boldsymbol{r}_1| = \sqrt{x^2+y^2+a^2}$ を用いて，

$$\boldsymbol{E}_1 = \frac{q}{4\pi\varepsilon_0|\boldsymbol{r}-\boldsymbol{r}_1|^2}\frac{\boldsymbol{r}-\boldsymbol{r}_1}{|\boldsymbol{r}-\boldsymbol{r}_1|} = \frac{q}{4\pi\varepsilon_0|\boldsymbol{r}-\boldsymbol{r}_1|^3}(\boldsymbol{r}-\boldsymbol{r}_1)$$

$$= \frac{q}{4\pi\varepsilon_0(x^2+y^2+a^2)^{3/2}}\begin{pmatrix} x \\ y \\ -a \end{pmatrix} \qquad (1.12)$$

と表せます．同様にして，負の点電荷 $-q$ が $\boldsymbol{r} = (x,y,0)$ につくる電場 $\boldsymbol{E}_2$ は，

$$\boldsymbol{E}_2 = \frac{(-q)}{4\pi\varepsilon_0(x^2+y^2+a^2)^{3/2}}\begin{pmatrix} x \\ y \\ a \end{pmatrix} \qquad (1.13)$$

となります．電場の重ね合わせにより，位置 $(x,y,0)$ での電場は，

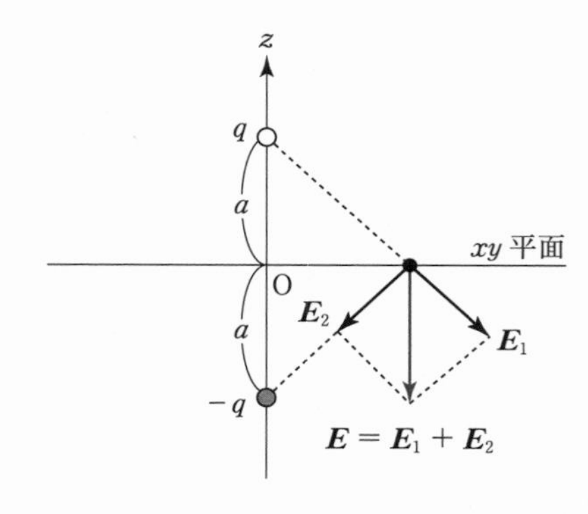

図 1.6　位置 $(0, 0, a)$ にある点電荷 q がつくる電場 $\boldsymbol{E}_1$ と，位置 $(0, 0, -a)$ にある点電荷 $-q$ がつくる電場 $\boldsymbol{E}_2$

$$\boldsymbol{E} = \boldsymbol{E}_1 + \boldsymbol{E}_2 = \frac{aq}{2\pi\varepsilon_0(x^2 + y^2 + a^2)^{3/2}} \begin{pmatrix} 0 \\ 0 \\ -1 \end{pmatrix} \tag{1.14}$$

となり，これは z 軸の負の向きを向くことがわかります（図 1.6 を参照）．■

このように点電荷が 2 つある場合の電場 $\boldsymbol{E}$ が求められるので，それを用いて電気力線を描くことができます．図 1.7 (a) に正の点電荷 q と負の点電荷 $-q$ がつくる電気力線を，図 1.7 (b) に 2 つの正の点電荷 q がつくる電気力線をそれぞれ示しました．ここでも正の点電荷からは電気力線が湧き出し，負の点電荷へと電気力線が吸い込まれる様子が見てとれます．

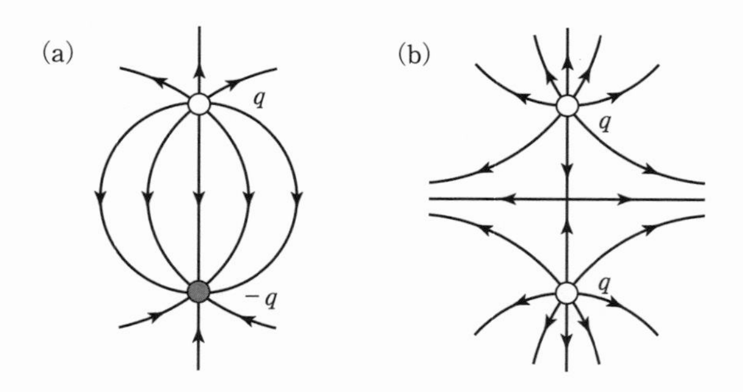

図 1.7　(a)　正の点電荷 q と負の点電荷 $-q$ がつくる電場 $\boldsymbol{E}$ の電気力線
(b)　2 つの正の点電荷 q がつくる電場 $\boldsymbol{E}$ の電気力線

1.3.5 様々な形状の電荷がつくる電場

電場の重ね合わせを利用することで，様々な形状の電荷がつくる電場を計算することができます．早速，Exercise 1.2 に取り組んでみましょう．

Exercise 1.2

x 軸上に置かれた無限に長い直線状の物体が線密度 λ で一様に帯電しているとき，位置 $(0, a, 0)$（a は正の定数）での電場 $\boldsymbol{E}$ の向きと大きさを求めなさい．

Coaching x から $x + dx$ の区間にある電荷は，単位長さ当たりの電荷 λ を用いて $\lambda\,dx$ と表すことができます．図 1.8（a）のように，この微小区間の電荷 $\lambda\,dx$ が位置 $(0, a, 0)$ につくる電場は，電荷の位置 $(x, 0, 0)$ から位置 $(0, a, 0)$ に向かう変位ベクトルが $(-x, a, 0)$ であることを用いて，

$$d\boldsymbol{E} = \frac{\lambda\,dx}{4\pi\varepsilon_0(x^2 + a^2)^{3/2}}\begin{pmatrix} -x \\ a \\ 0 \end{pmatrix} \tag{1.15}$$

となります．これを $x = -\infty$ から $x = \infty$ まで重ね合わせる（積分する）ことで，題意の電場が求められます．

電場の x 成分は，被積分関数が x の奇関数になっているので，積分するとゼロとなります．一方，電場の y 成分は，

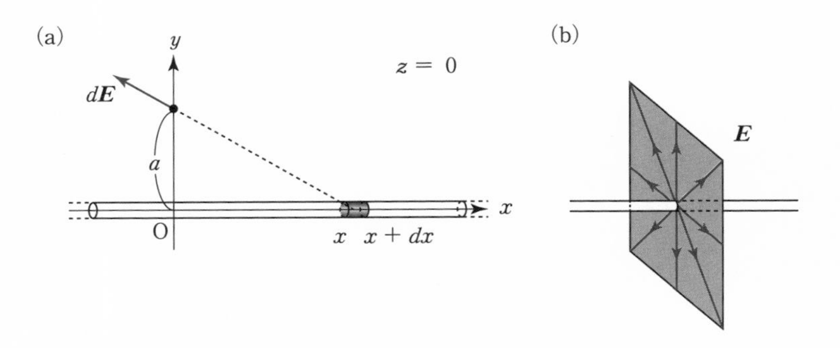

図 1.8　(a)　x から $x + dx$ の間の電荷がつくる電場 $d\boldsymbol{E}$
(b)　直線状の電荷がつくる電気力線の様子

$$E_y = \frac{\lambda}{4\pi\varepsilon_0}\int_{-\infty}^{\infty}\frac{a}{(x^2+a^2)^{3/2}}\,dx \tag{1.16}$$

と表せるので，$x = a\tan\theta\left(-\frac{\pi}{2} \leqq \theta \leqq \frac{\pi}{2}\right)$ と変数変換をすると，$\frac{dx}{d\theta} = \frac{a}{\cos^2\theta}$ より，

$$\begin{aligned} E_y &= \frac{\lambda}{4\pi\varepsilon_0}\int_{-\pi/2}^{\pi/2}\frac{a}{a^3(1+\tan^2\theta)^{3/2}}\frac{a\,d\theta}{\cos^2\theta} \\ &= \frac{\lambda}{4\pi\varepsilon_0 a}\int_{-\pi/2}^{\pi/2}\cos\theta\,d\theta = \frac{\lambda}{2\pi\varepsilon_0 a} \end{aligned} \tag{1.17}$$

となります[7]．以上より，電場 $\boldsymbol{E}$ は y 方向を向いており，その大きさは

$$E = |\boldsymbol{E}| = \frac{\lambda}{2\pi\varepsilon_0 a} \tag{1.18}$$

となります．Exercise 1.2 で求めた無限に長い直線状の電荷がつくる電場 $\boldsymbol{E}$ は，この直線周りの回転について対称なので，$\lambda > 0$ のときの電気力線を描くと図 1.8 (b) のようになります．ここでも，電気力線は正の電荷から湧き出しているように見えます．■

Training 1.2

$z = 0$ の平面内に置かれた原点を中心とする半径 r の円状の細線が一様に帯電していて，その円全体の電荷が q であったとき，位置 $(0, 0, a)$ につくる電場の向きと大きさを求めなさい．ただし，細線は十分細く，その太さは無視できるとします．

Training 1.3

$z = 0$ に置かれた無限に広い平面状の物質が単位面積当たり電荷 σ で一様に帯電している（これを面電荷という）とき，次の問いに答えなさい．ただし，厚みは無視できるとします．

(1)　原点を中心とした半径 r の円と半径 $r + dr$ の円に囲まれた領域内の電荷が位置 $(0, 0, a)$ につくる電場の向きと大きさを，Training 1.2 の結果を用いて求めなさい．

(2)　(1) で求めた電場を $r = 0$ から $r = \infty$ まで積分することで，面電荷が位置 $(0, 0, a)$ につくる電場の向きと大きさを求めなさい．

---

7)　$\frac{dx}{d\theta} = \frac{a}{\cos^2\theta}$ の分母の $d\theta$ をはらった式 $dx = \frac{a\,d\theta}{\cos^2\theta}$ を使うと便利です．

1.4 ガウスの法則

ここまで様々な形状の電荷がつくる電場を求めてきましたが，その電気力線を描いてみると，**電気力線の間隔が広がると共に電場が弱くなる**ことが経験的にわかります．例えば，正の点電荷がつくる電気力線は四方八方に伸びていますが，点電荷から離れるに従って，電気力線の間隔が広がります（図1.4（a）を参照）．電気力線の間隔の大小を記述するには，「単位面積当たりの電気力線の本数」を考えると便利です．点電荷を中心とする半径 r の球面の面積は r^2 に比例しているので，単位面積当たりの電気力線の本数は r^2 に反比例しますが，これは電場の大きさの振る舞いと一致しています（クーロンの法則）[8]．

同様のことは，Exercise 1.2 で考えた直線状の電荷がつくる電場についてもいえます．図1.8（b）に示したように，直線状の電荷から出た電気力線は，直線に垂直な平面内のいろいろな方向に伸びることになります．この平面内で，直線状の電荷を中心軸とする半径 a の円柱を考えると，円柱側面の面積は a に比例するので，円柱の側面を貫く単位面積当たりの電気力線の本数は a に反比例しますが，電場の大きさ $|\boldsymbol{E}|$ も同じ振る舞いをします（Exercise 1.2 を参照）．

このような考え方は，電場を直観的に理解するのに大変役立ちそうですが，不明瞭なところもあります．電気力線は，我々が理解しやすいように描いた補助線に過ぎず，現実に実体があるものではないですし，ましてやその本数を数えることもできないからです．そのため，「電気力線の本数」に当たる物理量をきちんと数学的に定義しておく必要があります．

1.4.1 点電荷に対するガウスの法則

ここで，B.2 節で述べた「面積分」が役立つことになります．早速，「電気力線の本数」に当たる量を定義しましょう．簡単な例として，図1.9（a）のように原点に点電荷 q を置き，この点電荷がつくる電場 $\boldsymbol{E}$ を考えてみまし

8） クーロンの法則や万有引力の法則で，力が距離の逆2乗則に従うのは，この世界が3次元空間であるため（球面が2次元であるため）といえます．

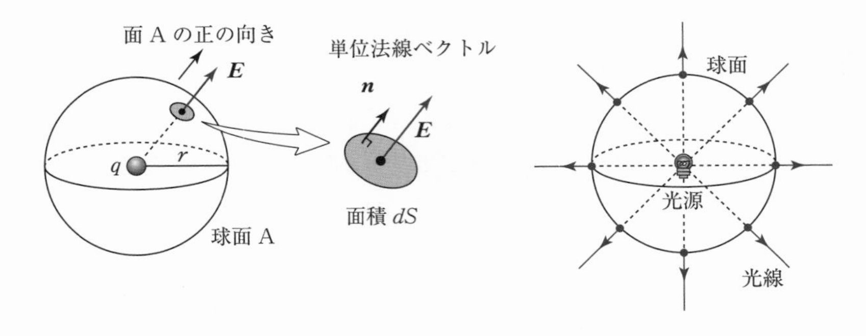

(a)　球面 A と球面上での電場 $\boldsymbol{E}$　　(b)　点光源と光線

図 1.9

ょう．さらに，点電荷を中心とする半径 r の球面 A を貫く「電気力線の本数」に当たる量として，面積分 $\int_{\mathrm{A}} \boldsymbol{E}\cdot d\boldsymbol{S}$ を考えます．面 A の正の向きは，球面の内側から外側へ向かう向きとします[9]．

この面積分を具体的に計算してみましょう．まず，電場 $\boldsymbol{E}$ は常に点電荷から離れる向きを向いているので，球面 A と常に直交しており，面の法線ベクトル $\boldsymbol{n}$ と平行になっています．例えば，球面上の微小面積要素（面積 dS）を考えてみると，図 1.9 (a) の拡大図に示すように，微小面積ベクトル $d\boldsymbol{S} = \boldsymbol{n}\, dS$ と電場 $\boldsymbol{E}$ は平行になっており，2 つのベクトルの成す角はゼロです．よって，

$$\boldsymbol{E}\cdot d\boldsymbol{S} = |\boldsymbol{E}||d\boldsymbol{S}|\cos 0 = |\boldsymbol{E}|\, dS \tag{1.19}$$

となります．

したがって，電場 $\boldsymbol{E}$ の球面 A 上での面積分は，$|\boldsymbol{E}|$ が A 上で一定であることと，球面の面積が $4\pi r^2$ であることを使って，

$$\int_{\mathrm{A}} \boldsymbol{E}\cdot d\boldsymbol{S} = |\boldsymbol{E}|\int_{\mathrm{A}} dS = \frac{q}{4\pi\varepsilon_0 r^2} \times 4\pi r^2 = \frac{q}{\varepsilon_0} \tag{1.20}$$

9)　B. 2. 1 項で述べた磁場 $\boldsymbol{B}$ に対する磁束 Φ の定義に似ていて，磁場 $\boldsymbol{B}$ を電場 $\boldsymbol{E}$ に置き換えたものになっています．この面積分は「電束」というべき量であり，実際にこの用語もあるのですが，あまり使われないようです．

と計算され，半径 r によらず一定となります．これは「球面 A を貫く電気力線の本数が球の半径によらないこと」を意味しており，これを**ガウスの法則**といいます．ここにきて，ようやく「電気力線の本数」という曖昧な用語や考え方に対して，数学的な実体を与えることに成功したのです！

ところで，面積分 $\int_{\mathrm{A}} \boldsymbol{E} \cdot d\boldsymbol{S}$ の直観的なイメージをもつには，ベクトル場 $\boldsymbol{E}$ を「光の強さ」と考えるとわかりやすいです．このとき，面積分 $\int_{\mathrm{A}} \boldsymbol{E} \cdot d\boldsymbol{S}$ は，図 1.9 (b) のように「球面 A を貫く光の総量」を意味します．

この視点で，もう一度ガウスの法則 (1.20) を見てみると，点電荷を「点光源」，q/ε_0 を「点光源の強さ（点光源から出る光の総量）」とみなせることに気が付きます．つまり，点光源から出る光の総量は一定なので，球面の半径が大きくなっても球面を貫く光の総量は変わらず，距離 r が大きくなるに従って球の表面積が r^2 に比例して大きくなるために，光の強さ（単位面積当たりの光の量）が r^2 に反比例して減少する，とみなせます．

1.4.2 任意の閉曲面に対するガウスの法則

ガウスの法則は球面だけではなく，図 1.10 (a) のような点電荷を取り囲む任意の閉曲面 A に対しても成り立つことがわかります．証明には，図 1.10 (b) のように点電荷を中心とする球面 A′ を考え，

$$\int_{\mathrm{A}} \boldsymbol{E} \cdot d\boldsymbol{S} = \int_{\mathrm{A'}} \boldsymbol{E} \cdot d\boldsymbol{S} \tag{1.21}$$

が成り立つことを示せば十分です[10]．すでに，球面 A′ に対して

$$\int_{\mathrm{A'}} \boldsymbol{E} \cdot d\boldsymbol{S} = \frac{q}{\varepsilon_0} \tag{1.22}$$

が成り立つことは前項で示しているので，これと (1.21) を組み合わせることで，電荷 q を含む任意の曲面 A でガウスの法則が成り立つことを示すことができます．

---

10) $\boldsymbol{E}$ を「光の向きと強さ」としたとき，「面 A を貫く光の総量 $\int_{\mathrm{A}} \boldsymbol{E} \cdot d\boldsymbol{r}$ と，球面 A′ を貫く光の総量 $\int_{\mathrm{A'}} \boldsymbol{E} \cdot d\boldsymbol{r}$ が等しいこと」を示したいわけです．

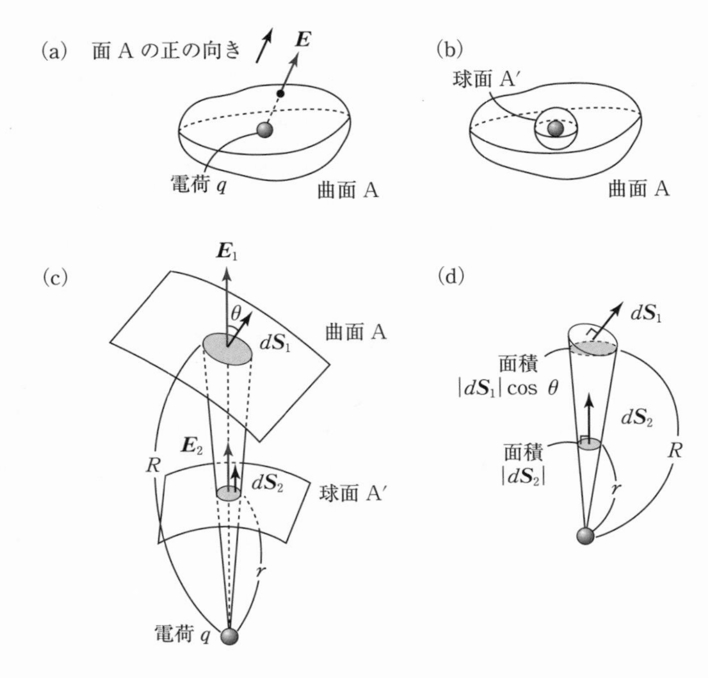

図 1.10　(a)　電荷 q とそれを取り囲む曲面 A
(b)　電荷 q を中心とする半径 r の球面 A′
(c)　曲面 A と球面 A′ 上の微小面積要素．曲面 A 上の微小面積要素 $d\boldsymbol{S}_1$ の境界と電荷を結ぶ直線は，球面 A′ 上の微小面積要素 $d\boldsymbol{S}_2$ の境界を通過する．
(d)　微小面積の関係

(1.21) の証明は次の通りです．図 1.10 (c) のように曲面 A 上の微小面積要素を $d\boldsymbol{S}_1$，この面積要素を貫く電場を $\boldsymbol{E}_1$，点電荷 q からこの面積要素までの距離を R としましょう．さらに，電場 $\boldsymbol{E}_1$ と $d\boldsymbol{S}_1$ の成す角を θ とし，面積要素が十分小さいとすると，この面積要素を貫く電場 $\boldsymbol{E}_1$ はほぼ一定とみなせるので，

$$\boldsymbol{E}_1 \cdot d\boldsymbol{S}_1 = |\boldsymbol{E}_1|\,|d\boldsymbol{S}_1| \cos\theta \tag{1.23}$$

となります．

次に，この面積要素に対応する球面 A′ 上の微小面積要素を $d\boldsymbol{S}_2$，面積要素を貫く電場を $\boldsymbol{E}_2$ とします（図 1.10 (c) を参照）．球面 A′ は半径 r の球面な

ので，電荷 q から球面上までの距離は r です．この場合は，$d\boldsymbol{S}_2$ と $\boldsymbol{E}_2$ は同じ向きを向いているので，成す角はゼロとなり

$$\boldsymbol{E}_2\cdot d\boldsymbol{S}_2 = |\boldsymbol{E}_2||d\boldsymbol{S}_2|\cos 0 = |\boldsymbol{E}_2||d\boldsymbol{S}_2| \tag{1.24}$$

となります．

(1.23) と (1.24) を見比べてみると，まず，電場の大きさの比は距離の2乗の比に反比例していて，$|\boldsymbol{E}_1|/|\boldsymbol{E}_2| = r^2/R^2$ となります．一方，面積については，図1.10 (d) のように微小面積要素 $d\boldsymbol{S}_1$ を，微小面積要素 $d\boldsymbol{S}_2$ に平行な面に射影した領域の面積は $|d\boldsymbol{S}_1|\cos\theta$ で与えられ，$d\boldsymbol{S}_1$ と相似な形になります．その面積比は半径の2乗に比例していて $|d\boldsymbol{S}_1|\cos\theta/|d\boldsymbol{S}_2| = R^2/r^2$ となります．これらを用いると，

$$\begin{aligned}\boldsymbol{E}_1\cdot d\boldsymbol{S} &= |\boldsymbol{E}_1||d\boldsymbol{S}_1|\cos\theta = \frac{r^2}{R^2}|\boldsymbol{E}_2| \times \frac{R^2}{r^2}|d\boldsymbol{S}_2| \\ &= |\boldsymbol{E}_2||d\boldsymbol{S}_2| = \boldsymbol{E}_2\cdot d\boldsymbol{S}_2\end{aligned} \tag{1.25}$$

となります[11]．

これより，$\boldsymbol{E}_1\cdot d\boldsymbol{S}_1$ を曲面A上で積分したものと，$\boldsymbol{E}_2\cdot d\boldsymbol{S}_2$ を球面A′上で積分したものは一致すること，つまり (1.20) が成り立つことが示され，証明が完了します．

▶ **ガウスの法則**：点電荷 q がつくる電場を $\boldsymbol{E}$ としたとき，点電荷を取り囲む曲面Aに対して，

$$\int_{\mathrm{A}} \boldsymbol{E}\cdot d\boldsymbol{S} = \frac{q}{\varepsilon_0} \tag{1.26}$$

が成り立つ．

1.4.3　ガウスの法則に関する補足

ガウスの法則について，もう少し補足しておきましょう．まず，複数の点電荷 $q_1, q_2, \cdots$ がある場合への拡張は難しくありません．点電荷 $q_1, q_2, \cdots$ がつくる電場を $\boldsymbol{E}_1, \boldsymbol{E}_2, \cdots$ とし，図1.11のように，これらの点電荷をすべて含

11）これは2つの微小面積要素を貫く光の総量が同じことを意味し，直観的にもよくわかる結果です．

むような閉曲面 A を考えます．このとき，それぞれの点電荷 q_i $(i = 1, 2, \cdots)$ がつくる電場 $\boldsymbol{E}_i$ について，それぞれガウスの法則

$$\int_{\mathrm{A}} \boldsymbol{E}_i \cdot d\boldsymbol{S} = \frac{q_i}{\varepsilon_0} \qquad (i = 1, 2, \cdots) \tag{1.27}$$

が成り立ちます．そして，電場の重ね合わせを考えることで，

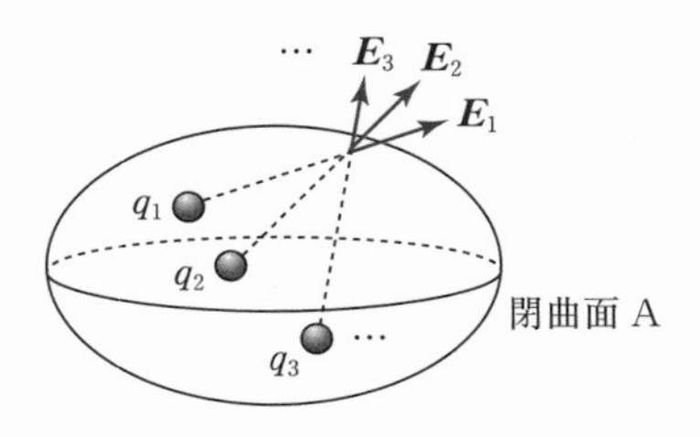

図 1.11　複数の点電荷 $q_1, q_2, q_3, \cdots$ とそれを取り囲む閉曲面 A

$$\int_{\mathrm{A}} \boldsymbol{E} \cdot d\boldsymbol{S} = \int_{\mathrm{A}} (\boldsymbol{E}_1 + \boldsymbol{E}_2 + \cdots) \cdot d\boldsymbol{S} = \frac{q_1 + q_2 + \cdots}{\varepsilon_0} = \frac{Q}{\varepsilon_0} \tag{1.28}$$

となります．ここで $Q = q_1 + q_2 + \cdots$ は，閉曲面 A に含まれる全電荷を表します．

ここまでくると，「点電荷が閉曲面 A の外側にあったらどうなるんだ？」と気になることでしょう．うすうす感づいた方もいると思いますが，点電荷が閉曲面 A の外側にあるとき，点電荷がつくる電場の面積分 $\int_{\mathrm{A}} \boldsymbol{E} \cdot d\boldsymbol{S}$ はゼロになります．証明は以下の通りです．

閉曲面 A の外側に点電荷 q があったとし，図 1.12 (a) のように閉曲面 A の微小面積要素 $d\boldsymbol{S}_1$ とそれに対応する閉曲面 A の反対側の微小面積要素 $d\boldsymbol{S}_2$ を考えます（点電荷 q と $d\boldsymbol{S}_1$ の境界を結ぶ直線上に $d\boldsymbol{S}_2$ の境界がくるようにしておきます）．また，それぞれの微小面積上での電場を $\boldsymbol{E}_1, \boldsymbol{E}_2$ としましょう．このとき，前項で行った証明と同じ方法によって，$|\boldsymbol{E}_1 \cdot d\boldsymbol{S}_1| = |\boldsymbol{E}_2 \cdot d\boldsymbol{S}_2|$ がいえます．

ただし，1 点だけ違いがあります．それは図 1.12 (b) のように面の正の向き（$d\boldsymbol{S}$ の正の向き）に対する電場の向きの関係が，$d\boldsymbol{S}_1$ と $d\boldsymbol{S}_2$ で異なることです．つまり，$d\boldsymbol{S}_1$ では電場は曲面 A の外から内へと侵入しているのに対して，$d\boldsymbol{S}_2$ では電場は曲面 A の内から外へと出ていっています．これより，$\boldsymbol{E}_1 \cdot d\boldsymbol{S}_1$ と $\boldsymbol{E}_2 \cdot d\boldsymbol{S}_2$ の符号は反対になります．

$$\boldsymbol{E}_1 \cdot d\boldsymbol{S}_1 = -\boldsymbol{E}_2 \cdot d\boldsymbol{S}_2 \tag{1.29}$$

したがって，微小領域に対して，電場 $\boldsymbol{E}$ が曲面 A の内部に侵入する部分

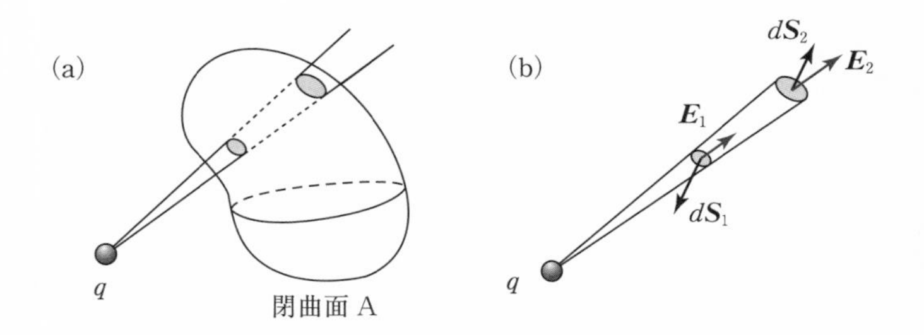

図 1.12　(a)　点電荷 q が閉曲面 A の外にある場合
(b)　微小面積要素 $d\boldsymbol{S}_1, d\boldsymbol{S}_2$ と電場の関係

と外に出ていく部分がちょうど打ち消し合うことになります．そして，曲面 A 上のすべての領域でこのようなことが起こるので，それらを足し合わせてできる面積分 $\int_A \boldsymbol{E}\cdot d\boldsymbol{S}$ はゼロになるわけです[12)]．

以上の補足事項をまとめ，より一般的にガウスの法則を記述すると次のようになります．

▶ **ガウスの法則（より一般的な形）**：閉曲面 A に対して，その「内部にある」電荷の総和を Q とするとき，

$$\int_A \boldsymbol{E}\cdot d\boldsymbol{S} = \frac{Q}{\varepsilon_0} \tag{1.30}$$

が成り立つ．

このガウスの法則は，（$Q > 0$ とすると）**閉曲面の内部にある電荷から湧き出した電気力線がその閉曲面を貫く本数の合計は，閉曲面の形状によらず一定であること**を述べています[13)]．ガウスの法則は，いろいろな状況でも一般的に成り立つ強力な物理法則なのです．

12)　光のたとえでいえば，「閉曲面 A に入る光の総量は，閉曲面 A から出ていく光の総量に等しい」です！

13)　電場 $\boldsymbol{E}$ を「光の向きと強さ」，電荷を「点光源」だとみなすと，この一般化されたガウスの法則は，「閉曲面を貫く光の総量は，閉曲面の内側にあるすべての点光源から出る光の量を足し合わせたものである」ことを意味します．

1.4.4　ガウスの法則の応用

ガウスの法則を利用すると，様々な形状の電荷に対して電場を求めることができます．早速，Exercise 1.3 に取り組んでみましょう．

Exercise 1.3

無限に長い線密度 λ の直線電荷から距離 r だけ離れた点における電場の大きさ E を求めなさい．ただし，電場は図 1.13 のように直線電荷から離れた向きを向くとします．

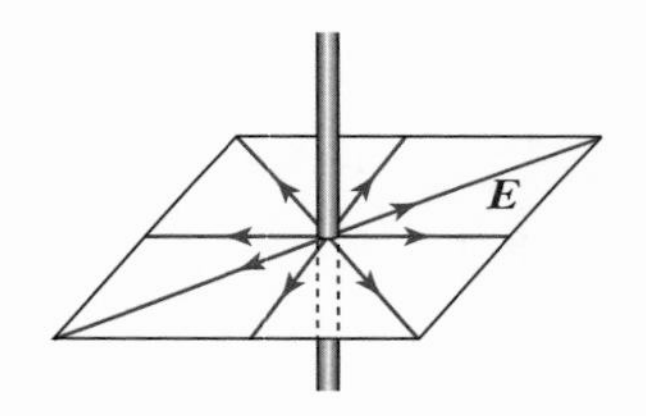

図 1.13　直線電荷がつくる電場

Coaching　図 1.14 のように，直線電荷を中心軸として，半径 r，高さ h の円柱を考えてみましょう．円柱の表面のうち，上面と下面については，電場 $\boldsymbol{E}$ と面の法線ベクトルが直交するので，面積分 $\int_{上面} \boldsymbol{E} \cdot d\boldsymbol{S}$ と $\int_{下面} \boldsymbol{E} \cdot d\boldsymbol{S}$ はゼロになります．円柱の側面では，中心軸周りの軸対称性から電場 $\boldsymbol{E}$ の大きさは一定で，かつ，面の法線ベクトルと常に平行なので，面積分 $\int_{側面} \boldsymbol{E} \cdot d\boldsymbol{S}$ は，単に電場の大きさに側面の面積を掛ければよく，

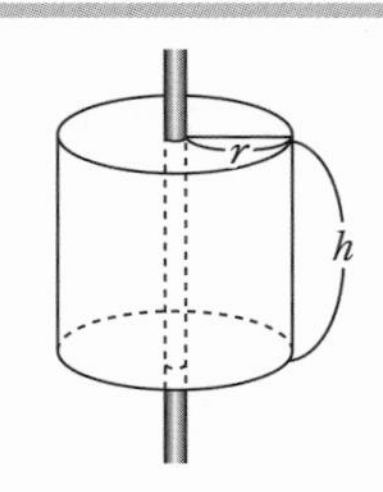

図 1.14　ガウスの法則で利用する円柱

$$\int_{側面} \boldsymbol{E} \cdot d\boldsymbol{S} = E \times 2\pi rh \tag{1.31}$$

となります．よって，円柱の表面を A としてガウスの法則を適用すると，

$$\begin{aligned} \int_{\mathrm{A}} \boldsymbol{E} \cdot d\boldsymbol{S} &= \int_{上面} \boldsymbol{E} \cdot d\boldsymbol{S} + \int_{下面} \boldsymbol{E} \cdot d\boldsymbol{S} + \int_{側面} \boldsymbol{E} \cdot d\boldsymbol{S} \\ &= 0 + 0 + E \times 2\pi rh = \frac{\lambda h}{\varepsilon_0} \end{aligned} \tag{1.32}$$

となります．なお最後の等式は，高さ h の円柱内部にある電荷が λh であることを使いました．この式を電場について解くことによって，電場の大きさは，

$$E = \frac{\lambda}{2\pi\varepsilon_0 r} \tag{1.33}$$

となり，Exercise 1.2 の答えと一致します（r を a と読みかえてください）． ■

次に，平面状に分布した電荷のつくる電場 $\boldsymbol{E}$ を考えてみましょう．この結果は，次の章で扱うコンデンサーの記述に使います．

Exercise 1.4

無限に広い面密度 σ の面電荷から距離 r だけ離れた点における電場の大きさ E を求めなさい．ただし，電場は図 1.15 のように面電荷から離れた向きを向くとします．

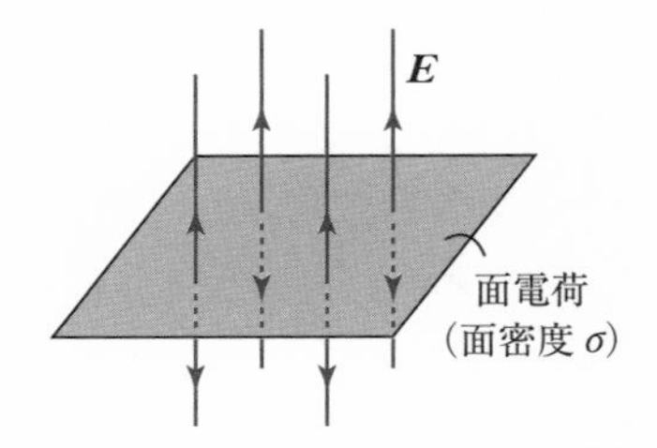

図 1.15 面電荷がつくる電場

Coaching 図 1.16 のように，上面と下面が面積 S，高さが $2r$ の直方体を考えます．直方体の側面では，電場の向きと面の法線ベクトルが直交しているので，$\int_{\text{側面}} \boldsymbol{E} \cdot d\boldsymbol{S} = 0$ となります．上面と下面では，直方体の内から外に向けて電場が貫いており，電場の大きさは一定となるので，

$$\int_{\text{上面}} \boldsymbol{E} \cdot d\boldsymbol{S} = \int_{\text{下面}} \boldsymbol{E} \cdot d\boldsymbol{S} = ES \tag{1.34}$$

となります．

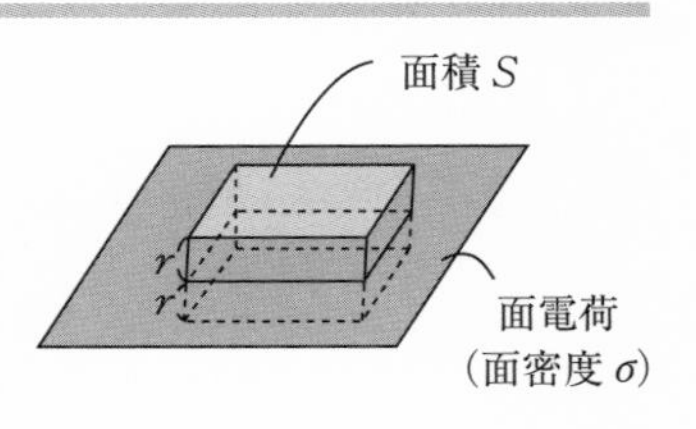

図 1.16 ガウスの法則で利用する直方体

以上より，直方体の表面を A としてガウスの法則を書き下すと，

$$\int_{\text{A}} \boldsymbol{E} \cdot d\boldsymbol{S} = \int_{\text{側面}} \boldsymbol{E} \cdot d\boldsymbol{S} + \int_{\text{上面}} \boldsymbol{E} \cdot d\boldsymbol{S} + \int_{\text{下面}} \boldsymbol{E} \cdot d\boldsymbol{S}$$

$$= 0 + ES + ES = \frac{\sigma S}{\varepsilon_0} \tag{1.35}$$

となります．ここで，直方体の内部に含まれる電荷がσSと表せることを使いました．これより，電場の大きさは，

$$E = \frac{\sigma}{2\varepsilon_0} \tag{1.36}$$

となり，これは Training 1.3 の答えと一致します．■

1.4.5　連続的に分布する電荷がつくる電場

ガウスの法則は，電荷が有限の密度で分布しているような場合にも適用できます．早速，Exercise 1.5 に取り組んでみましょう．

Exercise 1.5

半径aの球に電荷q（>0）を一様に帯電させたとき，球の中心から距離rの点における電場の向きと大きさを求めなさい．

Coaching　物体は球対称性をもつので，電場$\boldsymbol{E}$は図 1.17 (a) のように球の中心から遠ざかる向きとなります．いま，球の中心を原点とし，原点を中心とする半径rの球面 A を考えて，ガウスの法則を適用してみましょう．

電場$\boldsymbol{E}$の向きは常に球面の法線の向きと同じであり，電場の大きさEは球面上で一定であるため，球面 A での面積分は，

$$\int_{\mathrm{A}} \boldsymbol{E}\cdot d\boldsymbol{S} = E \times 4\pi r^2 \tag{1.37}$$

となります．また，物体の単位体積当たりの電荷（= 電荷密度）をρとすると，

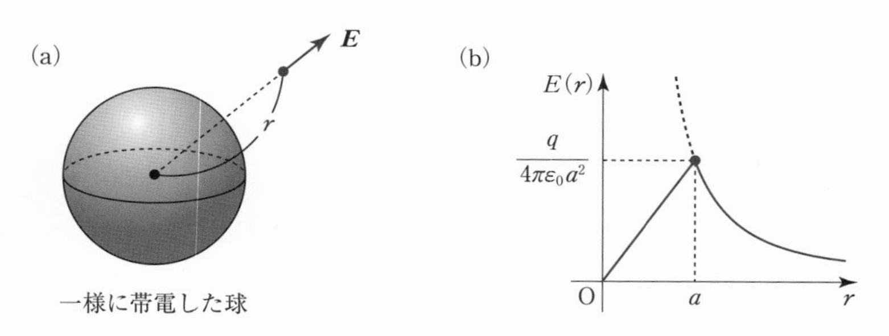

図 1.17　(a)　一様に帯電した球がつくる電場
(b)　中心から距離rの位置における電場の強さ$E(r)$

$$\rho = \frac{q}{4\pi a^3/3} \tag{1.38}$$

となります．これを用いると，$r < a$ のときに球面 A の内側にある電荷 Q は，

$$Q = \rho \times \frac{4\pi r^3}{3} = \frac{q}{4\pi a^3/3} \times \frac{4\pi r^3}{3} = \frac{qr^3}{a^3} \tag{1.39}$$

と計算でき，球面 A に対するガウスの法則より，

$$E \times 4\pi r^2 = \frac{Q}{\varepsilon_0} = \frac{qr^3/a^3}{\varepsilon_0} \quad \Rightarrow \quad E = \frac{qr}{4\pi a^3 \varepsilon_0} \tag{1.40}$$

となります．

一方，$r > a$ のときには，球面 A の内側にある電荷は半径によらず一定値 q となるので，ガウスの法則より，

$$E \times 4\pi r^2 = \frac{q}{\varepsilon_0} \quad \Rightarrow \quad E = \frac{q}{4\pi \varepsilon_0 r^2} \tag{1.41}$$

となります．

(1.40) と (1.41) の電場の強さ E を距離 r の関数としてグラフにすると，図 1.17 (b) のようになります．■

Training 1.4

半径 a の円を断面とする無限に長い直線状の物体が，一定の電荷密度 ρ (> 0) で一様に帯電しているとき，この棒の中心軸から距離 r の点における電場の大きさを，$r > a$ と $r < a$ で場合分けして求めなさい．ただし，電場は常に棒から遠ざかる向きを向くとします．

1.5　電場の湧き出しとガウスの法則

ここまでガウスの法則とその応用例を見てきましたが，「ガウスの法則が成り立つカラクリ」について，もう少し掘り下げてみましょう．

まずは簡単のため，原点に置かれた点電荷 q がつくる電場を考えてみましょう．点電荷のつくる電場 (1.7) より，この点電荷が位置 $\boldsymbol{r}$ につくる電場 $\boldsymbol{E}$ は

$$\boldsymbol{E} = \frac{q}{4\pi\varepsilon_0 |\boldsymbol{r}|^2} \frac{\boldsymbol{r}}{|\boldsymbol{r}|} = \frac{q}{4\pi\varepsilon_0 r^3} \begin{pmatrix} x \\ y \\ z \end{pmatrix} \qquad (r = \sqrt{x^2 + y^2 + z^2}) \tag{1.42}$$

と表されます．

ここで，ちょっとばかりベクトル場の発散 div $\boldsymbol{E}$ を計算してみましょう．少し複雑な計算ですが，ぜひ手を動かしてやってみてください．

Exercise 1.6

原点に置かれた点電荷 q が位置 $\boldsymbol{r}$ につくる電場を $\boldsymbol{E}$ としたとき，div $\boldsymbol{E}$ を求めなさい．ただし，$\boldsymbol{r} \neq \boldsymbol{0}$ とします．

Coaching (1.42) を用いて div $\boldsymbol{E}$ を計算するには，$r = \sqrt{x^2 + y^2 + z^2}$ を x, y, z でそれぞれ偏微分したときの計算を先にしておくと便利です．

$$\frac{\partial r}{\partial x} = \frac{\partial}{\partial x}(\sqrt{x^2 + y^2 + z^2}) = \frac{2x}{2\sqrt{x^2 + y^2 + z^2}} = \frac{x}{r} \tag{1.43}$$

途中で x に関する偏微分が出てきますが，これは x 以外の変数をすべて定数とみなして，x で普通に微分を計算しておけば大丈夫です．同様にして

$$\frac{\partial r}{\partial y} = \frac{y}{r}, \qquad \frac{\partial r}{\partial z} = \frac{z}{r} \tag{1.44}$$

が得られるので，これらの式と合成関数の微分公式を用いると，

$$\frac{\partial}{\partial x}\left(\frac{1}{r^3}\right) = -\frac{3}{r^4}\frac{\partial r}{\partial x} = -\frac{3}{r^4}\frac{x}{r} = -\frac{3x}{r^5} \tag{1.45}$$

他の微分についても，

$$\frac{\partial}{\partial y}\left(\frac{1}{r^3}\right) = -\frac{3y}{r^5}, \qquad \frac{\partial}{\partial z}\left(\frac{1}{r^3}\right) = -\frac{3z}{r^5} \tag{1.46}$$

となります．

これで準備ができたので，まず，E_x を x で偏微分してみましょう．

$$\begin{aligned}\frac{\partial E_x}{\partial x} &= \frac{q}{4\pi\varepsilon_0}\frac{\partial}{\partial x}\left(\frac{x}{r^3}\right) = \frac{q}{4\pi\varepsilon_0}\left\{\frac{\partial}{\partial x}(x)\frac{1}{r^3} + x\frac{\partial}{\partial x}\left(\frac{1}{r^3}\right)\right\} \\ &= \frac{q}{4\pi\varepsilon_0}\left\{\frac{1}{r^3} + x\left(-\frac{3x}{r^5}\right)\right\} = \frac{q}{4\pi\varepsilon_0}\left(\frac{1}{r^3} - \frac{3x^2}{r^5}\right)\end{aligned} \tag{1.47}$$

ここで，2番目の等号では積の微分の公式を，3番目の等号では (1.43) を用いました．同様にして，

$$\frac{\partial E_y}{\partial y} = \frac{q}{4\pi\varepsilon_0}\left(\frac{1}{r^3} - \frac{3y^2}{r^5}\right), \qquad \frac{\partial E_z}{\partial z} = \frac{q}{4\pi\varepsilon_0}\left(\frac{1}{r^3} - \frac{3z^2}{r^5}\right) \tag{1.48}$$

となるので，これらより，

$$\mathrm{div}\,\boldsymbol{E} = \frac{\partial E_x}{\partial x} + \frac{\partial E_y}{\partial y} + \frac{\partial E_z}{\partial z} = \frac{q}{4\pi\varepsilon_0}\left(\frac{3}{r^3} - \frac{3x^2 + 3y^2 + 3z^2}{r^5}\right) = 0 \tag{1.49}$$

が得られます（最後の等号では r の定義を用いました）．ただし，ここでの計算は

$r \neq 0$（つまり $\boldsymbol{r} \neq \boldsymbol{0}$）を仮定していることに注意してください. ■

このようにして, $\mathrm{div}\,\boldsymbol{E}$ が（点電荷が置かれた位置以外の場所で）ゼロになることを示したわけですが, これは div の意味を考えると非常に重要なことを述べています.

まず, 電場 $\boldsymbol{E}$ を「光の向きと強さを表すベクトル」とみなしたとすると, $\mathrm{div}\,\boldsymbol{E} = 0$ **は光の湧き出しや吸い込みがないことを意味します**. これにより, 点電荷が置かれた場所以外から, 光が湧き出したり, 光が吸い込まれたりしないことがわかり, ガウスの法則, つまり「点電荷を囲む面を貫く光の総量は, 面の形状によらず一定である」ことが成り立つわけです.

同じことを電気力線を使って述べることもできます. 電荷が置かれた場所以外の点で $\mathrm{div}\,\boldsymbol{E} = 0$ が成り立つことは, **電荷がない場所から勝手に電気力線が湧き出したり, 電気力線が吸い込まれたりしない**ということを意味します. これまで, いろいろな形状の電荷に対して電気力線を描いてきましたが, 例外なくこの性質を満たしていることを確認できます.

ところで1点だけ, 電気力線の湧き出しや吸い込みが許されている場所がありますよね. そう, それはまさに電荷がある場所です. これまで計算してきた例では, 例外なく, 正の点電荷がある位置から電気力線が湧き出し, 負の点電荷がある位置へ電気力線が吸い込まれています. この考察から, **電荷は電気力線（電場）の湧き出し（吸い込み）と関係するのでは？** という予想が立ちます. 次節で, これを物理法則として表現してみましょう.

1.6 ガウスの法則の微分形

電荷が空間的に広がって分布している場合を考えてみましょう. 位置 $\boldsymbol{r}$ での電荷密度が $\rho(\boldsymbol{r})$ で与えられるとき, 位置 $\boldsymbol{r}$ における微小体積 dV に含まれる電荷は $\rho(\boldsymbol{r})\,dV$ と表されます. ρ はスカラー場とみなせることに注意しましょう[14]. 図1.18のように空間中の任意の領域を V とすると, 領域

14) ρ は $\boldsymbol{r}$ に依存しますが, 簡単のため, $\rho(\boldsymbol{r})$ の $(\boldsymbol{r})$ の部分はしばしば省略します.

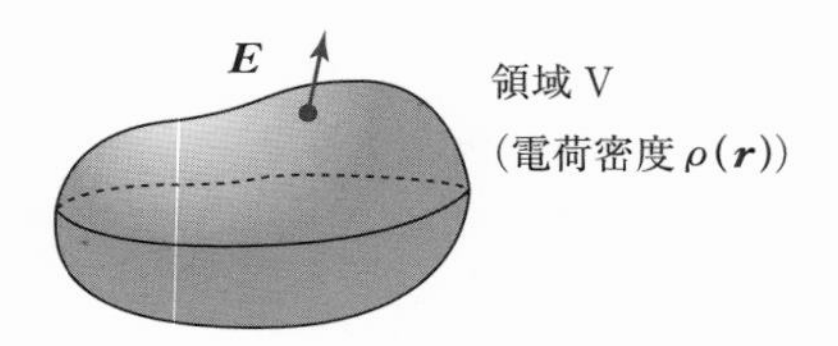

図 1.18　閉曲面 A とその内部の領域 V

V の内部にある全電荷 Q は領域 V における体積積分を用いて，

$$Q = \int_{\mathrm{V}} \rho(\boldsymbol{r})\, dV \qquad (1.50)$$

と書き表されます．この領域 V とその表面に対してガウスの法則を書き下すと，

$$\int_{\mathrm{V}の表面} \boldsymbol{E} \cdot d\boldsymbol{S} = \frac{Q}{\varepsilon_0} = \frac{1}{\varepsilon_0} \int_{\mathrm{V}} \rho(\boldsymbol{r})\, dV \qquad (1.51)$$

となります．

ここで，(1.51) の左辺に対して，B.5 節で紹介した「ガウスの定理」を使ってみましょう[15]．そうすると，領域 V とその表面に対して，

$$\int_{\mathrm{V}の表面} \boldsymbol{E} \cdot d\boldsymbol{S} = \int_{\mathrm{V}} \mathrm{div}\, \boldsymbol{E}\, dV \qquad (1.52)$$

が成り立ち，この式を (1.51) の左辺に代入すると，

$$\int_{\mathrm{V}} \mathrm{div}\, \boldsymbol{E}\, dV = \frac{1}{\varepsilon_0} \int_{\mathrm{V}} \rho(\boldsymbol{r})\, dV \qquad (1.53)$$

が得られます．

この式は領域 V のとり方によらずに常に成り立つので，結局，

$$\mathrm{div}\, \boldsymbol{E} = \frac{\rho}{\varepsilon_0} \qquad (1.54)$$

が成り立ちます．この式はガウスの法則をベクトル場の微分を使って書き直したものであり，**ガウスの法則の微分形**といえるものです．

▶ **ガウスの法則の微分形**：電場 $\boldsymbol{E}$ と電荷密度 ρ の間には

$$\boxed{\mathrm{div}\, \boldsymbol{E} = \frac{\rho}{\varepsilon_0}} \qquad (1.55)$$

の関係式が成り立つ．

15）　ガウスの法則とガウスの定理は，もちろん別物です．ガウスの法則は物理法則，ガウスの定理は数学の定理です．

ガウスの法則の微分形は，まさしく**電場の湧き出しや吸い込みが，その場所における電荷密度の大きさで決まる**ということを述べています．

図 1.19 に，正に帯電した物体と負に帯電した物体がつくる電気力線を示します．この図からわかるように，正の電荷があれば，そこから電場が湧き出し（$\mathrm{div}\,\boldsymbol{E} > 0$），負の電荷があれば，そこへ電場が吸い込まれる（$\mathrm{div}\,\boldsymbol{E} < 0$）ことが見てとれるでしょう．これまで，「点電荷は点光源とみなせる」とか，「電気力線が正電荷から湧き出し，負電荷へ吸い込まれる」などのような直観的なイメージを用いて説明してきましたが，ガウスの法則の微分形は，それを見事に数式で表現したものとなっているのです[16]．

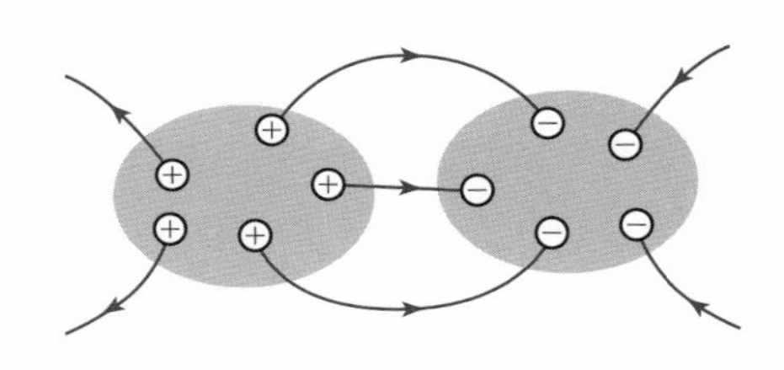

図 1.19　電気力線の様子

1.7 電　位

1.7.1 静電場の渦なし条件 ― 点電荷が 1 個あるとき ―

前節で，静止した点電荷がつくる電場（静電場）$\boldsymbol{E}$ に対して，$\mathrm{div}\,\boldsymbol{E}$ の値は重要な意味をもつことを述べました．では，$\mathrm{rot}\,\boldsymbol{E}$ はどうなるでしょうか？早速，手を動かして計算してみましょう．

16）　ここでは連続的な電荷の分布を考えましたが，点電荷との対応がどうなっているか気になる方もいるでしょう．点電荷を考えるには，点電荷に対して電荷密度 $\rho(\boldsymbol{r})$ をどのように表現すべきか，考える必要があります．点電荷 q が領域 V に含まれていたら $\int_{\mathrm{V}} \rho(\boldsymbol{r})\,dV = q$，含まれていなかったら $\int_{\mathrm{V}} \rho(\boldsymbol{r})\,dV = 0$ となるべきなのですが，このような性質をもつ $\rho(\boldsymbol{r})$ を表現するためには，デルタ関数という特殊な関数が必要となります．その説明は長くなるのでここでは省略しますが，デルタ関数を使えば，点電荷のときにもガウスの法則の微分形を適用できます．

 **Exercise 1.7**

原点に置かれた点電荷 q が位置 $\boldsymbol{r}$ につくる電場を $\boldsymbol{E}$ としたとき，$\mathrm{rot}\,\boldsymbol{E}$ を求めなさい．ただし，$\boldsymbol{r} \neq \boldsymbol{0}$ とします．

Coaching Exercise 1.6 の Coaching で，

$$\frac{\partial}{\partial x}\left(\frac{1}{r^3}\right) = -\frac{3x}{r^5}, \qquad \frac{\partial}{\partial y}\left(\frac{1}{r^3}\right) = -\frac{3y}{r^5}, \qquad \frac{\partial}{\partial z}\left(\frac{1}{r^3}\right) = -\frac{3z}{r^5} \tag{1.56}$$

となることを示したので，これを使いましょう．

$\boldsymbol{E}$ の各成分はクーロンの法則より，

$$\boldsymbol{E} = \frac{q}{4\pi\varepsilon_0 |\boldsymbol{r}|^2}\frac{\boldsymbol{r}}{|\boldsymbol{r}|} = \frac{q}{4\pi\varepsilon_0 r^3}\begin{pmatrix} x \\ y \\ z \end{pmatrix} \qquad (r = \sqrt{x^2 + y^2 + z^2}) \tag{1.57}$$

と表されます．

まず，$\mathrm{rot}\,\boldsymbol{E}$ の z 成分から考えてみます．

$$(\mathrm{rot}\,\boldsymbol{E})_z = \frac{\partial E_y}{\partial x} - \frac{\partial E_x}{\partial y} \tag{1.58}$$

上式に現れる 2 つの偏微分は，

$$\begin{aligned}\frac{\partial E_y}{\partial x} &= \frac{q}{4\pi\varepsilon_0}\frac{\partial}{\partial x}\left(\frac{y}{r^3}\right) = \frac{q}{4\pi\varepsilon_0}\,y\frac{\partial}{\partial x}\left(\frac{1}{r^3}\right) \\ &= \frac{q}{4\pi\varepsilon_0}\,y\left(\frac{-3x}{r^5}\right) = -\frac{q}{4\pi\varepsilon_0}\frac{3xy}{r^5}\end{aligned} \tag{1.59}$$

$$\begin{aligned}\frac{\partial E_x}{\partial y} &= \frac{q}{4\pi\varepsilon_0}\frac{\partial}{\partial y}\left(\frac{x}{r^3}\right) = \frac{q}{4\pi\varepsilon_0}\,x\frac{\partial}{\partial y}\left(\frac{1}{r^3}\right) \\ &= \frac{q}{4\pi\varepsilon_0}\,x\left(\frac{-3y}{r^5}\right) = -\frac{q}{4\pi\varepsilon_0}\frac{3xy}{r^5}\end{aligned} \tag{1.60}$$

と計算されますが，2 つの偏微分は全く同じ結果になるので，

$$(\mathrm{rot}\,\boldsymbol{E})_z = \frac{\partial E_y}{\partial x} - \frac{\partial E_x}{\partial y} = 0 \tag{1.61}$$

となります．同様に計算すると，$\mathrm{rot}\,\boldsymbol{E}$ の x 成分，y 成分もゼロとなります．よって，$\mathrm{rot}\,\boldsymbol{E} = \boldsymbol{0}$ と求まります[17]． ■

このように，点電荷がつくる電場 $\boldsymbol{E}$ は $\mathrm{rot}\,\boldsymbol{E} = \boldsymbol{0}$ を満たすことがわかりました．rot の直観的な意味（A. 4. 4 項を参照）を思い出すと，電場 $\boldsymbol{E}$ を水

17）原点で $\mathrm{rot}\,\boldsymbol{E}$ がどうなっているか気になる方も多いかと思いますが，解析がややこしいので省略します．以下の議論に影響はないので，気にしなくても大丈夫です．

の流れの速さとみなしたときに，そこに小さな水車をどの点にどの方向から入れても，水車は回らないことになります．言い換えれば，電場 $\boldsymbol{E}$ を水の流れだと思ったとき，この流れが「渦なし」であることを意味します．以後，この条件式 $\mathrm{rot}\,\boldsymbol{E} = \boldsymbol{0}$ のことを**静電場の渦なし条件**ということにします．

1.7.2 静電場の渦なし条件 ― 点電荷が複数あるとき ―

点電荷が複数ある場合であっても，それぞれの点電荷がつくる電場を $\boldsymbol{E}_1, \boldsymbol{E}_2, \cdots$ とすると，それぞれの電場に対して渦なし条件

$$\mathrm{rot}\,\boldsymbol{E}_i = \boldsymbol{0} \qquad (i = 1, 2, \cdots) \tag{1.62}$$

を満たすことが Exercise 1.7 の計算からわかります．

したがって，これらの電場を重ね合わせたものを $\boldsymbol{E}$ とすると，

$$\mathrm{rot}\,\boldsymbol{E} = \mathrm{rot}\,(\boldsymbol{E}_1 + \boldsymbol{E}_2 + \cdots) = \mathrm{rot}\,\boldsymbol{E}_1 + \mathrm{rot}\,\boldsymbol{E}_2 + \cdots = \boldsymbol{0} \tag{1.63}$$

となり，点電荷が複数ある場合でも $\mathrm{rot}\,\boldsymbol{E} = \boldsymbol{0}$ が成り立つことがわかります．このことより，どのような電荷分布に対しても，そこからつくられる電場 $\boldsymbol{E}$ は渦なし条件 $\mathrm{rot}\,\boldsymbol{E} = \boldsymbol{0}$ を満たすことがわかります[18)]．

1.7.3 電位の定義

さて，電場 $\boldsymbol{E}$ が渦なし（$\mathrm{rot}\,\boldsymbol{E} = \boldsymbol{0}$）のベクトル場であることから，次のように電位を定義することができます．

▶ **電位の定義**：電場 $\boldsymbol{E}$ が与えられたとき，電位 ϕ を次のように定義する．

$$\phi(\boldsymbol{r}) = -\int_{\boldsymbol{r}_0}^{\boldsymbol{r}} \boldsymbol{E}\cdot d\boldsymbol{r} \tag{1.64}$$

ここで線積分は，位置 $\boldsymbol{r}_0$ を始点，位置 $\boldsymbol{r}$ を終点とする経路に沿って計算したもので，$\boldsymbol{r}_0$ は電位の基準点である．電位の単位は J/C もしくは V（ボルト）を用いる．

電位の意味は後で解説するとして，まず第一に理解してほしいことは，この電位の定義は，電場 $\boldsymbol{E}$ が「渦なし（$\mathrm{rot}\,\boldsymbol{E} = \boldsymbol{0}$）」であることが大前提にな

18）ただし途中で，ベクトル場 $\boldsymbol{A}, \boldsymbol{B}$ に対して，$\mathrm{rot}\,(\boldsymbol{A} + \boldsymbol{B}) = \mathrm{rot}\,\boldsymbol{A} + \mathrm{rot}\,\boldsymbol{B}$ が成り立つことを使っています（A.4.5 項の微分公式を参照）．

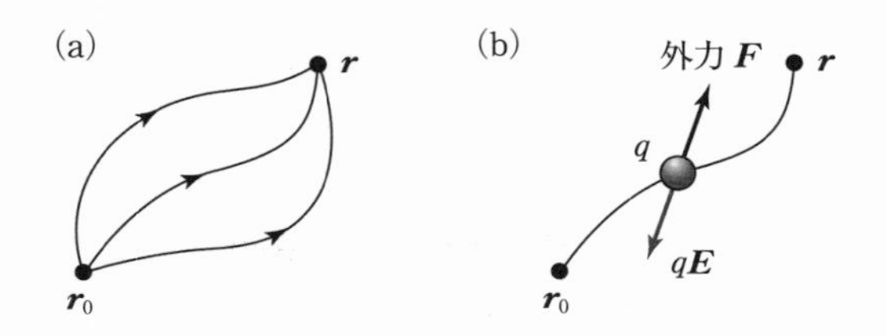

図 1.20　(a)　始点 $\boldsymbol{r}_0$，終点 $\boldsymbol{r}$ の経路
(b)　電場から受ける力 $q\boldsymbol{E}$ とつり合うような外力 $\boldsymbol{F}$ を加えながら，電荷を位置 $\boldsymbol{r}_0$ から位置 $\boldsymbol{r}$ に移動させる様子

っていることです．図 1.20 (a) のように，始点を $\boldsymbol{r}_0$，終点を $\boldsymbol{r}$ とする経路は複数ありますが，もし電場 $\boldsymbol{E}$ が渦なし（$\mathrm{rot}\,\boldsymbol{E}=\boldsymbol{0}$）のベクトル場であれば，どの経路を選んでも $\boldsymbol{E}$ の線積分は変わらず，線積分の値は始点と終点の位置のみによるようになります（B.3.6 項を参照）．つまり，電位というものを定義できるのは，電場 $\boldsymbol{E}$ が「渦なし（$\mathrm{rot}\,\boldsymbol{E}=\boldsymbol{0}$）」であったからなのです．

次に，電位の意味を見ていきましょう．電場 $\boldsymbol{E}$ が与えられているとして，図 1.20 (b) のように電荷 q を位置 $\boldsymbol{r}_0$ から位置 $\boldsymbol{r}$ までゆっくり動かしていくことを考えます．電荷 q は電場から $q\boldsymbol{E}$ の力を受けるので，それとつり合うように逆向きの力 $\boldsymbol{F}=-q\boldsymbol{E}$ を加えながら移動させていく必要があります．そして，この外力がする仕事 W を計算してみると，

$$W=\int_{r_0}^{r}\boldsymbol{F}\cdot d\boldsymbol{r}=\int_{r_0}^{r}(-q\boldsymbol{E})\cdot d\boldsymbol{r}=q\phi(\boldsymbol{r}) \tag{1.65}$$

となり，電位 $\phi(\boldsymbol{r})$ と電荷 q の積となることがわかります．

つまり，$q\phi(\boldsymbol{r})$ は位置 $\boldsymbol{r}_0$ を基準点とした位置エネルギーとなっており，基準点から位置 $\boldsymbol{r}$ まで電荷を運ぶのに必要な仕事は位置エネルギー $q\phi(\boldsymbol{r})$ として蓄えられる，と解釈できます（$\boldsymbol{r}=\boldsymbol{r}_0$ で電位 $\phi(\boldsymbol{r})$ は常にゼロとなることにも注意してください）．

さらに，位置 $\boldsymbol{r}_1$ から位置 $\boldsymbol{r}_2$ に電荷を移動させるときに必要な外力がする仕事

$$W_{1\to 2}=\int_{r_1}^{r_2}(-q\boldsymbol{E})\cdot d\boldsymbol{r} \tag{1.66}$$

を考えてみましょう．この線積分の値は，途中の経路の形状に依存しないので，$\boldsymbol{r}_1 \to \boldsymbol{r}_0 \to \boldsymbol{r}_2$ と，いったん基準点 $\boldsymbol{r}_0$ を経由する経路を考えることができます．このとき，外力がする仕事は

$$\begin{aligned} W_{1\to 2} &= \int_{r_1}^{r_0} (-q\boldsymbol{E})\cdot d\boldsymbol{r} + \int_{r_0}^{r_2} (-q\boldsymbol{E})\cdot d\boldsymbol{r} \\ &= -\int_{r_0}^{r_1} (-q\boldsymbol{E})\cdot d\boldsymbol{r} + \int_{r_0}^{r_2} (-q\boldsymbol{E})\cdot d\boldsymbol{r} \\ &= q\{\phi(\boldsymbol{r}_2) - \phi(\boldsymbol{r}_1)\} \end{aligned} \tag{1.67}$$

となります．2番目の等号では，$\boldsymbol{r}_1 \to \boldsymbol{r}_0$ の線積分が，$\boldsymbol{r}_0 \to \boldsymbol{r}_1$ の線積分にマイナス符号を付けたものであることを使いました．また，3番目の等式では (1.65) を用いました．

このように電位は，電荷を移動させるのに必要な仕事と直接関係することになります．

▶ **クーロン力による位置エネルギー**：位置 $\boldsymbol{r}$ に置かれた点電荷 q のクーロン力による位置エネルギーは，その点での電位 $\phi(\boldsymbol{r})$ を用いて $q\phi(\boldsymbol{r})$ と表される．また，点電荷 q を位置 $\boldsymbol{r}_1$ から位置 $\boldsymbol{r}_2$ まで運ぶのに必要な外力がする仕事は，

$$W_{1\to 2} = q\{\phi(\boldsymbol{r}_2) - \phi(\boldsymbol{r}_1)\} \tag{1.68}$$

となる．

(1.68) を使うと，電位 $\phi(\boldsymbol{r})$ が「高さ」の概念に相当することがわかります．$\phi(\boldsymbol{r}_2) > \phi(\boldsymbol{r}_1)$ のとき，$W_{1\to 2} > 0$ となることに注意しましょう．つまり，電位の低い点から電位の高い点に正の電荷を移動させるには，外から仕事を加える必要があるということです．これはちょうど，**地上で重力に逆らって物体を低い位置から高い位置に移動させるのに仕事が必要であること**と同じようなものだとみなすことができます．

このように，電位というのは，地上における「高さ」と似せて考えられた量なのです．当然ながら，電位の高い点から電位の低い点に電荷が移動するときは，電荷にする外力の仕事は負になり，外部に仕事をすることができるようになります．これは「高い位置にある物体が低い位置にくると，その位

置エネルギーの差を使って外に仕事を取り出せる」ことに対応します．

高さを規定するには，必ず基準が必要となります．地上での「高さ」も，よく考えると基準が必要ですよね．通常は海面を基準として「海抜○○メートル」と高さを表現します．同じように，電位を決める際にも電位がゼロとなるような基準点が必要であり，それがちょうど電位の定義における基準点 $\boldsymbol{r}_0$ に対応します．

1.7.4 電場と電位の関係

さて，電位 $\phi(\boldsymbol{r})$ は電場 $\boldsymbol{E}$ の線積分によって定義されましたが，この定義式（1.64）を便利な形に書き直すことができます．B.3.6 項で一通り述べましたが，もう一度簡単に復習してみましょう．

いま，位置 $\boldsymbol{r}$ と位置 $\boldsymbol{r}+d\boldsymbol{r}$ での電位の差を考えてみましょう．

$$\phi(\boldsymbol{r}+d\boldsymbol{r})-\phi(\boldsymbol{r})=\int_{r_0}^{r+dr}(-\boldsymbol{E})\cdot d\boldsymbol{r}-\int_{r_0}^{r}(-\boldsymbol{E})\cdot d\boldsymbol{r}$$

$$=\int_{r}^{r+dr}(-\boldsymbol{E})\cdot d\boldsymbol{r} \tag{1.69}$$

この差は，$\boldsymbol{r}$ から $\boldsymbol{r}+d\boldsymbol{r}$ までの微小経路での線積分で表されるので，この経路上で電場 $\boldsymbol{E}$ が一定だと考えることができ，

$$\phi(\boldsymbol{r}+d\boldsymbol{r})-\phi(\boldsymbol{r})=(-\boldsymbol{E})\cdot d\boldsymbol{r} \tag{1.70}$$

となります．一方，全微分公式から，

$$d\phi=\phi(\boldsymbol{r}+d\boldsymbol{r})-\phi(\boldsymbol{r})=\frac{\partial\phi}{\partial x}dx+\frac{\partial\phi}{\partial y}dy+\frac{\partial\phi}{\partial z}dz=(\mathrm{grad}\,\phi)\cdot d\boldsymbol{r} \tag{1.71}$$

と表されるので，（1.70）と（1.71）の比較から，

$$\boldsymbol{E}=-\mathrm{grad}\,\phi \tag{1.72}$$

が得られます．重要な式なので，まとめておきましょう．

▶ **電場と電位の関係**：電場 $\boldsymbol{E}$ と電位 ϕ の間には，$\boldsymbol{E}=-\mathrm{grad}\,\phi$ の関係が成り立つ．

この電場 $\boldsymbol{E}$ と電位 ϕ の関係式から，電位の意味を考えていくことができます．ϕ はスカラー場，$\boldsymbol{E}$ はベクトル場とみなすことができますが，A.2.6 項と A.2.7 項で述べた grad の様々な性質を思い出してみましょう．

▶ **grad の性質（復習）**：スカラー場 $f(x, y, z)$ に対して，

（1） $\mathrm{grad}\, f$ は，f が最も「増加する」方向を向く．

（2） （1）の向きに動いたときの f の変化率が $\mathrm{grad}\, f$ の大きさを与える．

（3） 等高面 $f(x, y, z) = C$（C は定数）は $\mathrm{grad}\, f$ の向きに直交する．

関係式 $\boldsymbol{E} = -\mathrm{grad}\, \phi$ にこれらの性質を適用すると，直ちに次の性質を導くことができます．

▶ **電場と電位の性質**

（1） 電場 $\boldsymbol{E} = -\mathrm{grad}\, \phi$ は，電位 ϕ が最も「低く」なる方向を向く．

（2） $\boldsymbol{E}$ の向きに動くときの電位 ϕ の減少率が，電場 $\boldsymbol{E}$ の大きさを与える．

（3） 等電位面 $\phi(x, y, z) = C$（C は定数）は，電場 $\boldsymbol{E}$ の向きと直交する．

電場と電位の性質を１つ１つ見ていきましょう．まず，(1) ですが，$\mathrm{grad}\, \phi$ は grad の性質から，その点で ϕ が一番増える方向を向いています．電場と電位の関係式 $\boldsymbol{E} = -\mathrm{grad}\, \phi$ にはマイナスが付いているので，電場 $\boldsymbol{E}$ は電位が減る向き，つまり図 1.21 (a) のように電位が高い方から低い方に向かう向きになります．図 1.21 (a) の等電位線を「地図の等高線」だとみなすと，電場 $\boldsymbol{E}$ はちょうど地図上の高い場所から低い場所へ向かう向き，すなわち，その場所にボールを置いたときに転がり落ちる方向を向くことになります．

(2) は，ある点から電場の向きに移動したときに，電位の単位距離当たりの減少率が大きいほど電場が大きくなる，というものです．図 1.21 (b) のように一定の間隔で等電位面を描いたときに，等電位面の間隔が狭い所で単位距離当たりの電位の変化率が大きくなっているので，ここで電場が大きくなっていることがわかります．これも地図の等高線を考えるとわかりやすい

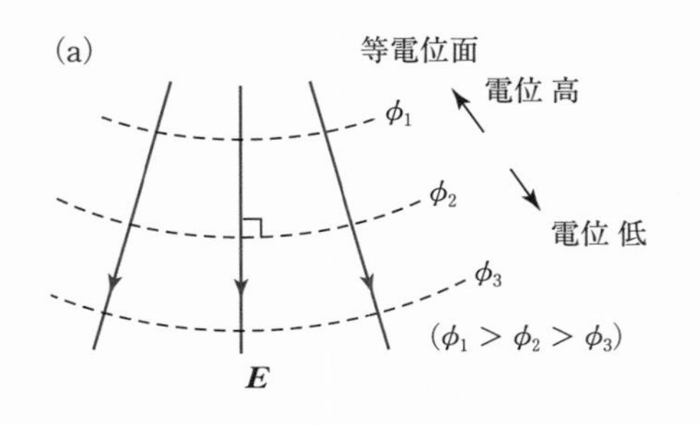

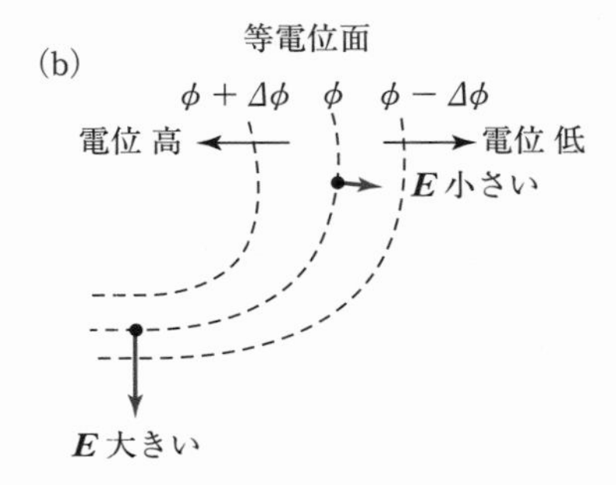

図 1.21　(a)　等電位面と電気力線の関係
　　　　　(b)　等電位面の間隔と電場の大きさの関係

でしょう．等高線の間隔が狭くなっている場所では，少しの距離で高さが大きく変化しているわけですから，その分，傾斜がきついことを意味しています．そのような場所に物体を置くと，より勢いよく転がるはずですね．このときに物体にはたらく力の大きさが，電場に相当するわけです．

(3) は，等電位面と grad ϕ（$= -\boldsymbol{E}$）の方向が常に直交することから示される性質です（図 1.21 (a) を参照）．山登りをしているときに，登山道が等高線に沿って伸びている様子をイメージしてみてください．最も斜面が急になっている向き（人が転がり落ちそうな向き）は，このような登山道と必ず直交しますよね．このとき，登山道の向きが「等電位線の向き」，転がり落ちる向きが「電場の向き」に相当します．

Exercise 1.8

図 1.22 のように等電位線と電位が与えられています．隣り合う等電位線の間隔が 5cm で一定であったとき，電場 $\boldsymbol{E}$ の大きさを求めなさい．また，図の点 A から点 B までの経路に沿って 2C の電荷を運ぶのに必要な仕事を求めなさい．

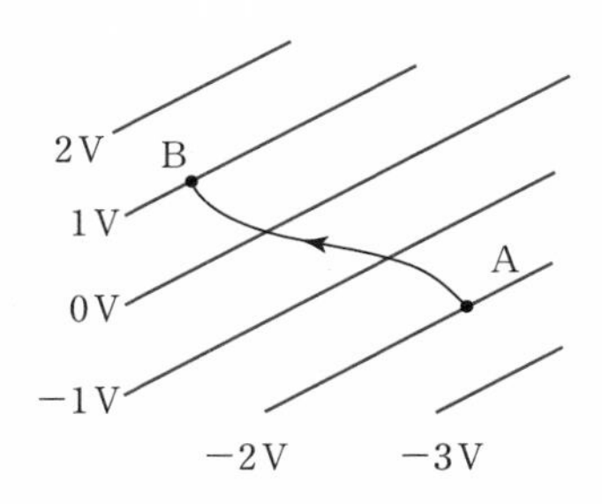

図 1.22　等電位線

Coaching　電場の大きさは等電位線の変化の割合に等しいので,

$$|\boldsymbol{E}| = \frac{1\,\mathrm{V}}{5\times 10^{-2}\,\mathrm{m}} = 20\,\mathrm{V/m} \tag{1.73}$$

となります．また，点 B は点 A に比べて 3V だけ電位が高いので，$q = 2\mathrm{C}$ の電荷を A から B へ運ぶのに必要な仕事は,

$$W = q\{\phi(\boldsymbol{r}_\mathrm{B}) - \phi(\boldsymbol{r}_\mathrm{A})\} = 2\mathrm{C}\times 3\mathrm{V} = 6\,\mathrm{J} \tag{1.74}$$

と求められます（単位の V は J/C と表せることに注意してください）．■

1.7.5 点電荷がつくる電位

ここまで電位の定義や性質について述べてきましたが，具体的な計算をするときには，点電荷がつくる電位を次のように公式化しておくと便利です．

▶ **点電荷がつくる電位**：位置 $\boldsymbol{r}_0$ にある点電荷 q が位置 $\boldsymbol{r}$ につくる電位は,

$$\phi(\boldsymbol{r}) = \frac{q}{4\pi\varepsilon_0}\frac{1}{|\boldsymbol{r}-\boldsymbol{r}_0|} \tag{1.75}$$

で与えられる．ただし，電位の基準点は無限遠点にとるとする．

この公式が正しいことを確かめるには，電場と電位の関係式 $\boldsymbol{E} = -\mathrm{grad}\,\phi$ が確かに成り立っていることを確かめれば十分です[19)]．これは Exercise 1.9 としておきましょう．

19)　電位の定義から，$\boldsymbol{E} = -\mathrm{grad}\,\phi$ を満たす ϕ は，基準点の決め方に依存する定数を除いて一意に定まります．無限遠点を基準点にとっていることは，$|\boldsymbol{r}|\to\infty$ のときに電位が確かにゼロになることから確かめられます．

Exercise 1.9

電位 ϕ が（1.75）で与えられているとき，電場 $\boldsymbol{E}$ を関係式 $\boldsymbol{E} = -\mathrm{grad}\,\phi$ を用いて求めなさい．

Coaching　電荷の位置を $\boldsymbol{r}_0 = (x_0, y_0, z_0)$，電位を計算する位置を $\boldsymbol{r} = (x, y, z)$，$r = |\boldsymbol{r} - \boldsymbol{r}_0| = \sqrt{(x - x_0)^2 + (y - y_0)^2 + (z - z_0)^2}$ とすると，

$$\phi(\boldsymbol{r}) = \frac{q}{4\pi\varepsilon_0 r} \tag{1.76}$$

となります．

まず，電位 ϕ を x で偏微分すると，

$$\begin{aligned}\frac{\partial\phi}{\partial x} &= \frac{q}{4\pi\varepsilon_0}\frac{\partial}{\partial x}\left(\frac{1}{r}\right) = -\frac{q}{4\pi\varepsilon_0}\frac{1}{r^2}\frac{\partial r}{\partial x} \\ &= -\frac{q}{4\pi\varepsilon_0 r^2}\frac{2(x - x_0)}{2\sqrt{(x - x_0)^2 + (y - y_0)^2 + (z - z_0)^2}} \\ &= -\frac{q}{4\pi\varepsilon_0 r^3}(x - x_0)\end{aligned} \tag{1.77}$$

となります．同様にして，

$$\frac{\partial\phi}{\partial y} = -\frac{q}{4\pi\varepsilon_0 r^3}(y - y_0), \qquad \frac{\partial\phi}{\partial z} = -\frac{q}{4\pi\varepsilon_0 r^3}(z - z_0) \tag{1.78}$$

となります．

これらをまとめると，

$$\boldsymbol{E} = -\mathrm{grad}\,\phi = \begin{pmatrix} -\dfrac{\partial\phi}{\partial x} \\ -\dfrac{\partial\phi}{\partial y} \\ -\dfrac{\partial\phi}{\partial z} \end{pmatrix} = \frac{q}{4\pi\varepsilon_0 r^3}\begin{pmatrix} x - x_0 \\ y - y_0 \\ z - z_0 \end{pmatrix} \tag{1.79}$$

となり，確かに点電荷のつくる電場（1.8）と一致します（Q を q と読みかえてください）．■

点電荷がつくる等電位面は，点電荷を中心とする球面になりますが，これが点電荷のつくる電場と直交することはすぐにわかりますね．また電位は，点電荷からの距離 r のみの関数となっています．これを $\phi(r) = \dfrac{q}{4\pi\varepsilon_0 r}$ と表すことにしましょう．電場 $\boldsymbol{E}$ は電位 ϕ が最も変化する方向を向いており，

電場の大きさ $E(r) = |\boldsymbol{E}|$ はその方向での電位の減少率となっているので(p. 91 の電場と電位の性質（2）を参照),

$$E(r) = -\frac{d\phi}{dr} = -\frac{d}{dr}\left(\frac{q}{4\pi\varepsilon_0 r}\right) = \frac{q}{4\pi\varepsilon_0 r^2} \tag{1.80}$$

となりますが，これはクーロンの法則と確かに一致します.

なお，点電荷が複数ある場合の電位 $\phi(\boldsymbol{r})$ は，それぞれの点電荷がつくる電位を $\phi_i(\boldsymbol{r})$ $(i = 1, 2, \cdots)$ として，

$$\phi(\boldsymbol{r}) = \phi_1(\boldsymbol{r}) + \phi_2(\boldsymbol{r}) + \cdots \tag{1.81}$$

と表されます．これを**電位の重ね合わせ**といいます[20].

Coffee Break

クーロンの法則 vs ガウスの法則

本章では，クーロンの法則からガウスの法則を導き出しました．逆に，ガウスの法則からクーロンの法則を導くこともできますので，この 2 つの法則は等価に見えるかもしれません．しかし，2 つの法則は等価ではなく，一方の法則が他方より一般的な（言い換えれば「偉い」）法則になっています．さて，それはどちらでしょう？

実はガウスの法則の方が，より一般的な法則になります．いま，2 つの同符号電荷 q_1, q_2 がクーロン斥力を及ぼし合っているとしましょう．もしクーロンの法則をそのまま信じると，電荷 q_1 の位置を動かすと，電荷 q_2 が受ける力の向きは瞬時に変化するはずなので，これを利用して超光速通信が可能になってしまいます．ですが，これは相対性理論の「光より速く情報は伝播しない」という大原則に反してしまいます．実際は電荷 q_1 を動かすと，まず電荷 q_1 近くの場所で電場が変化し，次に，さらに離れた場所での電場が変化し，と徐々にその影響が伝えられていくのです．したがって，クーロンの法則は静電場（電荷が動かない場合）に対してのみ成り立っており，電荷が動くときに成り立たなくなることがわかります.

一方，ガウスの法則は，あくまで領域内の電荷とその領域を取り囲む面を貫く電場の関係を述べているだけなので，上述のように電荷が動く効果が徐々に伝わっていく場合でも厳然と成り立っているのです．この例で，なぜガウスの法則が重要なのかを少しでも感じとってもらえたら幸いです.

---

20)　電位の重ね合わせの式の両辺に grad を作用させてマイナスを付けると，電場の重ね合わせ $\boldsymbol{E} = \boldsymbol{E}_1 + \boldsymbol{E}_2 + \cdots$ が得られるので，確かに電位の重ね合わせの式が成り立っていないといけないことがわかります.

本章のPoint

- **電場の定義**：電場 $\boldsymbol{E}$ の点に点電荷 q を置くと $q\boldsymbol{E}$ の力を受ける．
- **点電荷がつくる電場（クーロンの法則）**：位置 $\boldsymbol{r}_0$ にある点電荷 q が位置 $\boldsymbol{r}$ につくる電場は $\boldsymbol{E} = \dfrac{q}{4\pi\varepsilon_0|\boldsymbol{r}-\boldsymbol{r}_0|^2}\dfrac{\boldsymbol{r}-\boldsymbol{r}_0}{|\boldsymbol{r}-\boldsymbol{r}_0|}$ と表される．
- **電場の重ね合わせ**：複数の点電荷があるとき，それぞれの点電荷がつくる電場を $\boldsymbol{E}_1, \boldsymbol{E}_2, \cdots$ とすると，電場は $\boldsymbol{E} = \boldsymbol{E}_1 + \boldsymbol{E}_2 + \cdots$ となる．
- **ガウスの法則**：閉曲面 A によって囲まれる領域に含まれる電荷を Q としたとき，$\displaystyle\int_{\mathrm{A}} \boldsymbol{E}\cdot d\boldsymbol{S} = \frac{Q}{\varepsilon_0}$ が成り立つ．
- **ガウスの法則の微分形**：$\mathrm{div}\,\boldsymbol{E} = \dfrac{\rho}{\varepsilon_0}$ が成り立つ（ρ は電荷密度）．
- **電位の定義**：電位は $\phi(\boldsymbol{r}) = -\displaystyle\int_{\boldsymbol{r}_0}^{\boldsymbol{r}} \boldsymbol{E}\cdot d\boldsymbol{r}$ で与えられる．ここで $\boldsymbol{r}_0$ と $\boldsymbol{r}$ は線積分の始点と終点を表し，$\boldsymbol{r}_0$ は基準点を表す．
- **電場と電位の関係**：$\boldsymbol{E} = -\mathrm{grad}\,\phi$ が成り立つ．
- **点電荷がつくる電位**：位置 $\boldsymbol{r}_0$ にある点電荷 q が位置 $\boldsymbol{r}$ につくる電位は $\phi(\boldsymbol{r}) = \dfrac{q}{4\pi\varepsilon_0|\boldsymbol{r}-\boldsymbol{r}_0|}$ と表される（基準点は無限遠点）．
- **電位の重ね合わせ**：複数の電荷があるとき，それぞれの電荷がつくる電位を $\phi_1, \phi_2, \cdots$ とすると，電位は $\phi = \phi_1 + \phi_2 + \cdots$ となる．

Practice

[1.1] クーロン力と万有引力

水素原子の原子核（陽子）と電子の間にはたらく，万有引力とクーロン力の大きさの比を求めなさい．ただし，陽子の質量を $m_{\mathrm{p}} = 1.67 \times 10^{-27}\,\mathrm{kg}$，電子の質量を $m_{\mathrm{e}} = 9.11 \times 10^{-31}\,\mathrm{kg}$，万有引力定数を $G = 6.67 \times 10^{-11}\,\mathrm{N \cdot m^2/kg^2}$ とします．

[1.2] 電場の重ね合わせ

図 1.23 のように点 $(a, 0)$ と点 $(-a, 0)$ に，単位長さ当たり λ の電荷をもつ紙面に垂直な無限に長い直線状の電荷（直線電荷）があります．これらの 2 つの直線電荷が点 $(0, a)$ につくる電場 $\boldsymbol{E}$ を求めなさい．Exercise 1.3 の解答を用いて構いません．

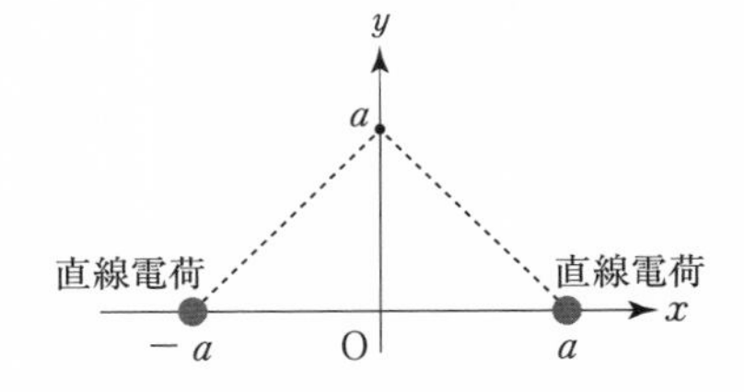

図 1.23 2 つの帯電した無限に長い直線電荷

[1.3] 帯電した中空の円筒がつくる電場

半径 a の無限に長い中空の円筒物体が，一定の面密度 $\sigma\ (>0)$ で一様に帯電しています．ガウスの法則を使って，棒の中心軸から距離 r の点における電場の大きさ E を $r > a$ と $r < a$ で場合分けして求めなさい．ただし，円筒の厚みは無視できるものとします．

[1.4] 等電位面

電位が位置 (x, y, z) の関数として $\phi = 3x + 2y$ と与えられるとします（位置の単位は m，電位の単位は V）．5 つの等電位面 $\phi = -2\,\mathrm{V}, -1\,\mathrm{V}, 0\,\mathrm{V}, 1\,\mathrm{V}, 2\,\mathrm{V}$ を図示しなさい．また電場 $\boldsymbol{E}$ を求め，等電位面との関係を述べなさい．

[1.5] 電位と電場の関係

$\boldsymbol{E} = -\mathrm{grad}\,\phi$ を用いて，(1.66) で定義される $W_{1\to 2}$ が位置エネルギーの差 $q\{\phi(\boldsymbol{r}_2) - \phi(\boldsymbol{r}_1)\}$ となることを証明しなさい．

静 電 場 (II)
～ 導体とコンデンサー ～

第1章に続き，静電場について解説していきます．本章では，帯電した導体のつくる静電場を考え，それを利用したコンデンサーの物理と，静電場がもつエネルギーについても解説します．

2.1 導体の性質

私たちの身の回りにはいろいろな**導体**（電流をよく流す物体のことであり，本書では金属と同じ意味で用いています）があふれていますが，そもそも導体とは何でしょうか．この問いは実は難しい問題で，固体物理学という分野を学ぶことで初めてきちんと理解できる概念です．しかし，電磁気学の特に静電場を考える際には，いくつかの導体の性質を「要請」することで，導体の詳細に立ち入ることなく，その性質を論じることができます．その要請とはたった1つで，次のようなものです．

▶ **導体の性質**：静電場を考える際には，導体の内部で電場 $\boldsymbol{E} = \boldsymbol{0}$ であることを要請してよい．

例えば，平板状の導体に外部から一様な電場（外部電場という）$\boldsymbol{E}_1$ を加えると，図2.1 (a) のように，導体中の自由電子がこの電場から力を受けて動き出します．その結果，導体内部で自由電子の移動が起こり，導体表面に正

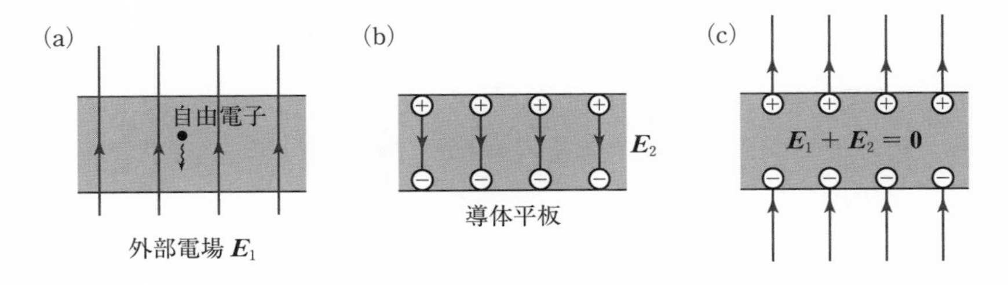

図 2.1 (a) 外部電場 $\boldsymbol{E}_1$ が加えられた導体平板．導体中の自由電子は電場と逆向きに移動を始める．
(b) 十分に時間が経ったときに導体表面に蓄えられる電荷とそれがつくる電場 $\boldsymbol{E}_2$
(c) 外部電場と導体表面の電荷がつくる電場を重ね合わせたときの電場の様子

負の電荷が現れるようになります．導体中に電場がある限り自由電子の移動が続くはずなので，十分に時間が経って自由電子の移動が終わった後には，必ず導体中で電場がゼロになっていないといけません．

導体の形状が平板の場合には，図 2.1 (b) のように，電子が多く含まれる部分が負に，電子が不足した部分は正に，それぞれ帯電することによって外部電場とは逆向きで同じ大きさの電場 $\boldsymbol{E}_2$ をつくります．この電場と外部電場が，電場の重ね合わせによって，図 2.1 (c) のように導体内部で電場がゼロになるというわけです．

このように，導体中の自由電子が移動することによって導体内の電場がゼロになる現象を，導体の**静電誘導**といいます．

導体の静電誘導は，導体の形状によらずに生じます．例えば図 2.2 (a) のように導体球に外部電場を加えたときには，図 2.2 (b) のように導体表面が帯電して新しい電場が生じます．この電場と外部電場が完全に打ち消し合うことで，図 2.2 (c) のように導体球の内部の電場がゼロになるわけです．

静電誘導が起こると，図 2.3 のように導体で覆われた空間では，外部電場をかけても内部に電場が入りません．これを**静電遮蔽**といいます．そのため，アルミホイルで包んだラジオは電波を受信できなくなりますし，金属製の箱でできているエレベーター内では携帯電話が使えなくなるのです．

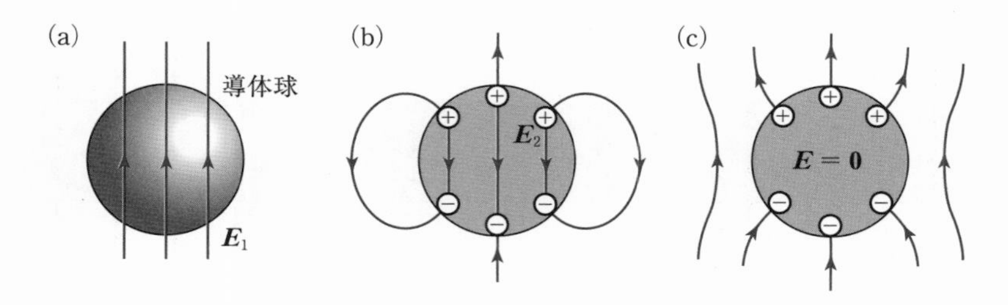

図 2.2　(a)　外部電場 $\boldsymbol{E}_1$ が加えられた導体球
(b)　十分に時間が経ったときに導体表面に蓄えられる電荷とそれがつくる電場 $\boldsymbol{E}_2$
(c)　外部電場と導体表面の電荷がつくる電場の重ね合わせ

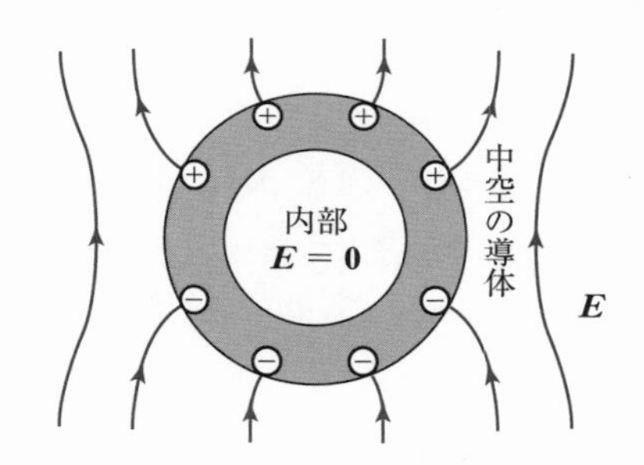

図 2.3　中空の導体に上向きに一様な電場を加えたときに，導体表面に現れる電荷がつくる電場と外部電場の重ね合わせによってできる電場の様子

さて，導体の静電誘導により「導体内部で電場 $\boldsymbol{E} = \boldsymbol{0}$」が成り立ちますが，ここからいろいろな性質を導くことができます．例えば，電位と電場の関係 $\boldsymbol{E} = -\mathrm{grad}\,\phi$ を用いると，導体内部で $\mathrm{grad}\,\phi = \boldsymbol{0}$ となることがわかり，これより，**導体内部では電位 ϕ が一定**であることがわかります[1]．

さらに，導体表面は等電位面になるので，図 2.4 のように導体外部の表面

1）　$\mathrm{grad}\,\phi = \boldsymbol{0}$ から $\phi(\boldsymbol{r})$ が定数関数（$\phi(\boldsymbol{r})$ = 一定値）であることがわかります．証明は簡単で，もし定数関数でない場所があると，$\dfrac{\partial \phi}{\partial x}$，$\dfrac{\partial \phi}{\partial y}$，$\dfrac{\partial \phi}{\partial z}$ のうちの少なくとも 1 つがゼロでない値をとり，$\mathrm{grad}\,\phi \neq \boldsymbol{0}$ となってしまうからです．

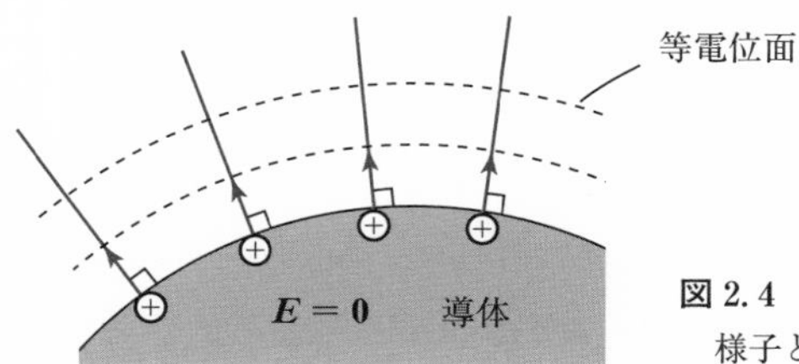

図 2.4 導体付近にできる電場の様子と等電位面

近くに現れる電場（電気力線）は必ず表面と直交することもわかります（1.7.4 項を参照）．また，ガウスの法則の微分形 $\mathrm{div}\,\boldsymbol{E} = \rho/\varepsilon_0$ を使うと，導体内部では $\boldsymbol{E} = \boldsymbol{0} \rightarrow \mathrm{div}\,\boldsymbol{E} = 0$ であることから，「導体内部では電荷密度 $\rho = 0$」がいえます．つまり，**導体は必ず表面にのみ帯電し，導体内部には電荷は蓄えられない**ことがわかるのです[2]．

▶ **導体の性質（続き）**：導体内部では電位が一定であり，電荷は導体表面のみに蓄えられる．

2.1.1 帯電した導体球

次に，導体を帯電させることを考えてみましょう．例として，図 2.5 (a) のように導体球を帯電させてみると，導体の性質から，導体表面にのみ電荷が蓄えられます．さらに球の対称性から，図 2.5 (b) のように球の表面に一様に電荷が分布することがわかります．このとき，導体球がつくる電場と電

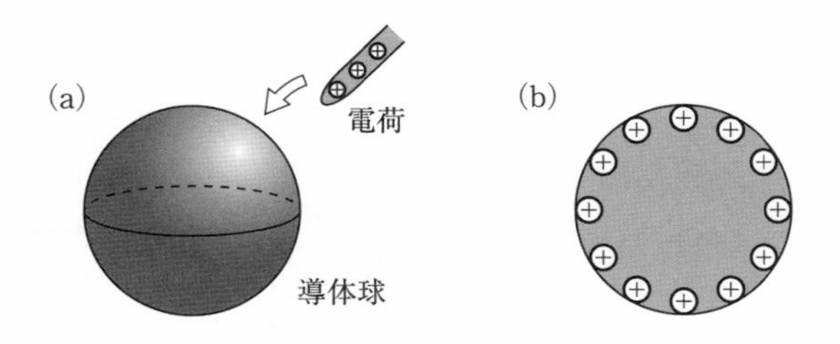

図 2.5 (a) 導体球を帯電させる様子
(b) 帯電した導体球の電荷分布の模式図

2) これまで，Exercise や Training で「一様に帯電した物体」を扱ってきましたが，一様に帯電させるには物体が絶縁体（電気をほとんど通さない物体）である必要があります．

位を実際に計算してみましょう．

Exercise 2.1

電荷 Q が帯電した半径 a の導体球がつくる電場の向きと大きさ $E(r)$ を，中心からの距離 r の関数として求めなさい．また，無限遠点を基準点とした電位 $\phi(r)$ を r の関数として求めなさい．

Coaching 電荷は導体表面に蓄えられ，それによってつくられる電場は $Q>0$ のとき図 2.6（a）のように球から離れる方向を向きます．$r<a$ のとき，導体球と同じ中心をもつ半径 r の球でガウスの法則を適用すると，この球内に含まれる電荷はゼロなので，

$$E(r)\times 4\pi r^2 = 0 \quad \Leftrightarrow \quad E(r) = 0 \tag{2.1}$$

となり，導体球内で電場はゼロとなります．

一方，$r>a$ のとき，半径 r の球内に含まれる電荷は Q なので，

$$E(r)\times 4\pi r^2 = \frac{Q}{\varepsilon_0} \quad \Leftrightarrow \quad E(r) = \frac{Q}{4\pi\varepsilon_0 r^2} \tag{2.2}$$

となり，(2.1) と (2.2) をグラフにすると，図 2.6（b）のようになります．

電場の大きさは，電位が最も変化する方向（距離 r を変化させる方向）での電位の変化率から求められるので，

$$E(r) = -\frac{d\phi}{dr} \quad \Rightarrow \quad \frac{d\phi}{dr} = -E(r) \tag{2.3}$$

となります（1.7.5 項を参照）．そして，無限遠点を基準点として，(2.3) を ∞ から

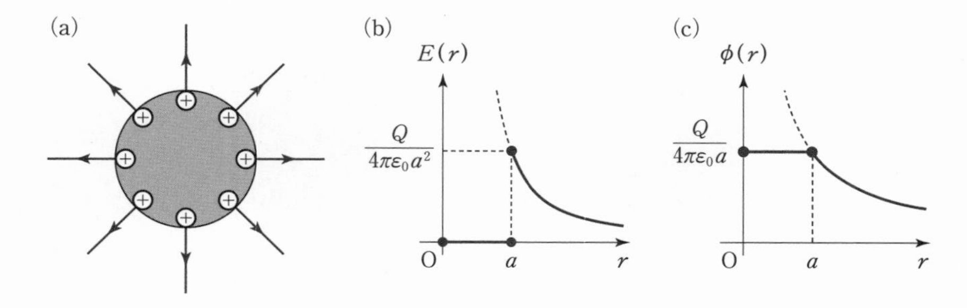

図 2.6　(a)　帯電した導体球のつくる電場（$Q>0$ と仮定）
(b)　電場 E の距離依存性
(c)　電位 ϕ の距離依存性

r まで積分すれば電位を求めることができます.

$$\phi(r) - \phi(r = \infty) = -\int_{\infty}^{r} E(r')\,dr' \tag{2.4}$$

いま, 無限遠点を基準点としているので $\phi(r = \infty) = 0$ であり, これを使うと, $r > a$ では,

$$\begin{aligned}\phi(r) &= -\int_{\infty}^{r} \frac{Q}{4\pi\varepsilon_0 r'^2}\,dr' = \left[\frac{Q}{4\pi\varepsilon_0 r'}\right]_{\infty}^{r} \\ &= \frac{Q}{4\pi\varepsilon_0 r}\end{aligned} \tag{2.5}$$

となります. 一方, $r < a$ のときは電場はゼロなので, 電位 ϕ は一定値をとります. そして, $r = a$ で $\phi(r)$ が連続であること[3] を用いると, $r < a$ での電位は

$$\phi(r) = \phi(a) = \frac{Q}{4\pi\varepsilon_0 a} \tag{2.6}$$

となり, これをグラフにすると図 2.6 (c) のようになります. ■

さて, 半径 a の導体球内で電位は一定なので, その電位を V とすると, (2.6) より電位 V と導体内の電荷 Q は比例関係にあることがわかります[4]. したがって, 比例係数を C_0 として $Q = C_0 V$ と表すことにすると, (2.6) から比例係数 C_0 は

$$V = \frac{Q}{4\pi\varepsilon_0 a} \quad \Rightarrow \quad Q = 4\pi\varepsilon_0 a V \quad \Rightarrow \quad C_0 = 4\pi\varepsilon_0 a \tag{2.7}$$

となります. この比例係数 C_0 は, 一般に導体の大きさや形状で決まる量であり, **自己電気容量** (**自己キャパシタンス**) といいます[5].

導体の形状が半径 a の球のときには, 自己電気容量は (2.7) のように与えられますが, 形状が変わると, 自己電気容量の計算の仕方も異なってきます.

---

3) $E(r) = -\dfrac{d\phi}{dr}$ より, $E(r)$ が発散していなければ, $\phi(r)$ は連続になります.

4) 例えば, 導体内の電荷 Q が 2 倍になると, それに比例して導体の外につくられる電場は向きが変わらず大きさが 2 倍になります (つまり, もとの電場を $\boldsymbol{E}$ とすると, $2\boldsymbol{E}$ になります). よって, 電位の定義 (1.64) から電位 V も 2 倍になります.

5) 高等学校の物理で電磁気学を学んだ読者は, 慣れ親しんでいる電気容量 (キャパシタンス) の定義と違うので戸惑うかもしれません. 高等学校で学んだ電気容量は, 後で出てくる相互電気容量という量に対応します.

▶ **導体の自己電気容量**：無限遠点を基準点とした導体の電位を V とすると，導体に蓄えられる電荷 Q は V に比例する．

$$Q = C_0 V \tag{2.8}$$

C_0 は導体の形状によって決まる定数であり，自己電気容量（自己キャパシタンス）という．自己電気容量の単位は F（ファラド）を用いる．

Training 2.1

半径 10 cm の導体球の自己電気容量を求めなさい．また，この導体に 1×10^{-6} C の電荷を帯電させたとき，導体球の電位を求めなさい．ただし，無限遠点を電位の基準点とします．

2.1.2　導体に蓄えられる静電エネルギー

導体が帯電している状態は，帯電していない状態よりも大きなエネルギーをもっています．これを**静電エネルギー**といいます．この状態を調べるために，帯電していない状態から出発して，導体を徐々に帯電させていくときに必要な外力がする仕事の総和を求めてみましょう．

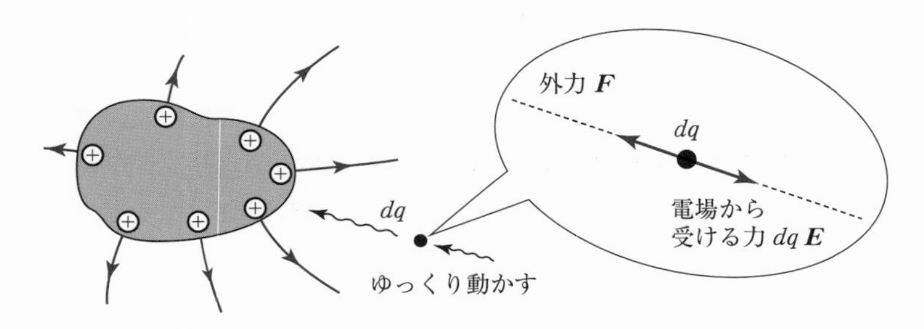

図 2.7　帯電した導体に微小電荷 dq を運ぶときに外力がする仕事

図 2.7 のように，自己電気容量 C_0 の導体球に電荷 q が帯電していたとします．このとき，導体球の電位は $V = q/C_0$ で与えられるので，微小電荷 dq を無限遠点から導体球に運んでくるのに必要な外力の仕事は，

$$dW = V\,dq = \frac{q}{C_0}\,dq \tag{2.9}$$

となります．これを繰り返して導体の電荷を $q=0$ から $q=Q$ まで増やすとき，すなわち，導体球に電荷 Q を帯電させるのに必要な外力の仕事の合計 W は，(2.9) を積分することによって求めることができて，

$$W=\int_0^Q \frac{q}{C_0}\,dq=\left[\frac{q^2}{2C_0}\right]_0^Q=\frac{Q^2}{2C_0} \tag{2.10}$$

となります．

この外力がした仕事 W が導体球の静電エネルギーとして蓄えられ，その大きさは $U=Q^2/2C_0$ で与えられます．関係式 $Q=C_0V$ を使うと，この式は $U=VQ/2=C_0V^2/2$ とも表せます．

この静電エネルギー U の計算方法は，自己電気容量さえわかっていれば，導体の形状によらずにいつでも成り立ちます．ここまでの結果をまとめておきましょう．

▶ **導体に蓄えられる静電エネルギー**：導体に蓄えられる静電エネルギー U は，導体の電荷を Q，電位を V，自己電気容量を C_0 とすると，

$$U=\frac{Q^2}{2C_0}=\frac{C_0V^2}{2}=\frac{VQ}{2} \tag{2.11}$$

で与えられる．

このように，導体に電荷が蓄えられている状態は，蓄えられていない状態に比べてエネルギーが大きい（普通とは異なる）状態にあります．そのため，手を触れるなどして電気が流れ出す経路ができると，それらを経由して地面（アース）に電気が逃げ，導体のもっていたエネルギーが解放されることになります．乾燥した冬場にドアノブを手で触れると，パチッと静電気が飛ぶのは，こうした理由があるのです．

Training 2.2

自己電気容量が 5×10^{-12} F の導体に 2×10^{-6} C の電荷を帯電させたとき，導体の電位および導体が蓄える静電エネルギーを求めなさい．

2.2 コンデンサー

1つの導体を用いてそこに電荷を蓄えようとしても，すぐに導体の電位が高くなってしまい，なかなか電荷は蓄えられません．もっと効率良く電気を蓄えるためには，導体を2つ使ったコンデンサーといわれる構造をつくる必要があります．

2.2.1 球殻コンデンサー

まず最初に，次の Exercise 2.2 に取り組んでみましょう．

Exercise 2.2

同じ中心をもつ半径 a, b $(> a)$ の2つの導体球殻（厚さが無視できる球面状の金属）を考えます．内側の半径 a の球殻に Q，外側の半径 b の球殻に $-Q$ の電荷を帯電させたときに，中心からの距離 r の関数として，電場の大きさ $E(r)$ を求めなさい．また，2つの導体の電位差 V を求めなさい．

Coaching　導体球殻と同じ中心をもつ半径 r の球を考えて，ガウスの法則を適用してみましょう．

まず $r < a$ のときには，球内に電荷がないので，$E(r) = 0$ となります．次に $a < r < b$ のときには，球内には内側の球殻のみが含まれるので，電荷 Q が含まれます．よって，ガウスの法則より

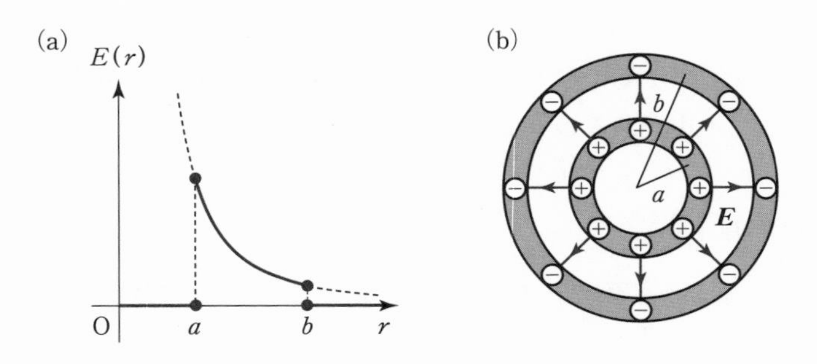

図 2.8　(a)　中心から距離 r における電場の大きさ $E(r)$
(b)　2つの帯電した導体球殻がつくる電場の様子

$$E(r) \times 4\pi r^2 = \frac{Q}{\varepsilon_0} \quad \Leftrightarrow \quad E(r) = \frac{Q}{4\pi\varepsilon_0 r^2} \tag{2.12}$$

となります．そして $b < r$ のときには，球面内の電荷の総量はゼロになるので，$E(r) = 0$ になります．

これらより，電場 $E(r)$ を r の関数としてグラフを描くと図 2.8 (a) のようになります．また，2 つの帯電した導体球殻がつくる電場の様子は図 2.8 (b) のようになります．電位差 V は，電場を積分すれば求められるので，

$$\begin{aligned} V &= \int_a^b E(r)\, dr = \int_a^b \frac{Q}{4\pi\varepsilon_0 r^2}\, dr = \left[-\frac{Q}{4\pi\varepsilon_0 r} \right]_a^b \\ &= \frac{Q}{4\pi\varepsilon_0}\left(-\frac{1}{b} + \frac{1}{a} \right) \end{aligned} \tag{2.13}$$

となります． ■

2 つの導体を並べた構造（素子）をコンデンサーといいます．Exercise 2.2 の 2 つの導体球殻から成る系もコンデンサー（球殻コンデンサー）といえます．コンデンサーを構成する 2 つの導体間に電池を接続することで，電位差（電圧ともいいます）を生じさせることができます．コンデンサーに電圧 V を加えると，2 つの導体にそれぞれ $Q, -Q$ の電荷を蓄えさせることができますが，このとき Q は V に比例し，その比例係数を C とすると $Q = CV$ と表せます．球殻コンデンサーの場合，C は (2.13) より

$$V = \frac{Q}{4\pi\varepsilon_0}\left(-\frac{1}{b} + \frac{1}{a} \right) \quad \Rightarrow \quad C = \frac{4\pi\varepsilon_0 ab}{b - a} \tag{2.14}$$

となります．

C はコンデンサーの**相互電気容量**（**相互キャパシタンス**）といい，2 つの導体の形状と位置関係によって決まります．相互電気容量は単に**電気容量**（**キャパシタンス**）ということも多く，以降，本書では電気容量ということにします．高等学校の電磁気学では平板コンデンサーしか取り扱いませんが，ここまでの例のように，コンデンサーは様々な形状をとることが可能で，形状に依存して電気容量が決まります．

2.2.2　平板コンデンサー

前項で球殻コンデンサーの例を見てきましたが，最もよく用いられるのは平板コンデンサーです．

Exercise 2.3

面積 S の 2 つの導体平板を間隔 d だけ離して配置し，それぞれ $Q, -Q$ に帯電させたときに，導体平板がつくる電場の向きと大きさを求めなさい．また，この平板コンデンサーの電気容量を求めなさい．ただし，導体平板の間隔に比べて平板の寸法は十分長く，平板の端付近の電場分布の効果は無視できるものとします．

Coaching コンデンサーの正極の平板には，単位面積当たり $\sigma = Q/S$ の電荷が蓄えられます．Exercise 1.4 で計算したように，面密度 $\sigma = Q/S$ の電荷がつくる電場の大きさは，

$$E_1 = \frac{\sigma}{2\varepsilon_0} = \frac{Q}{2\varepsilon_0 S} \tag{2.15}$$

で与えられ，Q に帯電した平板がつくる電場は図 2.9 (a) のようになります．同様にして，$-Q$ に帯電した平板がつくる電場の大きさも $E_2 = Q/2\varepsilon_0 S$ で与えられますが，電場の向きが逆転し，電場の様子は図 2.9 (b) のようになります．

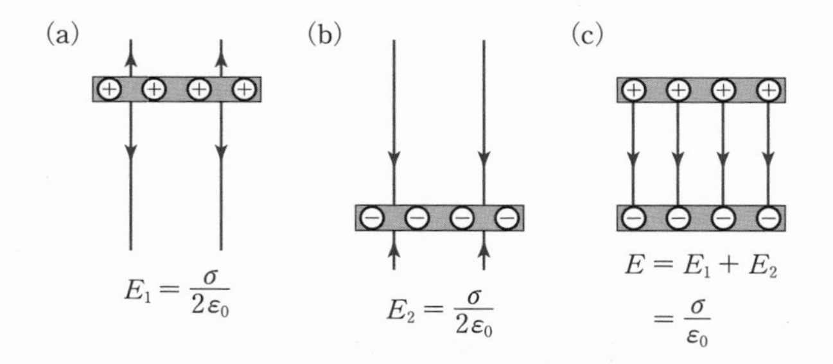

図 2.9　(a)　コンデンサーの正極がつくる電場
(b)　コンデンサーの負極がつくる電場
(c)　平板コンデンサーがつくる電場

この 2 つを足し合わせることで，平板コンデンサーがつくる電場は図 2.9 (c) のようになり，平板と平板の間にのみ，正電荷から負電荷の向きに電場

$$E = \frac{\sigma}{2\varepsilon_0 S} + \frac{\sigma}{2\varepsilon_0 S} = \frac{Q}{\varepsilon_0 S} \tag{2.16}$$

が生じることになります．

電場 $\boldsymbol{E}$ は電位の高い方から低い方に向いているので，正電荷が帯電している平板の方が電位が高いことがわかり，導体間の電位差を V とすると

$$V = Ed = \frac{d}{\varepsilon_0 S} Q \tag{2.17}$$

となります．これより，平板コンデンサーの電気容量を C とすると

$$C = \frac{Q}{V} = \varepsilon_0 \frac{S}{d} \tag{2.18}$$

となります． ■

Training 2.3

1辺が1cmの正方形の導体平板を間隔1mmで置いたときの平板コンデンサーの電気容量を求めなさい．

2.2.3 コンデンサーに蓄えられる静電エネルギー

コンデンサーが帯電しているとき，コンデンサーにはエネルギーが蓄えられています．これを**コンデンサーに蓄えられる静電エネルギー**といい，コンデンサーの電気容量さえわかっていれば簡単に求めることができます．

いま，図2.10のように，コンデンサー[6]を構成する2つの導体にそれぞれ $q, -q$ の電荷を帯電させたとしましょう．このとき，コンデンサーの電気容量を C とすると，導体間には $V = q/C$ の電位差が生じており，正に帯電した導体の方が電位が高くなります．この状態から，図2.10のように負極から正極に向けて微小電荷 dq を移動させるには，外力は仕事

$$dW = V\,dq = \frac{q}{C}\,dq \tag{2.19}$$

を行う必要があります．そして，この微小電荷の移動を，$q = 0$ の状態から

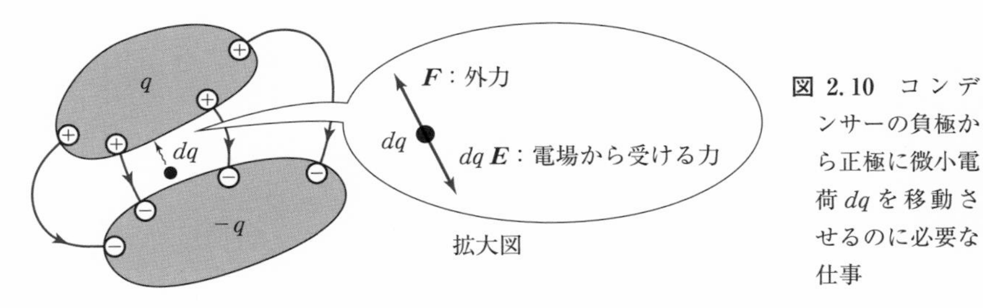

図 2.10 コンデンサーの負極から正極に微小電荷 dq を移動させるのに必要な仕事

6) コンデンサーの形状は何でも構いません．

$q = Q$ の状態になるまで繰り返したときに外力がした仕事の総和は

$$W = \int_0^Q \frac{q}{C}\,dq = \frac{Q^2}{2C} \tag{2.20}$$

となることがわかります.

これが，コンデンサーが蓄えている静電エネルギー U となります[7]. なお，$Q = CV$ の関係から，$U = CV^2/2 = QV/2$ と表すこともできます.

▶ **コンデンサーに蓄えられる静電エネルギー**：電気容量 C のコンデンサーに電圧 V を加えて電荷 Q を蓄えたとき，静電エネルギー U は，

$$U = \frac{Q^2}{2C} = \frac{CV^2}{2} = \frac{QV}{2} \tag{2.21}$$

で与えられる.

Training 2.4

1辺が1cmの正方形の導体平板2つを間隔1mmだけ離した構造をもつコンデンサーに，外部から10Vの電圧を加えたとき，コンデンサーに蓄えられる静電エネルギーを求めなさい.

面白いことに，静電エネルギーについては，全く別の見方をすることもできます. いま，図2.11に示すような面積 S，電極間距離 d の平板コンデンサーを考えてみましょう. 電気容量は(2.18)より $C = \varepsilon_0 S/d$ なので，コンデンサーに蓄えられた静電エネルギーは，

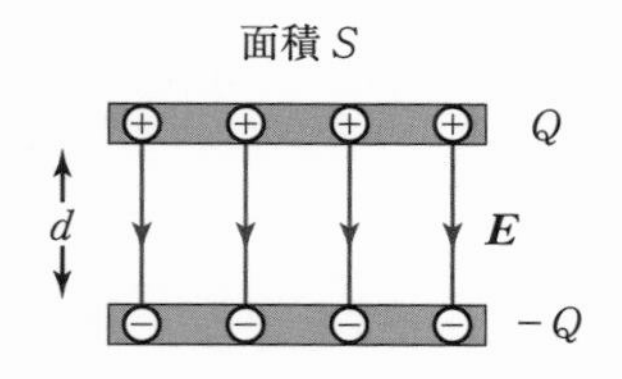

図2.11　平板コンデンサー

$$U = \frac{Q^2}{2C} = \frac{d}{2\varepsilon_0 S}Q^2 \tag{2.22}$$

となりますが，これを(2.16)で導出した，電極間につくられる電場 $E =$

7）すでに2.1.2項で，電荷 Q が帯電した1つの導体がもつ静電エネルギーを導出していますが，それとほとんど同じ形をしています. ただし，今回は2つの導体を考えており，一方に Q，他方に $-Q$ を帯電させているということが違いますので，注意してください.

$Q/\varepsilon_0 S$ によって書き直すと，$Q = \varepsilon_0 ES$ より，

$$U = \frac{d}{2\varepsilon_0 S}(\varepsilon_0 ES)^2 = \frac{\varepsilon_0 E^2}{2} Sd \tag{2.23}$$

となります．そして，Sd が電極間の空間の体積になっていることから，「電場は，単位体積当たり $\varepsilon_0 E^2/2$ のエネルギーをもつ」とみなすこともできます[8)]．

2.3 ポアソン方程式

本章では導体やコンデンサーがつくる静電場を考え，ガウスの法則を用いて電場や電位を求めてきました．そのため，「ガウスの法則があれば，静電場の計算は簡単にできる」と思っているかもしれません．ところが，話はそう簡単ではありません．ここまで扱った導体は，球や平板など対称性が高く，周りにできる電場は比較的簡単な計算によって扱うことができました．しかし，そのような対称性がない形状の導体の場合には，ガウスの法則を用いた計算は不可能になってしまいます．

そんなときに威力を発揮するのが，ガウスの法則のもう 1 つの形である**ガウスの法則の微分形**です．まず，1.6 節で導出したガウスの法則の微分形をもう一度思い出してみましょう．

$$\mathrm{div}\,\boldsymbol{E} = \frac{\rho}{\varepsilon_0} \tag{2.24}$$

ここで ρ $(= \rho(\boldsymbol{r}))$ は電荷密度で，場所によって異なる値をとって構いません．さらに，電場と電位の関係，

$$\boldsymbol{E} = -\mathrm{grad}\,\phi \tag{2.25}$$

を (2.24) の左辺に代入すると，

$$\mathrm{div}\,(-\mathrm{grad}\,\phi) = -\frac{\partial}{\partial x}(\mathrm{grad}\,\phi)_x - \frac{\partial}{\partial y}(\mathrm{grad}\,\phi)_y - \frac{\partial}{\partial z}(\mathrm{grad}\,\phi)_z$$

8) これは導体の形状によらず，一般に成り立ちますが，詳しくは本書の Web ページの補足事項を参照してください．

$$= -\frac{\partial}{\partial x}\left(\frac{\partial \phi}{\partial x}\right) - \frac{\partial}{\partial y}\left(\frac{\partial \phi}{\partial y}\right) - \frac{\partial}{\partial z}\left(\frac{\partial \phi}{\partial z}\right)$$

$$= -\frac{\partial^2 \phi}{\partial x^2} - \frac{\partial^2 \phi}{\partial y^2} - \frac{\partial^2 \phi}{\partial z^2} \tag{2.26}$$

となります．これより，電位 ϕ に対して，

$$\frac{\partial^2 \phi}{\partial x^2} + \frac{\partial^2 \phi}{\partial y^2} + \frac{\partial^2 \phi}{\partial z^2} = -\frac{\rho}{\varepsilon_0} \tag{2.27}$$

が成り立つことがわかります．これを**ポアソン方程式**といいます[9]．

ここで，2階の偏微分をまとめて表す記号として，

$$\nabla^2 = \frac{\partial^2}{\partial x^2} + \frac{\partial^2}{\partial y^2} + \frac{\partial^2}{\partial z^2} \tag{2.28}$$

を導入しておきましょう．∇ はすでに A.2.5 項で紹介したナブラ記号で，∇^2 は形式的にナブラ記号同士で内積をとったものだと考えます[10]．

$$\nabla^2 = \nabla \cdot \nabla = \begin{pmatrix} \dfrac{\partial}{\partial x} \\ \dfrac{\partial}{\partial y} \\ \dfrac{\partial}{\partial z} \end{pmatrix} \cdot \begin{pmatrix} \dfrac{\partial}{\partial x} \\ \dfrac{\partial}{\partial y} \\ \dfrac{\partial}{\partial z} \end{pmatrix} = \frac{\partial^2}{\partial x^2} + \frac{\partial^2}{\partial y^2} + \frac{\partial^2}{\partial z^2} \tag{2.29}$$

このナブラ記号を使うと，ポアソン方程式は次のようにまとめることができます．

▶ **ポアソン方程式**：電荷密度 $\rho(\boldsymbol{r})$ が与えられたとき，それによってつくられる電位 $\phi(\boldsymbol{r})$ は，ポアソン方程式

$$\nabla^2 \phi = -\frac{\rho}{\varepsilon_0} \tag{2.30}$$

に従う．

9）ポアソン（Poisson）は，18 世紀から 19 世紀にかけて活躍した科学者の名前が由来となっていますが，フランス語で「魚」という意味もあります．つまり，ポアソン方程式は「魚さんが発見した方程式」という意味になります．

10）なお，記号 ∇^2 の代わりにラプラシアン Δ（$= \nabla^2$）が使われることもありますが，本書では ∇^2 を主に使うことにします．

ポアソン方程式は，偏微分方程式の形をしており，解析的な手法もしくは数値計算によって解くことが可能です．ということで，物体が複雑な形状をしているときに電位 ϕ や電場 $\boldsymbol{E}$（$= -\mathrm{grad}\,\phi$）を求めるには，ポアソン方程式を頑張って解けばよいのです！

ポアソン方程式に限らず，偏微分方程式を解くときには，**境界条件**が重要になります．例えば，図 2.12 のように 2 個の導体があり，各導体の電位が ϕ_1, ϕ_2 で与えられていたとしましょう．このとき，「i 番目の導体表面で電位が ϕ_i となる」という境界条件（これを**ディリクレ境界条件**といいます）のもとで，ポアソン方程式を解くことで，導体の外側の電位 $\phi(\boldsymbol{r})$ を求めることができます（これ以上の解説は偏微分方程式の知識が必要となるので，詳細は他書に譲ります）．これより電場 $\boldsymbol{E} = -\mathrm{grad}\,\phi$ が求められ，それをもとに電気力線を描くことができます．

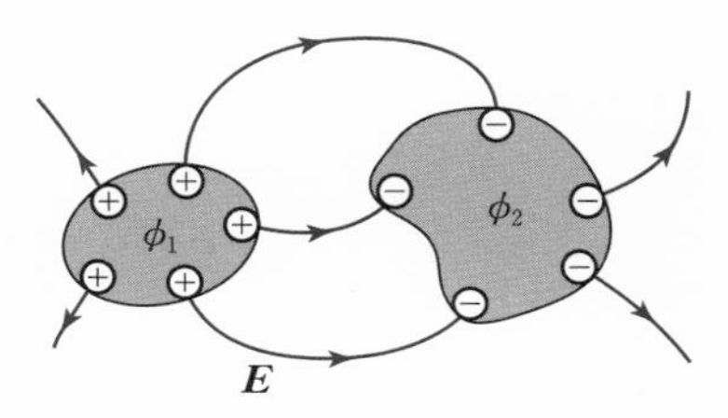

図 2.12 電位が与えられた 2 個の導体

Coffee Break

雷の物理

ファインマン物理学というテキストを大学生のときに読んだのですが，電磁気学の巻の 1 章分が，まるまる雷の物理に当てられていたことをいまでも鮮明に覚えています．このテキストが書かれた当時（1960 年代）に比べて，いまでは雷の理解が大きく進みました．

雷は，雷雲の中に含まれる氷の粒が帯電することで生じます．そのメカニズムは長年未解明でしたが，いまでは，上昇気流で吹き上げられる小さい氷（氷晶）と成長して落下してくる氷（みぞれ）が衝突したときに，電気を受け渡すことで帯電すると考えられています．これにより，雷雲の下面は負に帯電し，地面（導体と同様によく電気を通すと考えてよい）は静電誘導によって正に帯電するので，コンデンサーと同様に雲の下面と地面の間には強い電場が生じます．この電場が，空気の絶縁しきい値である $3 \times 10^6\,\mathrm{V/m}$ を超えると，空気分子がイオンと電子に分解してプラズマとなり，一気に電流が流れるようになります．このとき発生するジュール熱により，空気は数万度にまで熱せられ，強い光と共に空気の爆発的な膨張により激しい音も出すことになります．これが雷です．

金属でできた高い建物があると，建物の先端付近には電気が集まりやすくなり，雷が落ちやすくなります．同じ理由により，建物に雷の避雷針（金属でできた突起状の棒）を付けて地面と導線で接続しておく（アースする）と，雷は避雷針に落ちやすくなり，雷の電気を安全に地上に流すことができるようになります．一方，金属でできた建物や車の中では，金属の静電誘導によって電場が弱められるので，万一雷が落ちても中にいる人は比較的安全です．

本章のPoint

- **導体の性質**：孤立した導体の内部では電場 $\boldsymbol{E} = \boldsymbol{0}$ で，電位は一定である．導体が帯電したときには，電荷は導体表面に蓄えられる．
- **自己電気容量**：導体の（無限遠点を基準点とした）電位が V のとき，導体に蓄えられる電荷は $Q = C_0 V$ と表され（C_0：自己電気容量），導体に蓄えられる静電エネルギーは $U = \dfrac{Q^2}{2C_0} = \dfrac{C_0 V^2}{2} = \dfrac{VQ}{2}$ となる．
- **コンデンサー**：電気容量 C のコンデンサーの電極間に電圧 V を加えたとき，蓄えられる電荷は $Q = CV$，静電エネルギーは $U = \dfrac{Q^2}{2C} = \dfrac{CV^2}{2} = \dfrac{VQ}{2}$ となる．
- **ポアソン方程式**：電荷密度 $\rho(\boldsymbol{r})$ によってつくられる電位 $\phi(\boldsymbol{r})$ は，ポアソン方程式 $\nabla^2 \phi = -\dfrac{\rho}{\varepsilon_0}$ に従う．

Practice

[2. 1] 平板コンデンサーの電気容量

面積 S，電極間距離 d の平板コンデンサーの電極間に図 2.13 のように厚さ $d/2$ の平板導体を挿入したとき，コンデンサーの電気容量を求めなさい．

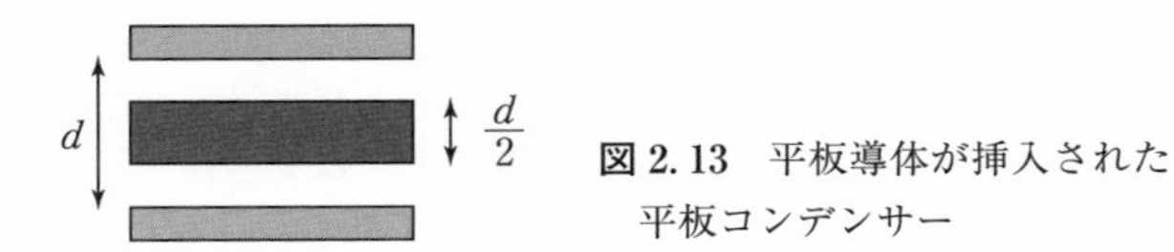

図 2.13 平板導体が挿入された平板コンデンサー

[2. 2] 中空円筒コンデンサーの電気容量

図 2.14 に示すような共通の中心軸をもつ半径 a, b，長さ l の 2 つの中空円筒状の導体から成るコンデンサーの電気容量を求めなさい．ただし，導体円筒の厚さ，および，円筒の端の電場分布の効果は無視できるものとします．（ヒント：Practice 1.3 の答えを用いてもよいです．）

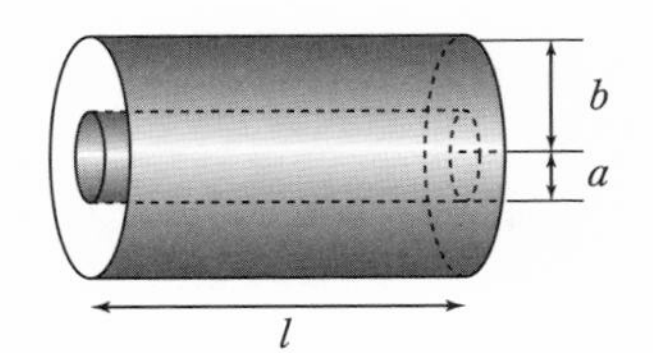

図 2.14 2 つの円筒状の導体でできたコンデンサー

[2. 3] 2 本の長い導体棒の電気容量

図 2.15 のように半径 a，長さ L（$\gg a$）の細い導体棒 2 本を距離 d（$a \ll d \ll L$）だけ離して平行に置きます．この 2 つの導体棒間の（相互）電気容量 C を求めなさい．ただし，導体棒の端における電場分布の変化は無視できるとします．また，一方の導体棒に蓄えられた電荷が他方の導体棒付近につくる電場は弱いため，他方の導体棒における電荷分布は変えないものとします（Exercise 1.3 の解答を用いて構いません）．

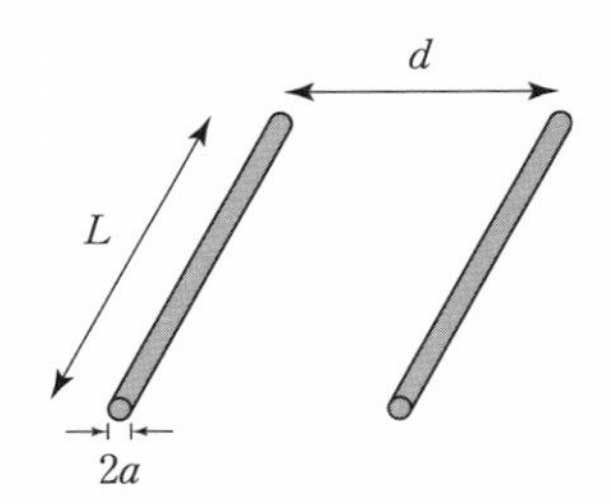

図 2.15 2 つの平行に置かれた十分長い導体棒

[2.4]　ポアソン方程式

電位が $\phi(x,y,z) = ax^2 + by^2 + cz^2$（$a,b,c$ は定数）で与えられるとき，a,b,c が満たすべき条件を求めなさい．

[2.5]　鏡 映 法

次の問いに答えなさい．

(1)　位置 $(0,0,a)$ と $(0,0,-a)$ にそれぞれ点電荷 $q,-q$ を置いたとき，$z=0$ での電位がゼロになることを示しなさい．ただし，電位は無限遠点を基準とします．

(2)　$z \leq 0$ の領域に導体が置かれており，$(0,0,a)$ に点電荷 q を置いたとき，$z \geq 0$ の領域での電場は (1) で考えた 2 つの電荷がつくる電場と同じになることが知られています．このとき，$(x,0,0)$ における電場 $\boldsymbol{E}$ の大きさを求めなさい．また，$\boldsymbol{E}$ が導体の表面 $z=0$ と常に直交することを示しなさい．

(3)　位置 $(x,0,0)$ における導体表面での電荷の面密度 σ を x の関数として求めなさい．

電　　流

本章では，導体中に一定の電流を流し続けたときの物理法則について解説します．まず，導体中の電子の運動について解説し，電流および電流密度を定義した後，電荷保存則についてまとめます．その後，電気回路に関する法則（キルヒホッフの法則）をまとめ，最後に時間変化する回路を扱います．

3.1　自由電子の運動

前章では，導体に電場を加えて十分に時間が経つと，導体表面に電荷が生じ，それ以上は電荷が移動しなくなることを述べました．しかし，外部から常に電荷が供給され続けるような状況であれば，電流を流し続けることが可能です．

例えば，図 3.1（a）のように電池と導体棒を導線によってつなぐと，導体棒に定常的に電流を流し続けることが可能です．このとき，導体棒に電池の負極から自由電子が供給され続けており，電池の正極が導体棒から自由電子を受け取り続けることで，導体棒の中を電子が停滞することなく常に動き続けることが可能となります[1)]．電池の正極は負極に比べて電位が高くなりま

1）電池の中身については，熱力学の知識が必要となるので，詳細な解説は省略します．ここでは，「電池は正極と負極の間に電位差を生じさせる何らかの装置だ」と思っておいてください．

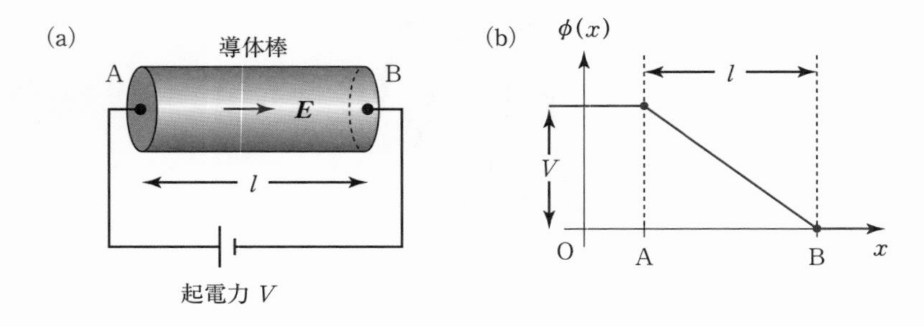

図 3.1　(a)　起電力 V の電池につながれた導体棒
(b)　導体棒の中の電位の様子

すが，正極と負極の間に生じる電位差 V のことを電池の**起電力**といいます[2)].

長さ l の導体棒の一方の端 A を電池の正極，他方の端 B を電池の負極と接続すると，この電池の起電力によって，導体棒の A 側が B 側に比べて電位が V だけ大きくなります．導体（回路）内の 2 点間の電位差のことを**電圧**ともいい，図 3.1 (a) の例では「導体棒の両端に電圧 V が加わっている」ともいいます．

導体棒が一様な材質・断面積でできているときには，導体棒の A から B に沿って座標 x をとったとき，図 3.1 (b) のように x が大きくなるに従って，電位 ϕ は一定の割合 V/l で減少します．よって，

$$\frac{\partial \phi}{\partial x} = -\frac{V}{l}, \qquad \frac{\partial \phi}{\partial y} = \frac{\partial \phi}{\partial z} = 0 \tag{3.1}$$

が得られます（x 軸と直交する y 方向と z 方向に対しては電位が一定であることも用いました）．よって，電位と電場の関係 $\boldsymbol{E} = -\mathrm{grad}\,\phi$ から，導体棒中の電場は $\boldsymbol{E} = (V/l, 0, 0)$ となります．

このように，常に電荷が供給されている状況では，2.1 節で述べた「導体内で電場 $\boldsymbol{E} = \boldsymbol{0}$」の性質が成り立たず，導体内には電場 $\boldsymbol{E}$ が生じます．

2)「電池の起電力」に「力」が含まれていますが，力学における力とは全く違います．本当は「電池の起電圧」もしくは「電池の起電位差」とでもすべきところなのですが，不幸なことに，この用語が使われ続けています．

長さ 5cm の導体棒の両端と起電力 1.5V の電池を導線で接続したとき，導体棒の内部に生じる電場の大きさを求めなさい．

この導体内に生じた電場 $\boldsymbol{E}$ により，導体中の自由電子（電荷 $-e$）は図 3.2 (a) に示すように力 $(-e)\boldsymbol{E}$ を受け，等加速度運動をするようになります．電子が受ける力 $(-e)\boldsymbol{E}$ は電場 $\boldsymbol{E}$ と向きが逆なので，電子は電場 $\boldsymbol{E}$ に対して逆向きに動き出すことに注意してください．自由電子はずっと加速し続けるわけではなく，一定の時間が経つと，固体を構成している原子の振動や不純物によって散乱され，エネルギーを失ってしまいます．その結果，電子は電場による加速と，散乱による減速を繰り返しながら動いていきます[3)]．

このとき，電子の速度は増えたり減ったりしますが，平均的には一定の速度 $\boldsymbol{v}$（**電子のドリフト速度**といいます）で動いているように見え，実験によって，電子のドリフト速度 $\boldsymbol{v}$ は電場 $\boldsymbol{E}$ に比例することが知られています（これがオームの法則に対応することを，3.6 節で解説します）．

導体中の電子の運動の様子は，図 3.2 (b) に示すように，多くの釘が打たれた板（パチンコ台を想像してください）の上を，球が転がり落ちる様子を

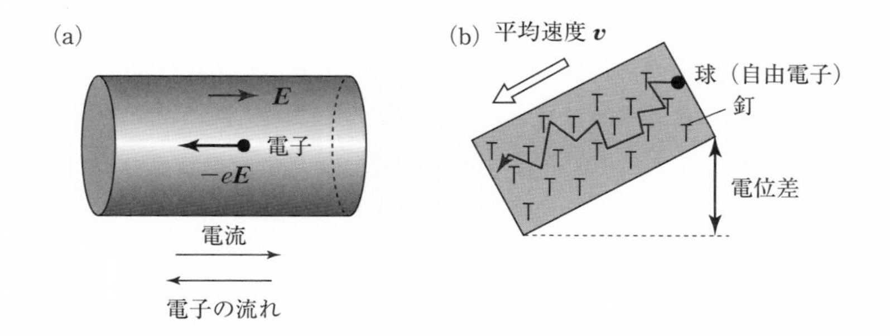

図 3.2　(a)　導体中の自由電子
(b)　電子の運動の様子

3)　導体中の電子の運動をきちんと取り扱うには，固体の性質を適切に記述しなくてはいけないのですが，それには多くの知識（特に量子力学）が必要となるので，ここでは詳しい解説は省略します．

思い浮かべると理解しやすいでしょう[4]．もし釘がなければ，球は板を下る向きに等加速度運動をします．しかし釘があると，球は釘と衝突を繰り返しながら落ちるため，加速と減速を繰り返しながらも全体として一定の平均速度 $\boldsymbol{v}$ で落ち続けるように見えます．球の平均落下速度は板の傾きに比例しますが，この板の傾きがちょうど電場 $\boldsymbol{E}$ の大きさに，導体に加える電圧 V が板の一端を持ち上げる高さに，それぞれ対応します．

3.2　電流の定義

次に，電流を定義しましょう．

▶ **電流の定義**：導体の断面を単位時間当たりに通過する電荷の量を電流 I として定義する．電流の単位は C/s もしくは A（アンペア）で表す．

電流は電気回路を考えるときの基本になる物理量です．電流の定義により，1 A の電流が 1 s 当たりに通過する電荷量は 1 A × 1 s = 1 C となります[5]．

簡単な例として，図 3.3 (a) のように断面積 S の導体棒に電圧を加えたときの電流について考えてみましょう．導体は一様な材質でできているとすると，自由電子は導体中の場所によらずドリフト速度 $\boldsymbol{v}$ で導体棒に沿って動きます．このとき，図 3.3 (b) のように導体の断面 A を単位時間当たりに通過する電子数は，断面から厚さ $v = |\boldsymbol{v}|$ の領域（体積 Sv）にある電子数を考えることで求めることができます．

いま，電子がもつ電荷を $-e$ $(e > 0)$，単位体積当たりに含まれる電子数を n とすると，単位時間当たりに断面を通過する電荷量は

$$I = enSv \tag{3.2}$$

4)　電子は負の電荷をもつので，電子の位置エネルギー $(-e)\phi$ は負極側で大きく，正極側で小さくなることに注意してください．その結果，導体の負極側から正極側へと電子は動くことになります．

5)　すでに第 1 章で，1C という電荷量（電気量）はかなり大きいものだと述べましたが，このような大きな電気が回路の中で運ばれるのです．これが可能なのは，すべての電子が同じ平均速度で移動するため，導体全体が電気的中性を保ったまま電流を流し続けられるからです．

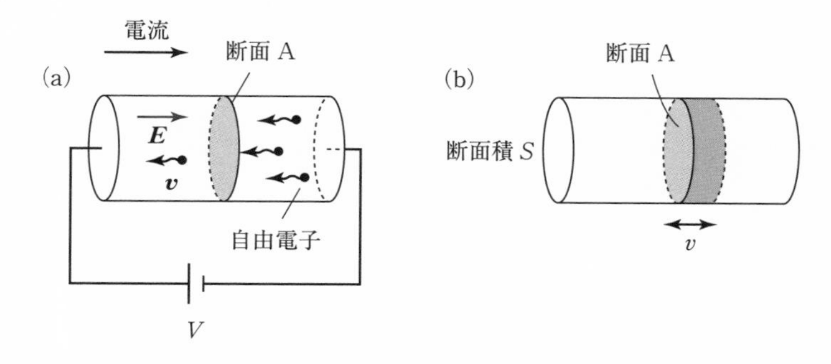

図 3.3　(a)　電圧が加えられた導体棒
(b)　単位時間当たりに断面を通過する電子数を計算するときに注目する導体の領域

となり，これが断面 A を流れる電流 I の式となります．電流 I は，電子の速さ v に比例しますが，すでに述べたように，電流の向きは自由電子の動く向きとは逆向きであることに注意してください．

Training 3.2

断面積 $1\,\mathrm{mm}^2$ の銅線に 1A の電流を流したときの導体中の自由電子の速さを求めなさい．ただし，銅の自由電子の密度は $n = 8.5 \times 10^{28}\,\mathrm{m}^{-3}$ とします．

3.3　電流密度の定義

ここまでは導体の断面の形状が一定で，場所によらず電子の速度 $\boldsymbol{v}$ は一定であるとしてきました．しかし，一般に導体の断面の形状は一定ではなく，また図 3.4 (a) のように電子の速度 $\boldsymbol{v}$ が場所によって変化しても構いません (川の流れを思い浮かべるとよいでしょう)．

このまま電子のドリフト速度を考え続けてもよいのですが，もっと便利な量として**電流密度**を定義しておきましょう．単位体積当たりに含まれる電子数を n，電子の速度ベクトルを $\boldsymbol{v}$ としたとき，電流密度は

$$\boldsymbol{j} = (-e)n\boldsymbol{v} \tag{3.3}$$

と定義されます．ここで電子の電荷 $-e$ が負であるため，電流密度 $\boldsymbol{j}$ の向き

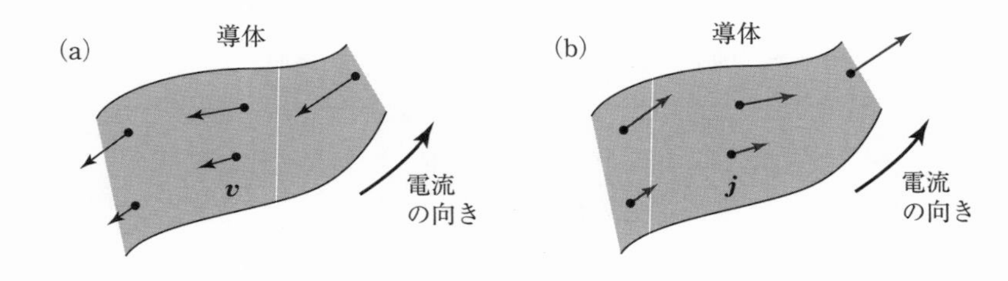

図 3.4　(a)　導体中の自由電子の速度 $\boldsymbol{v}$ の様子
(b)　導体中の電流密度 $\boldsymbol{j} = (-e)n\boldsymbol{v}$ の様子

は電子の速度 $\boldsymbol{v}$ に対して逆向きとなることに注意してください．例えば，電子の速度 $\boldsymbol{v}$ が図 3.4 (a) のように与えられたとき，電流密度 $\boldsymbol{j}$ は図 3.4 (b) のようになります．

3.4　電流密度と電流の関係

前節で述べたように，一般に導体の断面の形状は変化してもよく，材質は一様であるとは限りません．よって，導体中の位置によって電流密度 $\boldsymbol{j}$ の向きと大きさは変化します．つまり，一般に**電流密度 $\boldsymbol{j}$ はベクトル場とみなせます**．

さて，ベクトル場である電流密度 $\boldsymbol{j}$ と電流 I の間にはどのような関係が成り立つでしょうか．図 3.5 (a) のような導体の断面 A を考え，この断面 A を通過する電流を I としましょう．実はこのとき，**電流 I は電流密度 $\boldsymbol{j}$ の断面 A における面積分として与えられる**ことがわかります[6]．ここにも第 B 章で述べた面積分（B.2 節を参照）が出てくるのです！

▶ **電流密度と電流の関係**：断面 A を通過する電流 I は，電流密度 $\boldsymbol{j}$ によって，

$$I = \int_{\mathrm{A}} \boldsymbol{j} \cdot d\boldsymbol{S} \tag{3.4}$$

と表される．

6)　これは電子の運動に直接関連した量である電流密度 $\boldsymbol{j}$ の面積分なので，電場 $\boldsymbol{E}$ や磁場 $\boldsymbol{B}$ の面積分に比べて，イメージしやすいかもしれませんね．

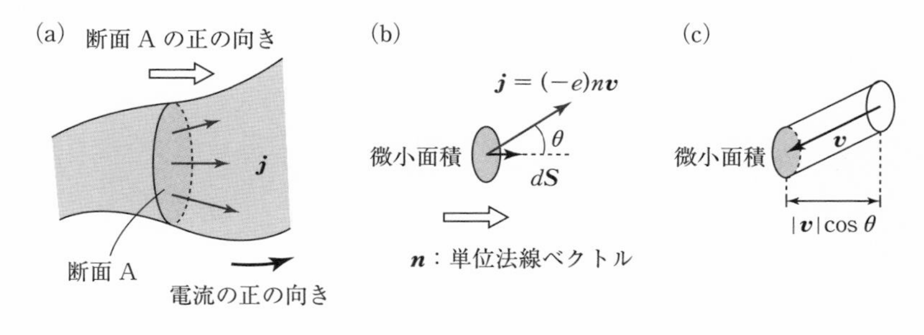

図 3.5 (a) 電流密度と電流の関係
(b) 断面 A 上の微小面積要素 dS と，そこでの電流密度 $\boldsymbol{j}$ の様子
(c) 単位時間当たりに微小面積要素 dS を通過する電子がある領域

電流の正の向きの決め方については，注意が必要です．導体の断面を A としたとき，必ず断面 A の正の向きを決めておきます（図 3.5 (a) では右向きを正にとりました）．この断面 A の正の向きに対して，同じ向きに正の電荷が移動するとき（もしくは逆向きに負の電荷が移動するとき）に，電流 I が正であるとします[7)]．

さて，本当に電流密度 $\boldsymbol{j}$ の面積分で電流 I が表せるのか，確かめてみましょう．図 3.5 (b) のように断面 A 上の微小面積要素（面積 dS）を考え，微小面積ベクトル $d\boldsymbol{S} = \boldsymbol{n}\,dS$ を定義します（$\boldsymbol{n}$ は，断面 A の正の向きを向いた微小面積要素の単位法線ベクトル）．このとき，電流密度 $\boldsymbol{j} = (-e)n\boldsymbol{v}$ と微小面積ベクトル $d\boldsymbol{S}$ の内積は，2 つのベクトルの成す角を θ として，

$$\boldsymbol{j}\cdot d\boldsymbol{S} = |\boldsymbol{j}|\,|d\boldsymbol{S}|\cos\theta \tag{3.5}$$

と表されます．

次に，この微小面積を単位時間当たりに通過する電荷量を求めてみましょう．単位時間当たりに微小面積を通過する電子は，図 3.5 (c) に示したような斜めの柱に含まれます．この斜めになった柱の体積は，底面積が $|d\boldsymbol{S}|$，高さが $|\boldsymbol{v}|\cos\theta$ であることから，$|dS|\,|\boldsymbol{v}|\cos\theta$ と与えられます．よって，この斜めの柱に含まれる電荷の絶対値は，導体の電子密度を n として，

7) 断面 A の正の向きに対して，逆向きに正の電荷が移動するとき（もしくは同じ向きに負の電荷が移動するとき）に，電流 I が負となります．

$$
\begin{aligned}
dI &= en \times |d\boldsymbol{S}|\,|\boldsymbol{v}|\cos\theta \\
&= en|\boldsymbol{v}|\,|d\boldsymbol{S}|\cos\theta \\
&= |\boldsymbol{j}|\,|d\boldsymbol{S}|\cos\theta
\end{aligned}
\tag{3.6}
$$

となります[8]（最後の等式で，$\boldsymbol{j} = (-e)n\boldsymbol{v}$ を用いました）．

この式は，(3.5) と一致するので，

$$
dI = \boldsymbol{j}\cdot d\boldsymbol{S} \tag{3.7}
$$

と表せます．これを断面 A 上で集積する（積分する）ことで

$$
I = \int_{\mathrm{A}} dI = \int_{\mathrm{A}} \boldsymbol{j}\cdot d\boldsymbol{S} \tag{3.8}
$$

となり，確かに電流密度 $\boldsymbol{j}$ を面積分したものが電流 I となることがわかります．

Training 3.3

図 3.6 のように，厚さ d の平板上の点 A に電流 I が流れ込んでいます．点 A から距離 r の位置における電流密度の大きさを求めなさい．ただし，平板は十分薄くて一様な材質でできており，流れ込んだ電流は点 A から放射状に広がっていくとします．

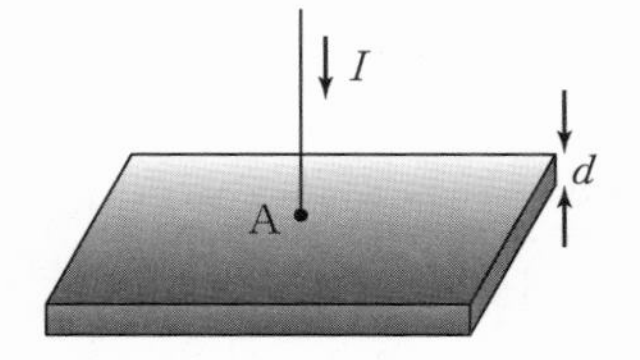

図 3.6　平板に流れ込む電流

3.5　電荷保存則

前節では，電流密度 $\boldsymbol{j} = (-e)n\boldsymbol{v}$ が自由電子の流れを記述するベクトル場であることを見てきました．ところで，電子や原子核のもつ電荷の量は変化せず，常に一定です．このことから，**電荷は何もないところから突然生じたり消滅したりしない**という性質をもっていることがわかります．これを**電荷保存則**といいますが，ベクトル場である電流密度 $\boldsymbol{j}$ の言葉で表すとどうなるでしょうか．早速，考えてみましょう．

---

8)　ここでは大きさだけを考えましたが，電流の符号についてもうまくいっています．実際，電流密度 $\boldsymbol{j}$ の向きが断面 A の正の向きと同じであるとき，電子の電荷は $-e$ であって負ですが，電子は断面 A の正の向きと逆向きに通過しています．その結果，2 つの符号が打ち消し合い，(3.6) が成り立ちます．

3.5.1 連続方程式

図 3.7 (a) のように，導体の異なる断面を A_1, A_2 とし，断面 A_1 と断面 A_2 によって囲まれる導体の領域を V とします（図 3.7 (b) 参照）．また，断面 A_1, A_2 を流れる電流をそれぞれ I_1, I_2 としましょう．このとき，領域 V に断面 A_1 を通って単位時間当たりに入ってくる電荷量は I_1，領域 V から断面 A_2 を通って単位時間当たりに出ていく電荷量は I_2 となります[9]．

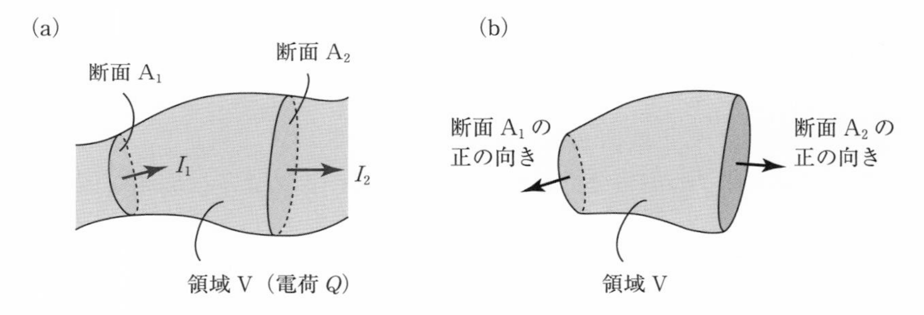

図 3.7　(a)　2 つの断面を流れる電流．矢印は電流の正の向きを表す．
(b)　領域 V でガウスの定理を適用するときの面の正の向き

電流を流し始めて十分に時間が経ったときには，$I_1 = I_2$ が成り立ちます．しかし，交流電流などのように電流が時間と共に変化するときは，$I_1 \neq I_2$ となることもありえます．仮に $I_1 > I_2$ であるとすると，単位時間当たりに領域 V に入ってくる電荷の方が，出ていく電荷よりも多くなることを意味します．このとき電荷保存則により，領域 V に含まれる電荷 Q は単位時間当たり $I_1 - I_2$ だけ増え，

$$\frac{dQ}{dt} = I_1 - I_2 \tag{3.9}$$

が成り立ちます．これを**連続方程式**といいます．

9）I_1 と I_2 は負になってもよいので，正確にいえば「断面 A_1 を通って電流が流入するときに $I_1 > 0$，断面 A_2 を通って電流が流出するときに $I_2 > 0$ となるように電流の符号を決めている」というべきですが，ここではわかりやすくするために，I_1, I_2 は共に正と仮定しています．

▶ **連続方程式**：2つの断面によって囲まれた導体の領域をVとし，領域V内の電荷をQ，領域Vに流入する電流をI_1，領域Vから流出する電流をI_2とすると，

$$\frac{dQ}{dt} = I_1 - I_2 \tag{3.10}$$

が成り立つ．

3.5.2　連続方程式の微分形

連続方程式を電流密度$\boldsymbol{j}$を使って書き直してみましょう．まず，図3.7(b)に示す断面A_1と断面A_2に囲まれた導体の領域Vに着目し，領域Vの表面で電流密度$\boldsymbol{j}$の面積分を考えてみましょう．図のように領域Vから出ていく方向を面積分の正の向きと定めることにすると，

$$\begin{aligned}\int_{\mathrm{V}\,\text{の表面}} \boldsymbol{j}\cdot d\boldsymbol{S} &= \int_{\mathrm{A}_1} \boldsymbol{j}\cdot d\boldsymbol{S} + \int_{\mathrm{A}_2} \boldsymbol{j}\cdot d\boldsymbol{S} + \int_{\mathrm{V}\,\text{の側面}} \boldsymbol{j}\cdot d\boldsymbol{S} \\ &= -I_1 + I_2 + 0\end{aligned} \tag{3.11}$$

となります．右辺第1項と第2項に対しては，3.4節で述べた電流と電流密度の関係(3.4)を用いていますが，断面A_1の正の向きは電流の正の向きと逆になるため，電流I_1の前にマイナスが付いていることに注意してください．また第3項の面積分は，領域Vの側面（導体表面）を通した電荷の出入りがなく，電流密度$\boldsymbol{j}$と面の法線が直交する（$\boldsymbol{j}\cdot d\boldsymbol{S} = 0$となる）ため，ゼロになっています．

ここで，B.5節で述べたガウスの定理を適用してみましょう．空間中の領域をVとしたとき，任意のベクトル場$\boldsymbol{A}$に対して，

$$\int_{\mathrm{V}\,\text{の表面}} \boldsymbol{A}\cdot d\boldsymbol{S} = \int_{\mathrm{V}} \mathrm{div}\,\boldsymbol{A}\,dV \tag{3.12}$$

が成り立つ，というのがガウスの定理の内容でした．いま，ベクトル場$\boldsymbol{A}$を電流密度$\boldsymbol{j}$に置き換え，(3.11)も用いると，

$$-I_1 + I_2 = \int_{\mathrm{V}\,\text{の表面}} \boldsymbol{j}\cdot d\boldsymbol{S} = \int_{\mathrm{V}} \mathrm{div}\,\boldsymbol{j}\,dV \tag{3.13}$$

が成り立ちます．

一方，ある時刻 t において領域 V に含まれる全電荷 $Q(t)$ は，導体中の位置 $\boldsymbol{r}$，時刻 t における電荷密度を $\rho(\boldsymbol{r}, t)$ として，

$$Q(t) = \int_{\mathrm{V}} \rho(\boldsymbol{r}, t)\, dV \tag{3.14}$$

のように体積積分によって表されます．ここで，電荷密度 $\rho(\boldsymbol{r}, t)$ は位置 $\boldsymbol{r} = (x, y, z)$ と時刻 t の関数になっていますが，その体積積分を実行すると時刻 t のみの関数になることに注意してください．

(3.13) と (3.14) を連続方程式 (3.10) に代入すると，

$$\frac{d}{dt}\left(\int_{\mathrm{V}} \rho(\boldsymbol{r}, t)\, dV\right) = -\int_{\mathrm{V}} \mathrm{div}\, \boldsymbol{j}(\boldsymbol{r}, t)\, dV \tag{3.15}$$

となります．(3.15) の左辺において，時間微分と体積積分の順番を交換することができますが，時間微分を積分の中に入れると，それは $\rho(\boldsymbol{r}, t)$ に作用することになります．そこで，時間に関する部分だけに作用させることを明示するために，時間微分は t の偏微分にして入れなければいけません[10]．よって，

$$\frac{d}{dt}\left(\int_{\mathrm{V}} \rho(\boldsymbol{r}, t)\, dV\right) = \int_{\mathrm{V}} \frac{\partial}{\partial t}\{\rho(\boldsymbol{r}, t)\}\, dV = \int_{\mathrm{V}} \frac{\partial \rho}{\partial t}\, dV \tag{3.16}$$

と変形できて，(3.15) は

$$\int_{\mathrm{V}} \frac{\partial \rho}{\partial t}\, dV = -\int_{\mathrm{V}} \mathrm{div}\, \boldsymbol{j}(\boldsymbol{r}, t)\, dV \quad \Rightarrow \quad \int_{\mathrm{V}} \left(\frac{\partial \rho}{\partial t} + \mathrm{div}\, \boldsymbol{j}\right) dV = 0 \tag{3.17}$$

となります．この式は任意の領域 V で成り立つので，

$$\frac{\partial \rho}{\partial t} + \mathrm{div}\, \boldsymbol{j} = 0 \tag{3.18}$$

が結論されます．

このようにして，電荷保存則から電荷密度 ρ と電流密度 $\boldsymbol{j}$ の関係式を得ることができます．これを**連続方程式の微分形**ということにしましょう．

---

10) 電荷 $Q(t)$ は時刻 t のみの関数であるため，$Q(t)$ の単位時間当たりの変化は $\dfrac{dQ}{dt}$ のように通常の微分記号で表されます．

▶ **連続方程式の微分形**：導体中の電荷密度を $\rho(\boldsymbol{r}, t)$，電流密度を $\boldsymbol{j}(\boldsymbol{r}, t)$ としたとき，

$$\frac{\partial \rho}{\partial t} + \mathrm{div}\,\boldsymbol{j} = 0 \tag{3.19}$$

が成り立つ．

3.5.3　連続方程式の微分形の意味

連続方程式の微分形がどのような意味をもっているか，考えてみましょう．いま，電流密度 $\boldsymbol{j}$ は電荷の流れを表すベクトル場なので，A.4.3 項で述べた div の直観的な意味から，div $\boldsymbol{j}$ **は「電荷の湧き出し（吸い込み）」を表す**ことになります[11]．

この視点で連続方程式の微分形を見直してみましょう．連続方程式は $\dfrac{\partial \rho}{\partial t} = -\mathrm{div}\,\boldsymbol{j}$ と書き直すことができますが，この式から

$$\begin{aligned} &\text{電流密度の湧き出しがある}\ (\mathrm{div}\,\boldsymbol{j} > 0) \\ &\Leftrightarrow\quad \text{その点で電荷密度が減少}\left(\frac{\partial \rho}{\partial t} < 0\right) \end{aligned} \tag{3.20}$$

$$\begin{aligned} &\text{電流密度の吸い込みがある}\ (\mathrm{div}\,\boldsymbol{j} < 0) \\ &\Leftrightarrow\quad \text{その点で電荷密度が増加}\left(\frac{\partial \rho}{\partial t} > 0\right) \end{aligned} \tag{3.21}$$

という対応関係があり，確かに電荷保存則を意味していることがわかります．

特に，導体に一定の電場を加えて十分に時間が経つと，電荷密度 ρ は時間によらず一定となり，$\dfrac{\partial \rho}{\partial t} = 0$ が成り立つようになります．このとき，連続方程式の微分形（3.19）から

$$\mathrm{div}\,\boldsymbol{j} = 0 \qquad \text{（定常電流に対して）} \tag{3.22}$$

が導かれます．つまり，時間によらず一定の電流が流れているとき，ベクト

11）　ベクトル場 $\boldsymbol{A}$ を光の強さだと考えると，div $\boldsymbol{A}$ は「光の湧き出し（吸い込み）」を表すことを思い出しましょう．また，電場 $\boldsymbol{E}$ に対して，div $\boldsymbol{E}$ が電場の湧き出し（吸い込み）を表していたことも思い出すとわかりやすいかもしれません．

ル場 $\boldsymbol{j}$ には湧き出しや吸い込みがないことがわかります．

連続方程式の微分形の直観的な理解をしやすくするために，$\boldsymbol{j}$ をその点での「人の流れ」，つまり，その位置における「人が移動する速度」を表していると考えてみてください．イメージとしては，混雑した遊園地に向かう人の列や，朝の通勤ラッシュを思い浮かべるとよいでしょう．人の流れ（歩行速度）はベクトル場 $\boldsymbol{j}$ によって記述されますが，もし $\mathrm{div}\,\boldsymbol{j} > 0$ となるところがあれば，そこから「人が湧き出している（注目している場所から人が出ていっている）」ことになります．このときは，注目している場所にいる人の密度 ρ が減ることになります．逆に，$\mathrm{div}\,\boldsymbol{j} < 0$ となる点があれば大変です．その場所では人が集まってくることになるので，人の密度 ρ が時間と共にどんどん増えていく，つまり，混雑が起こり始めていることになります．

3.6 オームの法則

さて，再び導体中の自由電子の運動を考えてみましょう．3.1 節で，電場 $\boldsymbol{E}$ の大きさと電子の速度 $\boldsymbol{v}$ は比例関係にあることを述べました．一方，電流密度は $\boldsymbol{j} = (-e)n\boldsymbol{v}$（$n$ は電子密度）と表されていたので，$\boldsymbol{j}$ も $\boldsymbol{E}$ に比例することがわかります．そして，電流密度の向きと電場の向きは同じなので，比例係数を σ として，$\boldsymbol{j} = \sigma\boldsymbol{E}$ が成り立つことになります．

この関係式は導体だけでなく，多くの物質において成り立ち，**オームの法則**といいます．また，物質の種類によって決まる量 σ のことを**電気伝導度**といいます．

▶ **オームの法則**：物質中の電流密度を $\boldsymbol{j}$，電場を $\boldsymbol{E}$ とすると，

$$\boldsymbol{j} = \sigma\boldsymbol{E} \tag{3.23}$$

が成り立つ．σ は電気伝導度という．

上述のオームの法則を，もっと馴染みのある形に書き換えてみましょう．

いま，図 3.8 のように断面積 S，長さ l の物質の両端に電圧 V を加えることを考えてみましょう．物質中の電場 $\boldsymbol{E}$ は，電位の高い方から低い方に向いており，その大きさは電場と電位の関係より $|\boldsymbol{E}| = V/l$ で与えられます

(3.1 節を参照)．また，電流が物質中を一様に流れているとすると，電流密度の大きさは (3.4) より $|\boldsymbol{j}| = I/S$ で与えられます．よって，オームの法則 (3.23) より，

$$|\boldsymbol{j}| = \sigma|\boldsymbol{E}| \ \Rightarrow \ \frac{I}{S} = \sigma\frac{V}{l}$$
$$\Rightarrow \ V = I\frac{l}{\sigma S} \tag{3.24}$$

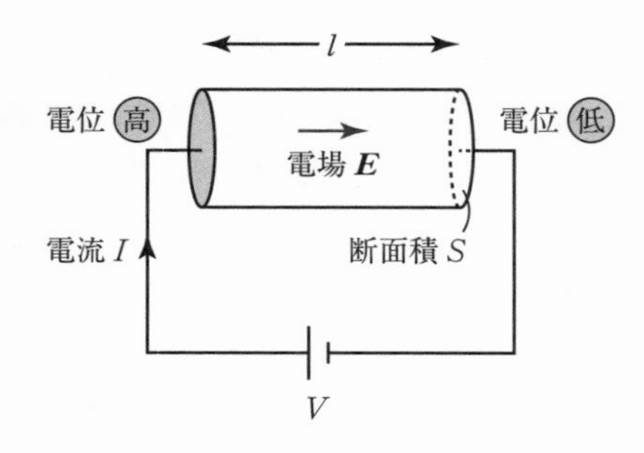

図 3.8　電圧 V を加えた導体棒

となります．これはちょうど，お馴染みのオームの法則の形

$$V = IR \tag{3.25}$$

になっていますね．ここで比例係数 R は物質の**電気抵抗**といい，導体棒の長さ l，断面積 S によって，

$$R = \frac{l}{\sigma S} = \rho\frac{l}{S} \tag{3.26}$$

と書き表され，単位は Ω（オーム）を用います．

最後の等号では，新しい物理量 $\rho = 1/\sigma$ を導入して書き直しており，電気伝導度の逆数として定義される ρ を**電気抵抗率**といいます[12)]．この式より，電気抵抗 R は導体棒の長さ l に比例し，断面積 S に反比例することがわかります．

 **Training 3.4**

銅の電気伝導度は $\sigma = 6.5 \times 10^7 \Omega^{-1}\mathrm{m}^{-1}$ で与えられます．長さ 1m，断面積 $1\mathrm{mm}^2$ の銅線の電気抵抗を求めなさい．

12)　電荷密度を表す文字 ρ とかぶっていますが，もちろん，この 2 つは異なる物理量です．本当は違う文字を使うべきですが，電気抵抗率は以後出てこないので許してください．

3.7 ジュール熱

導体中の電子が電場によって加速度運動をすると，原子や不純物と衝突しますが，このとき，電子のもっていた運動エネルギーは導体の内部エネルギー（原子の振動エネルギー）に渡され，導体の温度が上昇します．導体の内部エネルギーに渡されるエネルギー（熱）のことを**ジュール熱**といいます．ここでは，単位体積・単位時間に発生するジュール熱を計算してみましょう．

電子が電場から受ける力 $\boldsymbol{f} = (-e)\boldsymbol{E}$ が，速度 $\boldsymbol{v}$ の1つの電子に対して単位時間当たりにする仕事（仕事率）w は

$$w = \boldsymbol{f}\cdot\boldsymbol{v} = (-e)\boldsymbol{E}\cdot\boldsymbol{v} \tag{3.27}$$

と表されます[13]．また，単位体積・単位時間当たりに電場が電子の集団に対してする仕事を p とすると，物質に含まれる電子密度を n として，

$$p = nw = n(-e)\boldsymbol{E}\cdot\boldsymbol{v} = \boldsymbol{E}\cdot\boldsymbol{j} \tag{3.28}$$

と表せます．最後の等号では，電流密度の式 $\boldsymbol{j} = (-e)n\boldsymbol{v}$ を用いました（(3.3) を参照）．

電場による加速によって電子が得た運動エネルギーは，原子や不純物との衝突により原子の振動エネルギーへと渡されるので，単位体積・単位時間当たりに発生するジュール熱も p で書き表されます．さらに，(3.23) のオームの法則 $\boldsymbol{j} = \sigma\boldsymbol{E}$ を用いると，$p = \boldsymbol{E}\cdot(\sigma\boldsymbol{E}) = \sigma\boldsymbol{E}^2$ となり，ジュール熱は導体中の電場 $\boldsymbol{E}$ の大きさの2乗に比例することがわかります[14]．これを**ジュールの法則**といいます．

▶ **ジュールの法則**：電気伝導度 σ の導体に電場 $\boldsymbol{E}$ を加えたとき，単位体積・単位時間当たりに発生するジュール熱は $\sigma\boldsymbol{E}^2$ となる．

これを，より馴染みのある形に書き換えてみましょう．図3.8に示したような長さ l，断面積 S の一様な導体棒を考え，その両端に電圧 V を印加して

13）時刻 t から $t + dt$ の間の電子の変位は $d\boldsymbol{r} = \boldsymbol{v}\,dt$ となるので，その間に力 $\boldsymbol{f}$ がする仕事は $dW = \boldsymbol{f}\cdot d\boldsymbol{r} = \boldsymbol{f}\cdot\boldsymbol{v}\,dt$ となります．よって，単位時間当たりに力 $\boldsymbol{f}$ がする仕事は $w = dW/dt = \boldsymbol{f}\cdot\boldsymbol{v}$ となります．

14）$\boldsymbol{E}\cdot\boldsymbol{E} = |\boldsymbol{E}|^2$ を $\boldsymbol{E}^2$ と表記しています．

電流を流すことを考えます．このとき，電場の大きさは $|\boldsymbol{E}| = V/l$ で与えられます．さらに，導体棒全体で単位時間当たりに電場が電子にする仕事（仕事率）を P とすると，

$$P = \int_{導体棒全体} p\, dV = \int_{導体棒全体} \sigma \boldsymbol{E}^2\, dV$$

$$= \sigma \left(\frac{V}{l}\right)^2 Sl = \sigma \frac{S}{l} V^2 = \frac{V^2}{R} \tag{3.29}$$

と書き表せます．これが，導体棒全体で単位時間当たりに発生するジュール熱と等しくなります．最後の等号では，導体の電気抵抗 R が（3.26）で書き表されることを用いました．

多くの方は，ジュールの法則といえば，こちらの式を思い浮かべることが多いでしょう．さらにオームの法則 $V = IR$ を使うと，これもよく見慣れた式である $P = I^2 R$ や $P = IV$ に書き直すこともできます．

▶ **抵抗で発生するジュール熱**：抵抗 R の両端に電圧 V を印加して電流 I を流すとき，抵抗で発生する単位時間当たりのジュール熱は，

$$P = \frac{V^2}{R} = I^2 R = IV \tag{3.30}$$

と表される．単位は W（ワット）で表す．

Training 3.5

消費電力 1250 W の電子ケトルを用いて，摂氏 20 度の 1 リットルの水を沸騰させるのに必要な時間を求めなさい．ただし，1 リットルの水の温度を 1 度上昇させるのに必要なエネルギーは 4.2 kJ/kg・K であるとします．

3.8 キルヒホッフの法則

ここまで，導体を流れる電流に関して，いろいろな法則を紹介してきましたが，これらの法則は電気回路を考えるときの基礎公式を与えてくれます．まず，定常電流に対する電荷保存則を考えてみましょう．

回路中に1つの点から複数の導線に分かれている場所があったとします．例として図3.9のように，電流 I_1, I_2 が点Aに流れ込み，電流 I_3, I_4 が点Aから流れ出ているとしましょう[15)]．電流が定常的に流れているときには，点A付近の電荷は一定 $\left(\dfrac{dQ}{dt}=0\right)$ となり，3.5.1項で述べた連続方程式(3.10)より，点Aに入ってくる電流の和と出ていく電流の和は同じでなくてはならず，

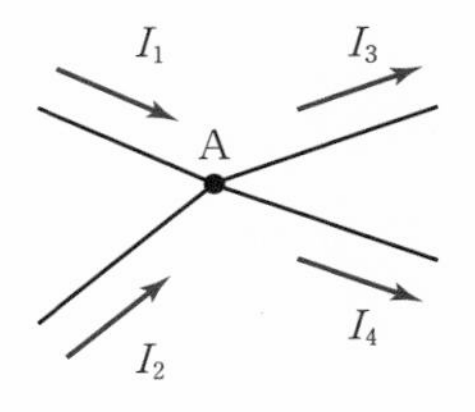

図3.9 点Aにおいて流入 (I_1, I_2)・流出 (I_3, I_4) する電流

$$I_1 + I_2 = I_3 + I_4 \tag{3.31}$$

が成り立ちます．これを**キルヒホッフの第1法則**といいます．

▶ **キルヒホッフの第1法則**：回路中の分岐点に流入する電流の総和と，そこから流出する電流の総和は等しい．

もう1つの重要な回路の法則は，回路中の電位を考えることで導くことができます．例として，図3.10(a)に示す回路 C_1 を考えてみましょう．この回路に沿って，電池の部分では電池の起電力 E によって電位が上昇し，抵抗の部分では抵抗の電圧降下によって電位が IR だけ下がります．

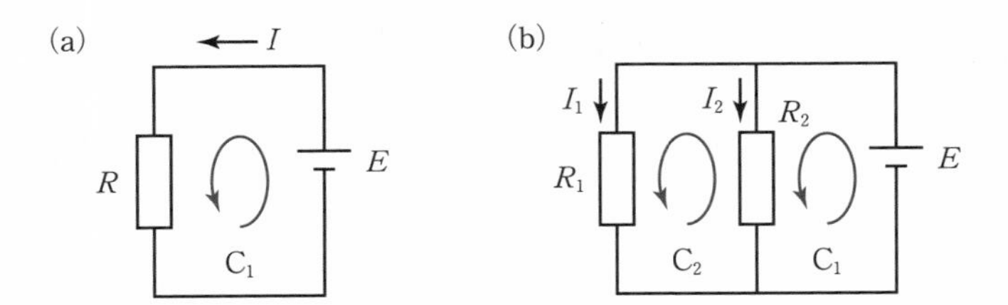

図3.10 (a) 1つの抵抗と電池から成る回路
(b) 並列接続された2つの抵抗と電池から成る回路

15) 正確には「電流の正の向きが導線によって異なる」というべきで，ここでは I_1, I_2 は点Aに流れ込むときに正，I_3, I_4 は点Aから流れ出るときに正，ととられています．電流 $I_1 \sim I_4$ は一部が負になっても大丈夫ですが，議論がややこしくなるので，ここではすべての電流が正であると仮定しました．

このように，回路を1周する間に電位は上がったり下がったりしますが，回路を1周したら必ず元の電位に戻るはずです（1.7節で，電位は「高さの概念」と述べたことを思い出しましょう）．よって，回路を1周したときに，各素子における電位差（電位の変化量）の総和はゼロになります（図3.10 (a) の例では $E - IR = 0$ となります）．これを**キルヒホッフの第2法則**といいます．

▶ **キルヒホッフの第2法則**：回路を1周したときに，各素子における電位差の総和はゼロとなる．

このことは，より複雑な回路でも成り立っています．図3.10 (b) のような回路を考えてみましょう．ここで電池の起電力を E，抵抗 R_1, R_2 を流れる電流を I_1, I_2 とします．このとき，回路 C_1 および回路 C_2 に対してキルヒホッフの第2法則を適用することができて，回路 C_1 では $E - I_2R_2 = 0$ が，経路 C_2 では $I_2R_2 - I_1R_1 = 0$ が，それぞれ得られます．

3.9　コンデンサーを含む回路

図3.11のように，コンデンサーと抵抗を直列につないだ回路を考えてみましょう．スイッチを閉じると，コンデンサーに蓄えられた電荷が放出されて回路に電流が流れます（**コンデンサーの放電**）．このときの電荷の時間変化を求めてみましょう．

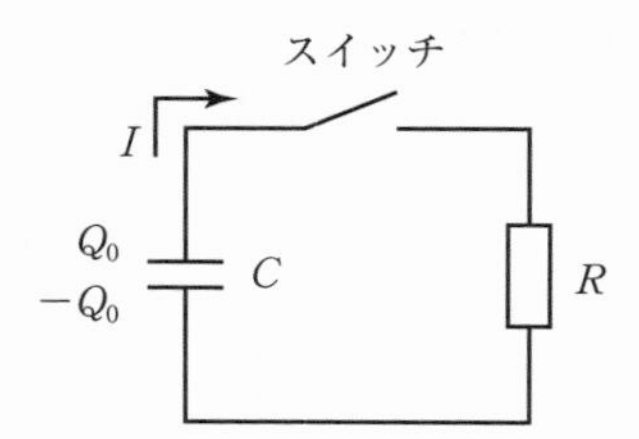

図3.11　コンデンサー，抵抗，スイッチから成る回路

Exercise 3.1

図 3.11 のように，電気容量 C のコンデンサー，電気抵抗 R，スイッチを直列に接続します．始めにスイッチは開いており，コンデンサーに電荷 Q_0 が蓄えられていたとします．時刻 $t = 0$ にスイッチを閉じた後，時刻 t におけるコンデンサーの電荷を $Q(t)$ としたとき，次の問いに答えなさい．

(1)　図 3.11 の矢印の向きを電流 $I(t)$ の正の向きと定義します．連続方程式を用いて，$Q(t)$ と $I(t)$ の間に成り立つ関係式を書きなさい．

(2)　キルヒホッフの第 2 法則を書きなさい．

(3)　(1)，(2) を用いて，$Q(t)$ に関する微分方程式を導出し，それを解きなさい．

Coaching　(1)　正極に蓄えられた電荷 $Q(t)$ は，正極から出ていく電流 $I(t)$ によって減少するので（図 3.12），3.5 節で導いた連続方程式（3.10）より，

$$\frac{dQ}{dt} = -I(t) \tag{3.32}$$

となります．

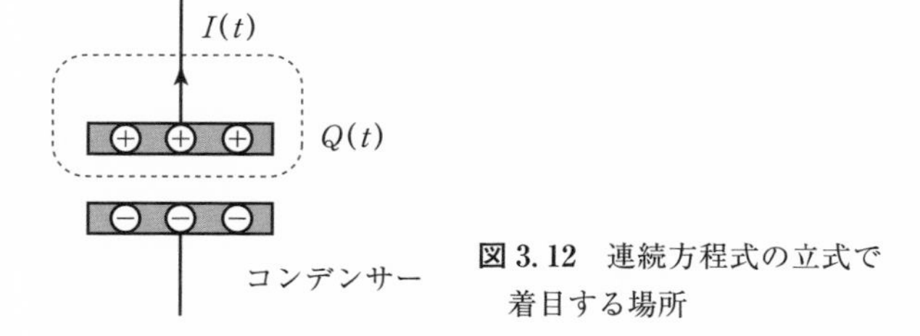

図 3.12　連続方程式の立式で着目する場所

(2)　キルヒホッフの第 2 法則より，コンデンサーの負極を基準としたときの正極の電位（= コンデンサーの両極の電位差）と，抵抗での電圧降下が等しくなるので，

$$\frac{Q(t)}{C} = I(t)R \tag{3.33}$$

が成り立ちます．

(3)　(3.33) を $I(t)$ について解き，(3.32) に代入すると，

$$\frac{dQ}{dt} = -\frac{1}{RC}Q(t) \tag{3.34}$$

が得られます．この微分方程式は変数分離型の微分方程式として，次のように解くことができます．

$$\frac{dQ}{dt} = -\frac{1}{RC}Q(t) \iff \frac{dQ}{Q} = -\frac{1}{RC}dt$$
$$\iff \int\frac{dQ}{Q} = -\frac{1}{RC}\int dt \iff \log|Q(t)| = -\frac{1}{RC}t + A'$$
$$\iff Q(t) = Ae^{-t/RC} \qquad (A = \pm e^{A'}) \tag{3.35}$$

式変形の途中で現れる A', A は積分定数で，初期条件（$t = 0$ で $Q(t) = Q_0$）から $A = Q_0$ と定まり，時刻 t におけるコンデンサーの電荷は

$$Q(t) = Q_0 e^{-t/\tau} \tag{3.36}$$

となります．ここで，$\tau = RC$ は回路の時定数という定数です．

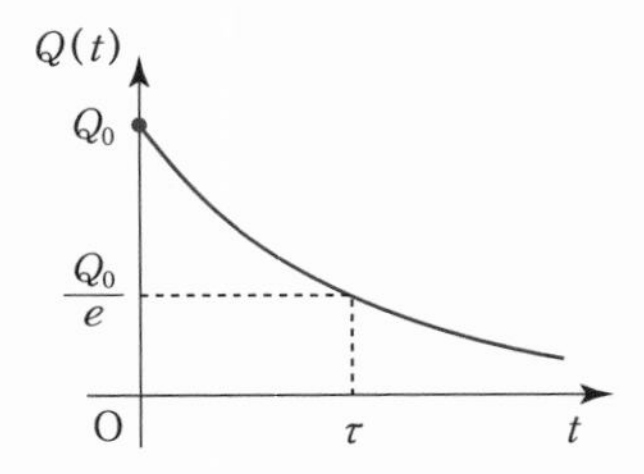

図 3.13　コンデンサーの電荷 Q の時間変化

(3.36) をグラフにすると図 3.13 のようになり，電荷は時間が経つにつれて指数関数で減少し，十分に時間が経つとコンデンサーの電荷はゼロになります．これはコンデンサーの放電現象を表しており，時定数 τ は放電にかかる大まかな時間を与えます．■

Training 3.6

電気容量 $C = 10\mu F$ のコンデンサーと電気抵抗 $R = 1 k\Omega$ の直列回路における時定数を求めなさい．

Coffee Break

誰が電子の電荷を負と決めた？

科学の発展の中で，「こうしておけば現象の記述が簡単になったのに」ということが稀に起こります．その代表例が，電子の電荷の符号でしょう．電子の電荷が負であるばっかりに，電流の向きと自由電子が動く向きが逆になってしまいました．もし人類が物理学をつくり直せるのなら，ぜひとも電子の電荷の定義を正にしてほしいものです．

電子の電荷が負になってしまった原因をつくったのは，ベンジャミン・フランクリンです．雷に向けて凧を飛ばし，雷の正体が電気の流れであることを突き止めた実験で有名ですね．雷が鳴っている最中に凧を上げる行為はとても危険で，フランクリンが命を落とさなかったことは幸運であったといわれています．

フランクリンは静電気の現象は電気の移動によって起こることを見抜いたのですが，当時（1750 年頃）は電気を担う物質がどの向きに移動するかまではわからず，フランクリンはその向きを適当に決めてしまいました．確率 1/2 の賭けだったのですが，こちらは不運にも外してしまったというわけです．19 世紀終わりに自由電子が電流を担っていることが判明したのですが，時すでに遅し，電荷の符号の定義を変えることができずに現在に至っています．

本章のPoint

- **電流の定義**：導体の断面を単位時間当たりに通過する電荷の量を電流と定義する．単位は A（アンペア）．
- **電流と電流密度の関係**：断面 A を流れる電流を I，電流密度を $\boldsymbol{j}$ とすると $I = \int_{\mathrm{A}} \boldsymbol{j} \cdot d\boldsymbol{S}$ が成り立つ．
- **連続方程式**：導体の 2 つの断面を通過する電流を I_1, I_2 とし，断面によって囲まれた領域の電荷を Q とすると，$\dfrac{dQ}{dt} = I_1 - I_2$ が成り立つ．
- **連続方程式の微分形**：電荷密度を $\rho(\boldsymbol{r}, t)$，電流密度を $\boldsymbol{j}(\boldsymbol{r}, t)$ としたとき，$\dfrac{\partial \rho}{\partial t} + \mathrm{div}\, \boldsymbol{j} = 0$ が成り立つ．
- **オームの法則とジュールの法則**：電場を $\boldsymbol{E}$ とすると，電気伝導度 σ を用いて物質中の電流密度は $\boldsymbol{j} = \sigma \boldsymbol{E}$，単位体積・単位時間当たりに発生するジュール熱は $\sigma \boldsymbol{E}^2$ となる．
- **キルヒホッフの第 1 法則**：電気回路中の分岐点に流入する電流の総和と，そこから流出する電流の総和は等しい．
- **キルヒホッフの第 2 法則**：電気回路に沿って 1 周したとき，各素子における電位差の総和はゼロとなる．

Practice

[3. 1]　導体半球の電気抵抗

図 3.14 のように同じ中心をもつ半径 a, b $(> a)$ の半球に挟まれた領域が電気伝導度 σ の導体となっており，内側の半径 a の半球表面から電流 I を流す．電流は常に半球の中心から放射状に均等に流れるとしたとき，半球面の間の電位差を求めなさい．また，この導体の電気抵抗を求めなさい．

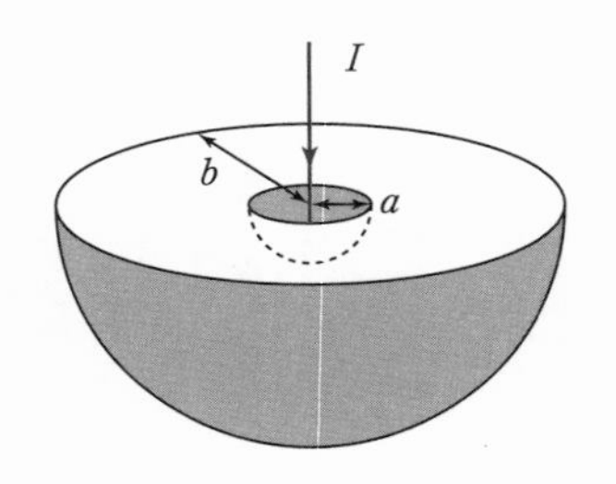

図 3.14　2 つの半球面に挟まれた形状の導体に流れる電流

[3. 2]　抵抗と電池を含む電気回路

図 3.15 のように，起電力 16V と 10V の 2 つの電池と電気抵抗から成る回路があります．2 つの電池を流れる電流を I_1, I_2 としたとき，これらを具体的に求めなさい．

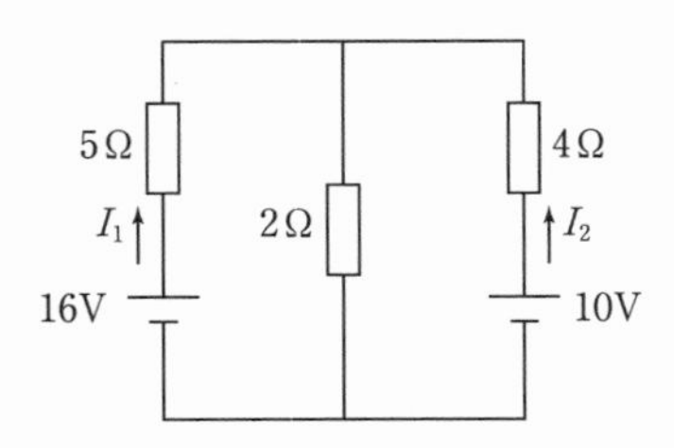

図 3.15　電池と電気抵抗を含む回路

[3. 3]　発光ダイオード

図 3.16 (a) のような電流－電圧特性をもつ発光ダイオードを考えます．発光ダイオードは，ある電圧から急激に電流が流れるので，直接電池に接続すると電流が流れ過ぎて壊れてしまいます．そのため，図 3.16 (b) のように保護抵抗 R を直列につないで発光させます．電池の起電力は 3V であるとします．

(1)　保護抵抗 R が 100Ω であったとき，発光ダイオードでの消費電力を求めなさい．

(2)　保護抵抗 R の値を 25Ω に変更したとき，発光ダイオードの消費電力は (1) の何倍になりますか．

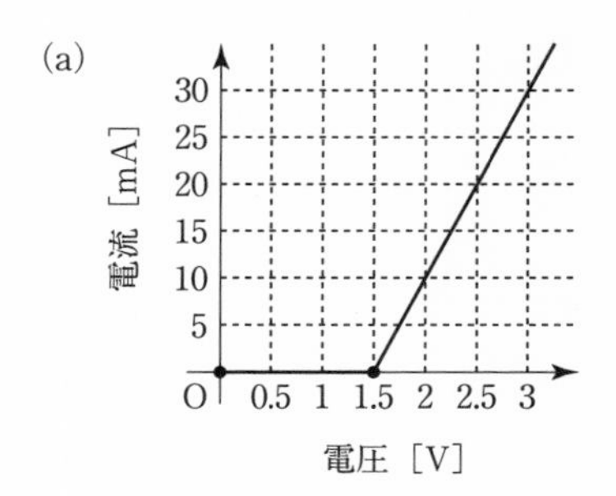

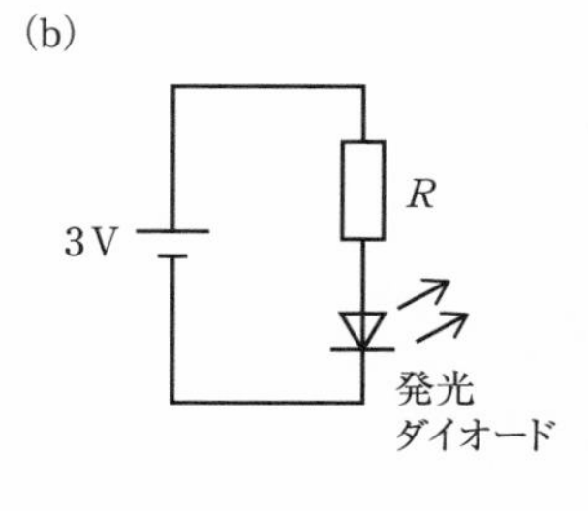

図 3.16 (a) 発光ダイオードの電流 - 電圧特性
(b) 発光ダイオードを含む回路

[3.4] コンデンサーの充電

図 3.17 のように，電気容量 C のコンデンサーと抵抗 R を直列につなげ，起電力 E の電池とスイッチに接続します．始めスイッチは開いており，コンデンサーには電荷は蓄えられていません．時刻 $t=0$ でスイッチを閉じた後，時刻 t にコンデンサーに蓄えられている電荷 $Q(t)$ を求めなさい．

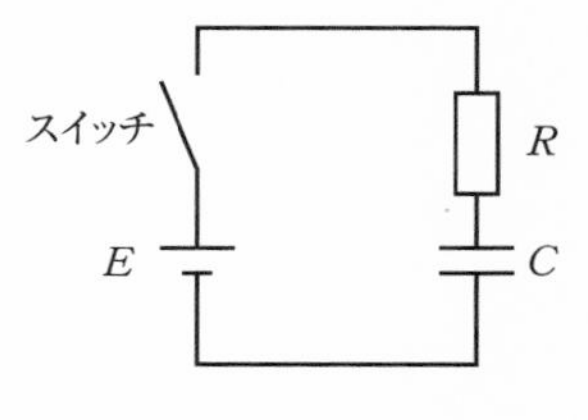

図 3.17 コンデンサーの充電

[3.5] コンデンサーの放電とエネルギー

Exercise 3.1 の回路において，スイッチを閉じてから十分に時間が経つまでの間に電気抵抗で生じるジュール熱は $\int_0^\infty \frac{V(t)^2}{R}\,dt$ と書き表されます．ここで，$V(t)$ は時刻 t における抵抗での電圧降下を表します．Exercise 3.1 の解答を用いて，このジュール熱を具体的に計算し，それが時刻 $t=0$ でコンデンサーに蓄えられていた静電エネルギーに一致することを示しなさい．

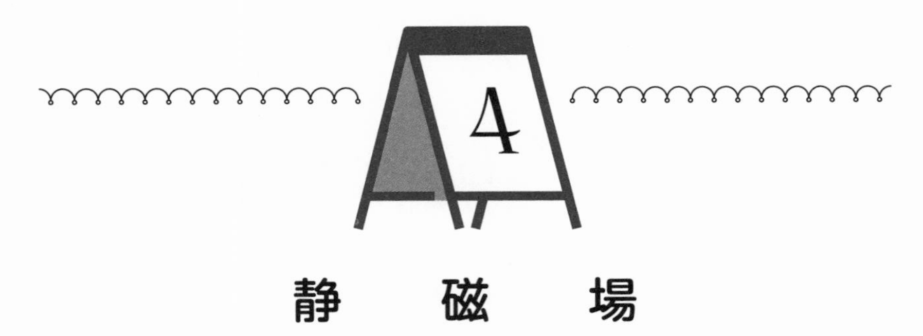

静　磁　場

本章では，定常電流（時間変化しない電流）がつくる磁場に関する法則について解説します．アンペールの法則とビオ－サバールの法則という重要な2つの法則が登場する他,「モノポールが存在しない」という，磁場の重要な性質が登場します．本章を学ぶことで，様々な形状の電流がつくる磁場を求めることができるようになります．

4.1　磁石と磁場

子供の頃に，永久磁石で遊んだことはあるでしょうか．様々なオモチャや身の回りの道具に永久磁石が使われているので，すでに磁石の性質（磁石にはN極とS極があり，同じ極は反発し合い，異なる極は引き合う）には，馴染みがあることでしょう．実は磁石は，身の回りで最もわかりやすく実感を伴いやすい**遠隔力**の例になっていて，科学の発展においても重要な役割を果たしました．磁石があったおかげで，人類に万有引力の法則やクーロンの法則が受け入れられる素地が出来上がったのです[1]．

磁石の周りの空間は，磁石から影響を受けると特殊な性質をもつようになります．例えば，図4.1（a）のように永久磁石の近くに方位磁針を置くと，置く場所に応じて方位磁針のN極が向く方向が変化します．この現象は，

1）　もし磁石がなかったら，万有引力の法則の発見はもっと遅れていたことでしょう．

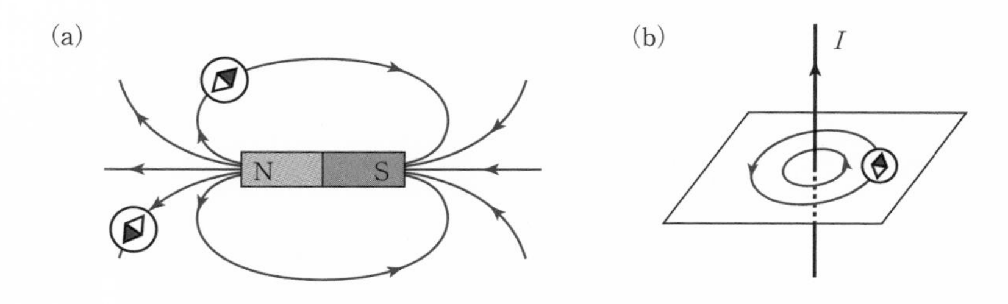

図 4.1 (a) 永久磁石がつくる磁力線
(b) コイルがつくる磁力線

「磁石の周りの空間には**磁場**が発生し，方位磁針を置くと，その場所での磁場の向きにN極が向く」と考えることができます．また，磁場の向いている向きに沿って描いた曲線を**磁力線**といいます[2)]．例えば，棒状の永久磁石がつくる磁力線は図 4.1 (a) のようになります．

このように磁石の性質は，わかりやすい形にまとめることができるのですが，それ以上の理解は歴史的になかなか進みませんでした．しかし，電池が発明され，導体に電流を流すことができるようになると，**導体に流れる電流が周りに磁場をつくること**が明らかになり，一気に理解が進みました．例えば，直線電流がつくる磁場の様子は図 4.1 (b) のようになります．

本書では，残念ながら永久磁石の物理についてはほとんど触れることができません[3)]．代わりに，導体に流れる定常電流が周りの空間につくる磁場の法則について，詳しく見ていくことにしましょう．

4.2 アンペールの法則

まず，図 4.2 のように無限に長い直線電流がつくる磁場を考えてみましょ

2) 磁石の周りに砂鉄を振りまいたときの模様によって，磁力線の様子を簡単に観察することができます．

3) 磁石を電磁気学の範囲で扱う方法は，より進んだ電磁気学のテキストで扱われています．さらに，磁石が生じる起源については，固体物理学の磁性のテキストで取り扱われます．

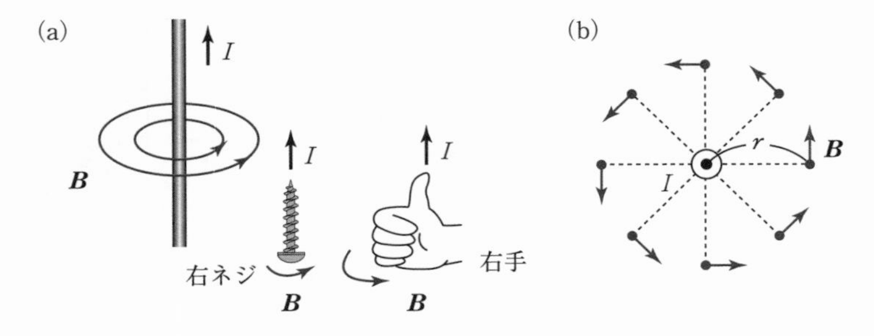

図 4.2　(a)　直線電流がつくる磁力線
(b)　直線電流が距離 r の位置につくる磁場

う[4]．直線電流がつくる磁力線（磁場の向きに沿って引いた線）は，図 4.2 (a) のように，電流に対して右ネジの法則（もしくは右手の法則）の向きに取り巻くように発生します[5]．このとき，直線電流から距離 r だけ離れた場所での磁場を $\boldsymbol{B}$ と表すと，その向きは上の方から見ると図 4.2 (b) のように与えられ，その大きさは，電流の大きさを I として

$$|\boldsymbol{B}| = \frac{\mu_0 I}{2\pi r} \tag{4.1}$$

と書き表されます．ここで，μ_0 は真空の透磁率という定数で，$\mu_0 = 1.2566 \times 10^{-6}\,\mathrm{N/A^2}$ で与えられます．また，磁場の大きさの単位はテスラ（T）です．

この他にも，ソレノイド（円筒に金属導線を巻き付けた構造をもつコイル）がつくる磁場など，高等学校の物理でいくつかの公式を学んだ方もいるかもしれませんが，それらの公式は「天下り」で与えられ，なぜその式が成り立

4)　ここで取り扱う磁場 $\boldsymbol{B}$ は，正確にいえば磁束密度という量です．磁束密度 $\boldsymbol{B}$ とは別の物理量として，磁場 $\boldsymbol{H}$ という量が定義されており，よく用いられています．ただし，本書では真空中（もしくは空気中）における電磁場のみを取り扱っており，その範囲内では，磁束密度 $\boldsymbol{B}$ と磁場 $\boldsymbol{H}$ の間には常に $\boldsymbol{B} = \mu_0 \boldsymbol{H}$（$\mu_0$ は真空の透磁率）という関係が成り立ち，単に因子 μ_0 の違いがあるに過ぎません．よって，本書では簡単のため，$\boldsymbol{B}$ を単に磁場ということにします．強磁性体などの磁性体における電磁気学を考えるときには，磁束密度 $\boldsymbol{B}$ と磁場 $\boldsymbol{H}$ の違いが非常に重要となるので，注意してください．

5)　磁場の向きにネジを回したときに，ネジが進む向きが電流の向きになります．あるいは，右手の親指を電流の向きにしたときに，他の 4 本の指が回る向きに磁場が発生します．

つのかについては詳しい説明はなされなかったと思います．しかし，数学（ベクトル場の積分）を用いることで，どのような場合であっても成り立つような「電流がつくる磁場の公式」をつくることができます．これがアンペールの法則です[6]．

早速，紹介しましょう．図 4.3 のように電流を取り囲む閉じた経路 C を考えたとき，アンペールの法則は次のようにまとめることができます．

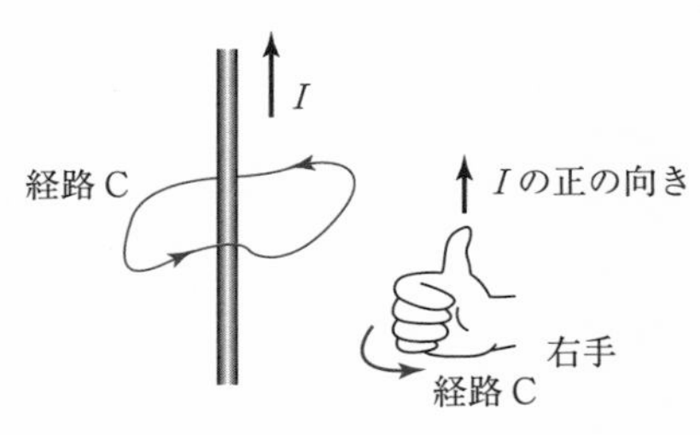

図 4.3　アンペールの法則で考える閉じた経路 C

▶ **アンペールの法則**：閉じた経路 C の内部を貫く電流を I，その電流がつくる磁場を $\boldsymbol{B}$ とすると，

$$\int_{\mathrm{C}} \boldsymbol{B} \cdot d\boldsymbol{r} = \mu_0 I \tag{4.2}$$

が成り立つ．ここで電流の正の向きは，経路 C に対して右ネジ（右手）の法則によって決まる向きにとる．

アンペールの法則を表現するには，磁場 $\boldsymbol{B}$ の周回経路 C での線積分 $\int_{\mathrm{C}} \boldsymbol{B} \cdot d\boldsymbol{r}$ が出てくるのがポイントです．図 4.2 のように磁場 $\boldsymbol{B}$ が電流の周りを回るように生じていると，この $\boldsymbol{B}$ の周回経路 C での線積分は有限な値になり，それが経路 C を貫く電流 I に比例する，というのがアンペールの法則の内容になります．まずは線積分の計算を思い出して，頭の中でイメージをつかんでみましょう．アンペールの法則は実験事実から導かれる基本的な物理法則であり，他の物理法則から導くことができないことに注意してください．

さて，経路 C を貫く電流 I の正の向きの決め方には注意が必要です．

6）　高等学校の物理でアンペールの法則を聞いたことがある方もいるかもしれませんが，実は第 B 章で述べたベクトルの線積分を学んでいないと，式を書くことすらできません．しかし，すでに皆さんはベクトル場の線積分について十分に学んでいますので，アンペールの法則をきちんと記述することができるようになっています！

図 4.3 のように経路 C を右手の 4 本の指が回る向きにとったとき，右手の親指が指す向きを電流の正の向きとします[7]．もし経路 C を貫く電流 I の正の向きを右ネジが進む方向と逆向きにとった場合には，アンペールの法則の右辺を $\mu_0(-I)$ に置き換える必要があります．

アンペールの法則は形がシンプルで美しく，この法則さえ覚えておけば，高等学校の物理で学んだ，電流がつくる磁場に関する公式を導出することができます．つまり，細々とした公式を覚える必要はなく，**アンペールの法則だけ知っていればよい**ということになります．

4.3 アンペールの法則の適用例

早速，アンペールの法則を使って，簡単な形状の電流がつくる磁場を求めてみましょう．

Exercise 4.1

無限に長い直線電流 I が，距離 r だけ離れた位置につくる磁場 $\boldsymbol{B}$ の大きさを求めなさい．ただし，磁場は図 4.2 のように直線電流を取り巻くように生じ，その向きは右ネジの法則で決まっているとします．

Coaching 図 4.4 のように直線電流を 1 周する半径 r の経路 C を考え，この経路における磁場 $\boldsymbol{B}$ の線積分を考えます．磁場 $\boldsymbol{B}$ はこの経路に沿った方向を向いていて，かつ，経路の向きと磁場の向きは同じなので，線積分は

$$\int_{\mathrm{C}} \boldsymbol{B} \cdot d\boldsymbol{r} = |\boldsymbol{B}| \times 2\pi r = 2\pi r|\boldsymbol{B}| \tag{4.3}$$

と求められます．また，経路 C を貫く電流は I であり，電流の正の向きと経路 C に対する右ネジの向きは同じになります．よって，アンペールの法則 (4.2) より，

$$2\pi r|\boldsymbol{B}| = \mu_0 I \quad \Rightarrow \quad |\boldsymbol{B}| = \frac{\mu_0 I}{2\pi r} \tag{4.4}$$

となります．

---

7)　もしくは，経路 C の向きを右ネジの巻く向きにとったときに，右ネジが進む向きを電流の正の向きとします．

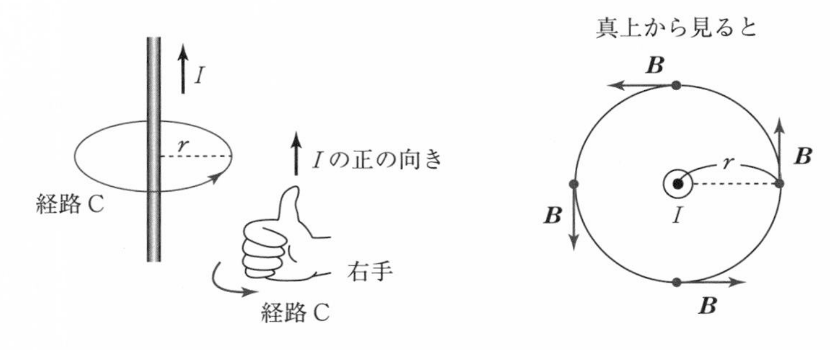

図 4.4 閉じた経路 C のとり方

Exercise 4.1 では，あらかじめ磁場の向きが与えられていましたが，これはアンペールの法則だけでは磁場の向きを決定することが少し難しいためです[8]．しばらくの間，磁場の向きがわかっているとして，アンペールの法則を使う練習をしていきましょう．なお，本章の後半で述べるビオ－サバールの法則を使えば，磁場の向きを明確に決めることができます．

Exercise 4.2

単位長さ当たりの巻数が n の十分長いソレノイドコイル（以下，ソレノイド）に電流 I を流すと，ソレノイド内部の軸方向に一様な磁場 $\boldsymbol{B}$ が生じます．この磁場の大きさを求めなさい．ただし，ソレノイドの外部にはこの磁場が生じないものとし，ソレノイドの端での磁場分布の効果は無視できるものとします．

Coaching 図 4.5 (b) のような長方形 PQRS の経路 C で磁場 $\boldsymbol{B}$ の線積分を考えてみましょう．経路の上辺 QR と下辺 SP では磁場と経路の向きが直交しているので，線積分はゼロとなります．また，ソレノイドの外部でも磁場はゼロとなるため，経路 C の左辺 RS の線積分はゼロになります．よって，経路 C の右辺 PQ のみが線積分に寄与し，経路の向きと $\boldsymbol{B}$ が平行であるため

$$\int_{\mathrm{C}} \boldsymbol{B} \cdot d\boldsymbol{r} = Bh \tag{4.5}$$

となります．

8) 本書の Web ページの補足事項も参照してください．

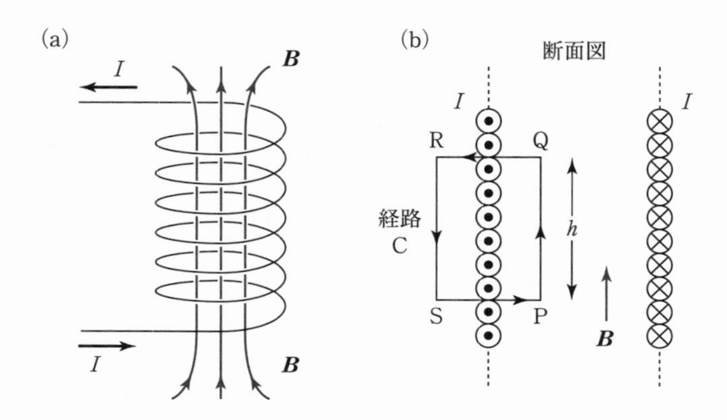

図 4.5 (a) ソレノイドコイルがつくる磁力線
(b) ソレノイド内部の磁場を求めるためにとった経路 C

一方，経路 C を貫く導線の数は nh で与えられるので，経路 C を貫く電流は nhI となります．よって，アンペールの法則より，

$$Bh = \mu_0 nhI \quad \Rightarrow \quad B = \mu_0 nI \tag{4.6}$$

が得られます．■

ソレノイドの外側に磁場が生じないことをどうやって示すのか，気になった方がいるかもしれません．これもアンペールの法則から完全に決めることは少し難しいので[9)]，後でビオ－サバールの法則を使って確かめることにしましょう．

Exercise 4.3

図 4.6 のように，xy 平面に平行で，十分広くて厚さの無視できる導体平板が置かれています．$+y$ 方向に一様に電流を流したときに，平板から z 方向に距離 a だけ離れた位置における磁場の大きさを求めなさい．ただし，x 方向の単位長さ当たりの電流の大きさを J とし，距離 a の位置での磁場の大きさは平板の上側と下側で等しく，磁場の向きは平板の上側で $+x$ 方向，平板の下側で $-x$ 方向を向いているとします．

9) 本書の Web ページの補足事項も参照してください．

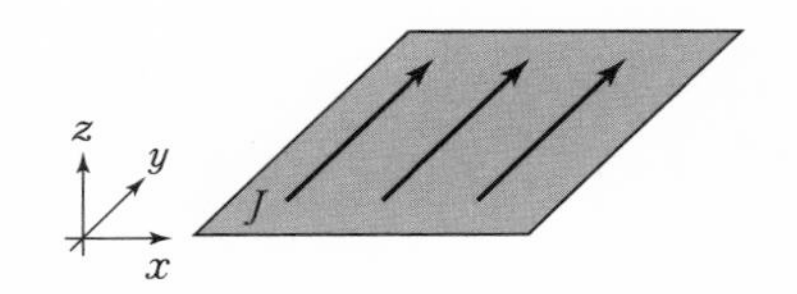

図 4.6　十分広い導体平板を一様に流れる電流．J は単位長さ当たりの電流の大きさを表す．

Coaching　図 4.7 のような長方形 PQRS の経路 C について，磁場 $\boldsymbol{B}$ の線積分を考えます．経路の右辺 QR と左辺 SP では磁場 $\boldsymbol{B}$ の向きと経路の向きが直交しているので，磁場 $\boldsymbol{B}$ の線積分はゼロとなります．

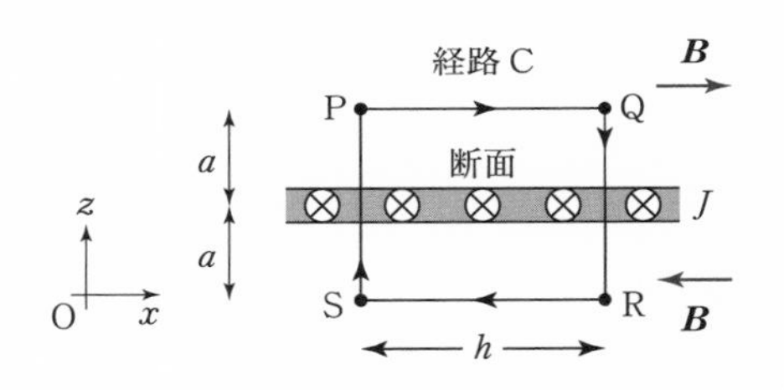

図 4.7　面電流がつくる磁場を計算するためにとった経路 C

一方，経路の上辺 PQ と下辺 RS で磁場の向きと経路の向きが同じであるため，線積分は，

$$\int_{\mathrm{C}} \boldsymbol{B}\cdot d\boldsymbol{r} = Bh + Bh = 2Bh \tag{4.7}$$

となります．経路 C を貫く電流は Jh となるので，アンペールの法則より，

$$2Bh = \mu_0 Jh \quad \Rightarrow \quad B = \frac{\mu_0 J}{2} \tag{4.8}$$

となり，磁場の大きさは平板からの距離によらなくなります．■

Training 4.1

Exercise 4.3 と同じ状況を考えます．位置 x から $x + dx$ の間にある電流 $J\,dx$ が位置 $(0, 0, a)$ につくる磁場 $d\boldsymbol{B}$ は，直線電流がつくる磁場の公式を用いることで求めることができます．これを位置 x について積分することで，十分広い面電流が位置 $(0, 0, a)$ につくる磁場を求め，Exercise 4.3 の解答と一致することを確認しなさい．

あともう 1 題，アンペールの法則に関する練習問題を解いてみましょう．

Exercise 4.4

図 4.8 のように，十分薄い半径 a の中空円筒状の導体に電流 I を流し，円筒の中心軸の周りを取り囲む向きに磁場 $\boldsymbol{B}$ が生じたとき，円筒の外側および内側での磁場 $\boldsymbol{B}$ の大きさを求めなさい．

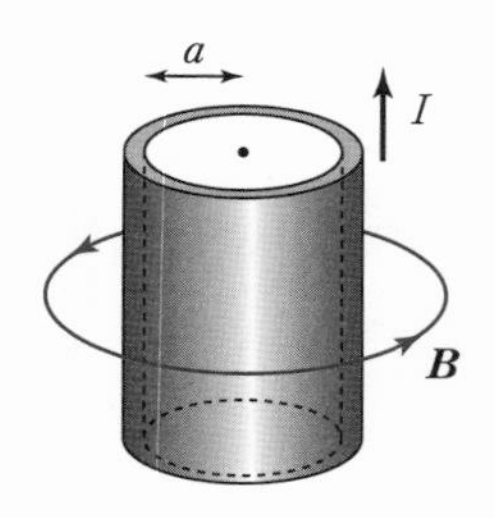

図 4.8　中空円筒を流れる電流がつくる磁力線

Coaching　図 4.9 (a) のように，円筒の内側にある中心軸を中心とした半径 r ($< a$) の円を経路 C とし，経路 C における磁場 $\boldsymbol{B}$ の線積分を考えてみます．このとき，磁場は常に経路の方向を向いているので，磁場の大きさを B として，

$$\int_{\mathrm{C}} \boldsymbol{B} \cdot d\boldsymbol{r} = B \times 2\pi r = 2\pi r B \qquad (4.9)$$

となります．経路 C を貫く電流はゼロなので，アンペールの法則より，

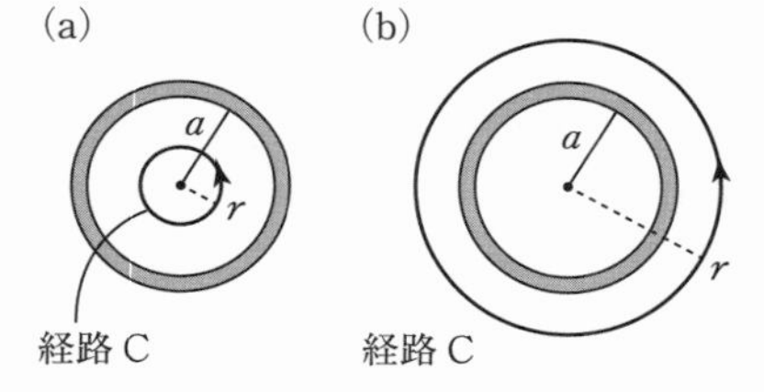

図 4.9　(a)　$r < a$ のときの経路 C
(b)　$r > a$ のときの経路 C

$$2\pi r B = 0 \quad \Rightarrow \quad B = 0 \qquad (4.10)$$

となり，円筒の内側では磁場がゼロとなることがわかります．

一方，図 4.9 (b) のように，円筒の外側で中心軸を中心とした半径 r ($> a$) の経路 C を考えると，磁場 $\boldsymbol{B}$ の線積分は (4.9)，経路 C を貫く電流は I なので，アンペールの法則より磁場は

$$2\pi r B = \mu_0 I \quad \Rightarrow \quad B = \frac{\mu_0 I}{2\pi r} \qquad (4.11)$$

となります（円筒の厚みは無視しました）．■

断面が半径 a の円となる無限に長い直線状の導体棒に電流 I を流したとき，導体棒の中心軸から距離 r の位置における磁場の大きさ B を r の関数として求めなさい．ただし，磁場の向きは右ネジの法則により，導体棒の中心軸の周りを取り巻く向きであることを用いてよく，電流は導体棒の内部を一様に流れるものとします．

4.4 ローレンツ力

次に進む前に，磁場が電荷に及ぼす影響について，簡単にまとめておきましょう．永久磁石や電流が周りの空間に磁場 $\boldsymbol{B}$ をつくりますが，ここに速度 $\boldsymbol{v}$ で運動する点電荷 q があると，点電荷は

$$\boldsymbol{F} = q\boldsymbol{v} \times \boldsymbol{B} \tag{4.12}$$

の力を受けます（× はベクトルの外積です）．そして，この (4.12) で与えられる電荷が磁場から受ける力のことを**ローレンツ力**といいます．

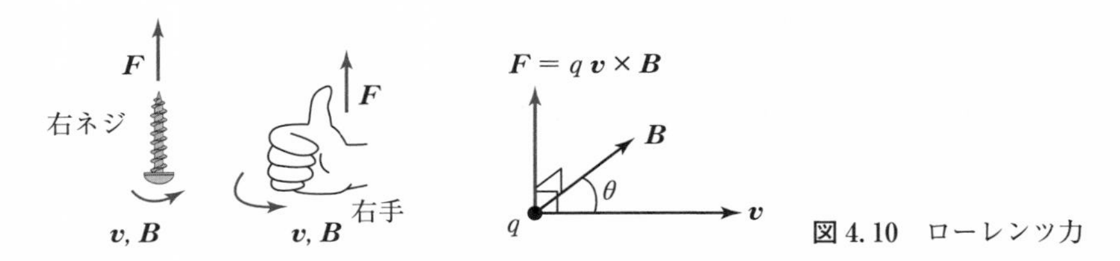

図 4.10 ローレンツ力

ベクトルの外積の性質（A.3.4 項を参照）から，ローレンツ力 $\boldsymbol{F}$ は図 4.10 のように速度 $\boldsymbol{v}$ と磁場 $\boldsymbol{B}$ の両方に直交し，右ネジの法則（もしくは右手の法則）によって決まる向きを向きます．また，大きさは $|\boldsymbol{v}||\boldsymbol{B}|\sin\theta$ となります（θ は $\boldsymbol{v}$ と $\boldsymbol{B}$ の成す角）．

▶ **ローレンツ力**：電荷 q，速度 $\boldsymbol{v}$ の粒子は，磁場 $\boldsymbol{B}$ から

$$\boldsymbol{F} = q\boldsymbol{v} \times \boldsymbol{B} \tag{4.13}$$

のローレンツ力を受ける．

Exercise 4.5

z 方向の負の向きに大きさ B の一様な磁場が生じている領域で，質量 m，電荷 q の粒子が xy 平面に平行な面内で速さ v の等速円運動（サイクロトロン運動という）を行っているとき，円運動の半径 R と単位時間当たりの回転数 f を求めなさい．

Coaching 図 4.11 のようにローレンツ力 $\boldsymbol{F} = q\boldsymbol{v} \times \boldsymbol{B}$ は常に磁場と速度の両方と直交していて，円軌道の中心方向を向いているので，運動方程式より，

$$m\frac{v^2}{R} = qvB \quad \Rightarrow \quad R = \frac{mv}{qB} \tag{4.14}$$

となります（R をサイクロトロン半径（ラーモア半径）といいます）．また円運動の回転数は，速度を円周で割ることで得られ，

$$f = \frac{v}{2\pi R} = \frac{qB}{2\pi m} \tag{4.15}$$

と求められます（f はサイクロトロン振動数ともいいます）．

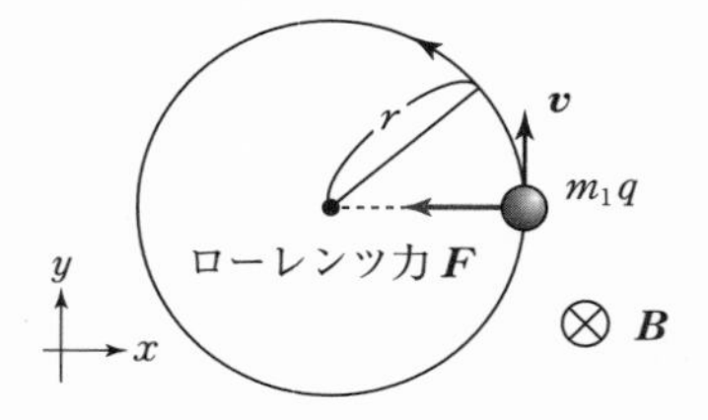

図 4.11　磁場中の荷電粒子のサイクロトロン運動（正電荷（$q > 0$）と仮定）

■

Training 4.3

Exercise 4.5 と同じ設定で粒子の速度を $\boldsymbol{v} = (v_x, v_y, 0)$ としたとき，運動方程式を直接解くことで，v_x, v_y を t の関数として求めなさい．ただし，粒子は時刻 $t = 0$ で $\boldsymbol{v} = (v_0, 0, 0)$ の速度をもつとします．さらに，時刻 $t = 0$ で粒子の速度が $\boldsymbol{v} = (v_0, 0, v_1)$ であったとき，粒子の運動はどうなるでしょうか．

4.5 電流が磁場から受ける力

第3章で，導体中を自由電子が移動することで電流が生じることを述べました．もし，導体を磁場の中に置いて電流を流すと，自由電子は電荷 $-e$ をもっているのでローレンツ力を受け，導体全体が力を受けるようになります．

いま，図4.12 (a) のように，回路が一様な磁場 $\boldsymbol{B}$ のもとに置かれていたとしましょう．電流 I の正の向きを単位方向ベクトル $\boldsymbol{n}$ ($|\boldsymbol{n}| = 1$) によって表し，注目する回路の一部の長さを l，電流の向きに沿った回路の変位ベクトルを $\boldsymbol{l} = l\boldsymbol{n}$ とします．このとき，図4.12 (b) のように，回路中の自由電子の速度が $\boldsymbol{v}$ であったとすると，1つの電子に対して

$$\boldsymbol{f} = (-e)\boldsymbol{v} \times \boldsymbol{B} = e|\boldsymbol{v}|\boldsymbol{n} \times \boldsymbol{B} \tag{4.16}$$

のローレンツ力がはたらきます（電子の速度 $\boldsymbol{v}$ の向きは電流と逆向きなので，$-\boldsymbol{n}$ で指定され，$\boldsymbol{v} = -|\boldsymbol{v}|\boldsymbol{n}$ と表せることに注意）．

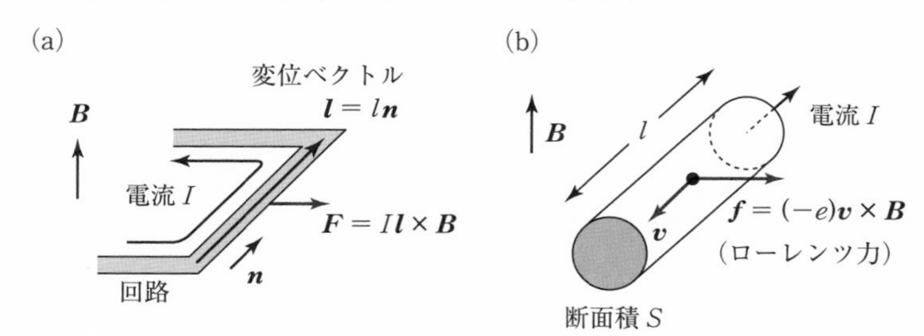

図4.12 (a) 電流が流れている回路が磁場から受ける力
(b) 導体中の自由電子にはたらくローレンツ力

したがって，回路の断面積を S，単位体積当たりの電子数を n とすると，この回路内の電子の数は nSl となるので，回路にはたらく力は，

$$\boldsymbol{F} = nSl\boldsymbol{f} = (enS|\boldsymbol{v}|l)\boldsymbol{n} \times \boldsymbol{B} = I\boldsymbol{l} \times \boldsymbol{B} \tag{4.17}$$

と求められます（3.2節で導出した $I = enS|\boldsymbol{v}|$ と $\boldsymbol{l} = l\boldsymbol{n}$ を用いました）．

▶ **電流が磁場から受ける力**：電流 I の正の向きにとった回路の変位ベクトルが $\boldsymbol{l}$ であったとき，この回路が磁場 $\boldsymbol{B}$ から受ける力は

$$\boldsymbol{F} = I\boldsymbol{l} \times \boldsymbol{B} \tag{4.18}$$

となる．

 Exercise 4.6

図4.13のように，距離 r だけ離した平行な導線1，2に電流 I_1, I_2 を流したとき，導線1，2が受ける単位長さ当たりの力の大きさを求めなさい．

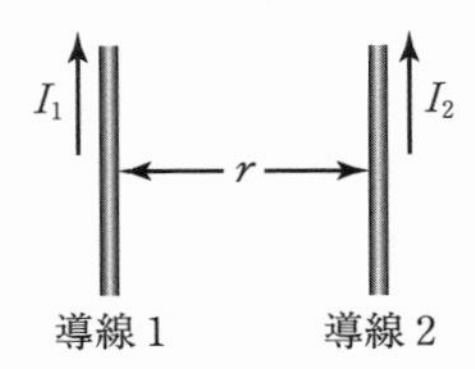

図4.13　導線1と導線2に電流を流す

Coaching　導線1に流れる電流が導線2の位置につくる磁場 $\boldsymbol{B}$ の向きは図4.14のようになり，その大きさはExercise 4.1より

$$|\boldsymbol{B}| = \frac{\mu_0 I_1}{2\pi r} \tag{4.19}$$

となります．次に，導線2の電流に沿った変位ベクトルを $\boldsymbol{l}$ としたとき，導線2にはたらく力は

$$\boldsymbol{F} = I_2 \boldsymbol{l} \times \boldsymbol{B} \tag{4.20}$$

で与えられます．$\boldsymbol{F}$ は導線1に近づく向きとなり，$\boldsymbol{B}$ と導線2は直交するので，その大きさは

$$|\boldsymbol{F}| = I_2 |\boldsymbol{l}| |\boldsymbol{B}| \sin\frac{\pi}{2} = \frac{\mu_0 I_1 I_2 l}{2\pi r} \tag{4.21}$$

となります．よって，単位長さ当たりの力の大きさは

$$\frac{|\boldsymbol{F}|}{l} = \frac{\mu_0 I_1 I_2}{2\pi r} \tag{4.22}$$

となります．

I_2　$\boldsymbol{l}$
$\boldsymbol{F} = I_1 \boldsymbol{l} \times \boldsymbol{B}$
$\boldsymbol{B}$ ⊗
導線2

図4.14　導線1が導線2につくる磁場 $\boldsymbol{B}$ と導線2が受ける力 $\boldsymbol{F}$

同様にして，導線1が導線2のつくる磁場によって受ける力を求めると，向きは導線2に近づく向きとなり，単位長さ当たりの力の大きさは（4.22）と同じになります．■

 Training 4.4

Exercise 4.6で $I_1 = I_2 = 1\,\mathrm{A}$, $r = 1\,\mathrm{m}$ としたとき，1m当たりの導線が受ける力の大きさを求めなさい．

4.6　磁場の渦なし条件

さて，アンペールの法則のような美しい法則がなぜ成り立つのか，そのカラクリについてもう少し詳しく探ってみましょう．

再び，Exercise 4.1 で扱った直線電流がつくる磁場を考えます．図 4.15 (a) のように，z 軸 ($x=y=0$) に沿って直線電流 I が流れているとき，位置 (x,y,z) は電流から距離 $r=\sqrt{x^2+y^2}$ だけ離れた位置にあるので，そこでの磁場の大きさは Exercise 4.1 の解答より

$$|\boldsymbol{B}|=\frac{\mu_0 I}{2\pi r}=\frac{\mu_0 I}{2\pi\sqrt{x^2+y^2}} \tag{4.23}$$

となります．

この磁場 $\boldsymbol{B}$ は z によらないので，簡単のため $z=0$ の平面で考えてみましょう．このとき，図 4.15 (b) のように位置 $(x,y,0)$ での磁場 $\boldsymbol{B}$ は xy 平面内を向いており，$\boldsymbol{B}=(B_x,B_y,0)$ と表せます．$\boldsymbol{B}$ と $\boldsymbol{r}=(x,y,0)$ は直交しているので，$\boldsymbol{B}$ は $(-y,x,0)$ の向きを向きます（$(x,y,0)$ と $(-y,x,0)$ は内積がゼロであることと，x,y が正であるときに $(-y,x,0)$ が右ネジの法則で決まる向きを向くことから）．

磁場の向きを表す単位方向ベクトルは，

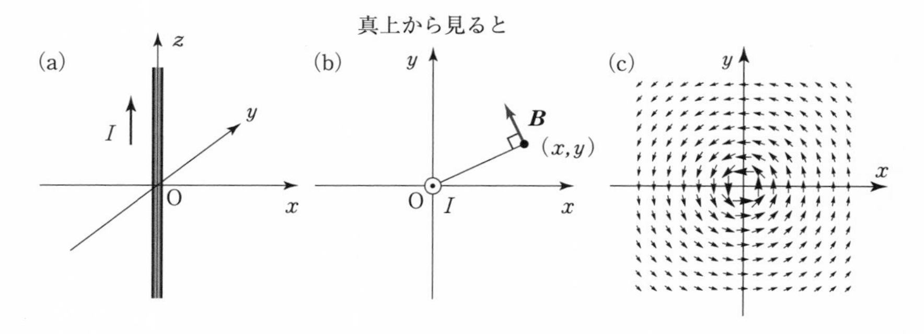

図 4.15　(a)　直線電流の配置
(b)　$z=0$ 平面上の位置 (x,y) における磁場 $\boldsymbol{B}$ の向き
(c)　ベクトル場 $\boldsymbol{B}$ の様子

$$\boldsymbol{n} = \frac{1}{\sqrt{x^2 + y^2}}\begin{pmatrix} -y \\ x \\ 0 \end{pmatrix} \tag{4.24}$$

と表されるので，磁場 $\boldsymbol{B}$ は最終的に次のように表されます．

$$\boldsymbol{B} = |\boldsymbol{B}|\boldsymbol{n} = \frac{\mu_0 I}{2\pi(x^2 + y^2)}\begin{pmatrix} -y \\ x \\ 0 \end{pmatrix} \tag{4.25}$$

この式から明らかなように，磁場 $\boldsymbol{B}$ は (x, y) の関数になっていて，位置によって向きと大きさが変わるので，**$\boldsymbol{B}$ はベクトル場とみなせます**．$\boldsymbol{B}$ をベクトル場として図示したものを図 4.15（c）に示します．

さて，(4.25) で表される磁場 $\boldsymbol{B}$ をベクトル場とみなしたとき，$\mathrm{rot}\,\boldsymbol{B}$ を計算してみましょう（実は，すでに第 A 章の Exercise A.5 の（vi）で似たようなベクトル場の rot を計算していますが，復習も兼ねてもう一度計算してみましょう）．

Exercise 4.7

(4.25) で与えられるベクトル場 $\boldsymbol{B}$ に対して，$\mathrm{rot}\,\boldsymbol{B}$ を求めなさい．ただし，$(x, y) \neq (0, 0)$ とします．

Coaching　まず，$\mathrm{rot}\,\boldsymbol{B}$ の z 成分

$$(\mathrm{rot}\,\boldsymbol{B})_z = \frac{\partial B_y}{\partial x} - \frac{\partial B_x}{\partial y} \tag{4.26}$$

を計算してみましょう．ここに現れる偏微分は，$(x, y) \neq (0, 0)$ のとき，

$$\begin{aligned} \frac{\partial B_y}{\partial x} &= \frac{\partial}{\partial x}\left\{\frac{\mu_0 I x}{2\pi(x^2 + y^2)}\right\} = \frac{\mu_0 I}{2\pi}\frac{\partial}{\partial x}\left(\frac{x}{x^2 + y^2}\right) \\ &= \frac{\mu_0 I}{2\pi}\frac{(x^2 + y^2) - x\cdot 2x}{(x^2 + y^2)^2} = \frac{\mu_0 I}{2\pi}\frac{-x^2 + y^2}{(x^2 + y^2)^2} \end{aligned} \tag{4.27}$$

$$\begin{aligned} \frac{\partial B_x}{\partial y} &= \frac{\partial}{\partial y}\left\{-\frac{\mu_0 I y}{2\pi(x^2 + y^2)}\right\} = -\frac{\mu_0 I}{2\pi}\frac{\partial}{\partial y}\left(\frac{y}{x^2 + y^2}\right) \\ &= -\frac{\mu_0 I}{2\pi}\frac{(x^2 + y^2) - y\cdot 2y}{(x^2 + y^2)^2} = \frac{\mu_0 I}{2\pi}\frac{-x^2 + y^2}{(x^2 + y^2)^2} \end{aligned} \tag{4.28}$$

となり，同じ値になるので，次のようになります．

$$(\mathrm{rot}\,\boldsymbol{B})_z = 0 \tag{4.29}$$

また，B_x, B_y は x と y のみの関数であり，$B_z = 0$ であることを用いると，

$$(\mathrm{rot}\,\boldsymbol{B})_x = \frac{\partial B_z}{\partial y} - \frac{\partial B_y}{\partial z} = 0 - 0 = 0 \tag{4.30}$$

$$(\mathrm{rot}\,\boldsymbol{B})_y = \frac{\partial B_x}{\partial z} - \frac{\partial B_z}{\partial x} = 0 - 0 = 0 \tag{4.31}$$

が得られます．よって，$\mathrm{rot}\,\boldsymbol{B} = \boldsymbol{0}$ となります．■

Exercise 4.7 の計算により，直線電流のつくる磁場 $\boldsymbol{B}$ に対して $\mathrm{rot}\,\boldsymbol{B}$ がゼロになることが確かめられました．ベクトル場 $\boldsymbol{B}$ を「水の流れ」とみなしたときに，$\mathrm{rot}\,\boldsymbol{B}$ は「その位置に水車を入れたときの回転の速さ」であること（A.4.4 項を参照）を思い出すと，**$\mathrm{rot}\,\boldsymbol{B} = \boldsymbol{0}$ は磁場 $\boldsymbol{B}$ の渦なし条件を記述している**ことになります（1.7.1 項も参照）．これから何がいえるでしょうか．

もう一度，アンペールの法則（4.2）を見直してみましょう．図 4.16（a）のように，電流を取り巻く 2 つの経路 $\mathrm{C}_1, \mathrm{C}_2$ に対して，経路を貫く電流は共に I となるので，アンペールの法則から

$$\int_{\mathrm{C}_1} \boldsymbol{B}\cdot d\boldsymbol{r} = \int_{\mathrm{C}_2} \boldsymbol{B}\cdot d\boldsymbol{r} = \mu_0 I \tag{4.32}$$

となります．つまりアンペールの法則が成り立つためには，電流を取り囲む経路がどのような形状であっても，（同じ電流を取り囲んでいる限り）磁場 $\boldsymbol{B}$ の線積分が一定値をとらないといけないことになります．この性質は，電流がつくる磁場 $\boldsymbol{B}$ が渦なし条件（$\mathrm{rot}\,\boldsymbol{B} = \boldsymbol{0}$）を満たしていることと深い関

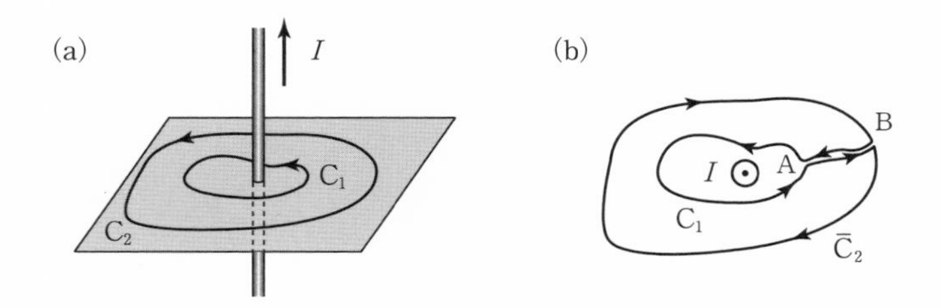

図 4.16　(a)　電流を取り巻く 2 つの経路 C_1 と C_2
(b)　経路 C_1 と C_2 を逆に辿る経路 $\overline{\mathrm{C}}_2$ を点 A と点 B でつなげて，1 つの大きな周回経路 C をつくる．

係があります．

実際に図 4.16（b）のように，経路 $\mathrm{C_1}$ と，$\mathrm{C_2}$ を逆に辿る経路 $\overline{\mathrm{C}}_2$ を曲線 AB でつなげて，1 つの大きな周回経路 C をつくってみます．そして，この経路 C 上で磁場 $\boldsymbol{B}$ の線積分を考え，そこに B.3 節で証明したストークスの定理を適用してみましょう．

$$\int_{\mathrm{C}} \boldsymbol{B}\cdot d\boldsymbol{r} = \int_{\mathrm{C}\,\text{で囲まれる面}} \mathrm{rot}\,\boldsymbol{B}\cdot d\boldsymbol{S} \tag{4.33}$$

ここで，先ほどの渦なし条件（$\mathrm{rot}\,\boldsymbol{B} = \boldsymbol{0}$）より，

$$\int_{\mathrm{C}} \boldsymbol{B}\cdot d\boldsymbol{r} = 0 \tag{4.34}$$

がいえます．

一方，経路 C の線積分は，4 つの部分（経路 $\mathrm{C_1}$，経路 A → B，経路 $\overline{\mathrm{C}}_2$，経路 B → A）の線積分の和

$$\begin{aligned}\int_{\mathrm{C}} \boldsymbol{B}\cdot d\boldsymbol{r} &= \int_{\mathrm{C_1}} \boldsymbol{B}\cdot d\boldsymbol{r} + \int_{\mathrm{A}\to\mathrm{B}} \boldsymbol{B}\cdot d\boldsymbol{r} + \int_{\overline{\mathrm{C}}_2} \boldsymbol{B}\cdot d\boldsymbol{r} + \int_{\mathrm{B}\to\mathrm{A}} \boldsymbol{B}\cdot d\boldsymbol{r}\\ &= \int_{\mathrm{C_1}} \boldsymbol{B}\cdot d\boldsymbol{r} + \int_{\mathrm{A}\to\mathrm{B}} \boldsymbol{B}\cdot d\boldsymbol{r} \underbrace{- \int_{\mathrm{C_2}} \boldsymbol{B}\cdot d\boldsymbol{r}} \underbrace{- \int_{\mathrm{A}\to\mathrm{B}} \boldsymbol{B}\cdot d\boldsymbol{r}}\\ &= \int_{\mathrm{C_1}} \boldsymbol{B}\cdot d\boldsymbol{r} - \int_{\mathrm{C_2}} \boldsymbol{B}\cdot d\boldsymbol{r}\end{aligned} \tag{4.35}$$

となります．第 2 の等号では，「経路 $\overline{\mathrm{C}}_2$ での線積分の値は，経路 $\mathrm{C_2}$ での線積分の値にマイナスを付けたものであること」と，「経路 B → A での線積分の値は，経路 A → B での線積分の値にマイナスを付けたものであること」を用いました．

（4.34）に（4.35）を代入すると，最終的に

$$\int_{\mathrm{C}} \boldsymbol{B}\cdot d\boldsymbol{r} = \int_{\mathrm{C_1}} \boldsymbol{B}\cdot d\boldsymbol{r} - \int_{\mathrm{C_2}} \boldsymbol{B}\cdot d\boldsymbol{r} = 0 \quad\Rightarrow\quad \int_{\mathrm{C_1}} \boldsymbol{B}\cdot d\boldsymbol{r} = \int_{\mathrm{C_2}} \boldsymbol{B}\cdot d\boldsymbol{r} \tag{4.36}$$

となります．つまり，アンペールの法則において，電流を取り囲む経路の形状がどのように変化しても，磁場 $\boldsymbol{B}$ の線積分は変わらないことがわかります．

しかし，1 つだけ疑問が残ります．もし磁場 $\boldsymbol{B}$ がすべての場所で $\mathrm{rot}\,\boldsymbol{B} = \boldsymbol{0}$

であったとすると，そもそも任意の経路 C で線積分 $\int_C \boldsymbol{B}\cdot d\boldsymbol{r}$ がゼロになってしまいます．ということは，rot $\boldsymbol{B}$ は，ある場所でだけゼロでない値をもっていないといけません．それは，電流のある場所 $(x, y) = (0, 0)$ です！ここで rot $\boldsymbol{B}$ の値が発散しているのです[10]．実際，磁場 $\boldsymbol{B}$ を水の流れだと考えると，図 4.15（c）に示す磁場 $\boldsymbol{B}$ の様子から，電流が流れている場所，つまり $(x, y) = (0, 0)$ に小さい水車を置いたら，猛烈な勢いで回りそうです．ということで，経路 C が電流を取り囲んでいるとき，線積分 $\int_C \boldsymbol{B}\cdot d\boldsymbol{r}$ は有限の値をとってもよい，というわけです[11]．

ここまでくると，**電流は磁場の渦（rot $\boldsymbol{B}$）をつくり出す**といえそうです．

4.7 アンペールの法則の微分形

磁場 $\boldsymbol{B}$ と電流 I の関係をより詳しく見るために，アンペールの法則（4.2）を変形していってみましょう．まず，B.3 節で述べたストークスの定理を用いて，電流 I を取り囲む磁場 $\boldsymbol{B}$ の線積分を，

$$\int_C \boldsymbol{B}\cdot d\boldsymbol{r} = \int_A \mathrm{rot}\,\boldsymbol{B}\cdot d\boldsymbol{S} \tag{4.37}$$

と変形することができます．ここで，図 4.17（a）のように経路 C によって囲まれる曲面を A としました．

また，3.4 節で述べたように，曲面 A を通って流れる電流 I は，電流密度 $\boldsymbol{j}$ の面積分（図 4.17（b）を参照）として

$$I = \int_A \boldsymbol{j}\cdot d\boldsymbol{S} \tag{4.38}$$

のように表すことができます．そして，(4.37) と (4.38) をアンペールの法則（4.2）の両辺に代入すると，

10）正確にいえば，数学的に微分が定義できない場所になっています．なお，rot $\boldsymbol{B}$ の発散は，導線の断面積を無視できるとしたときにのみ生じ，次節で示すように，導線の断面積を有限とすれば rot $\boldsymbol{B}$ は発散しなくなります．

11）図 4.16（b）の周回経路 C に対して，電流は貫いていないことに注意してください．

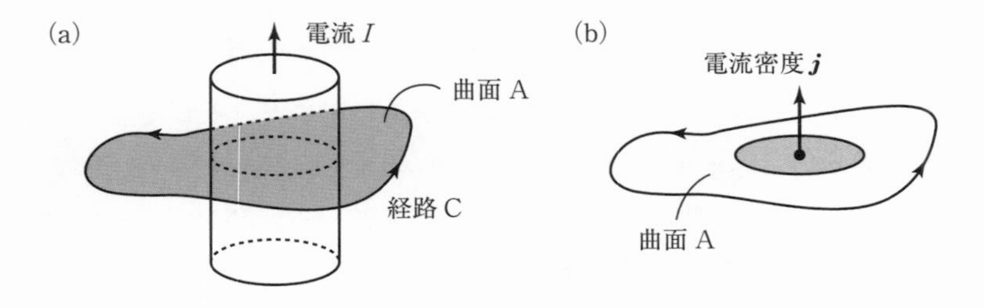

図 4.17　(a)　アンペールの法則の微分形を得るためにとられた経路 C と，経路 C に囲まれた曲面 A
(b)　曲面 A を貫く電流密度の様子

$$\int_C \boldsymbol{B}\cdot d\boldsymbol{r} = \mu_0 I \quad \Rightarrow \quad \int_A \mathrm{rot}\,\boldsymbol{B}\cdot d\boldsymbol{S} = \mu_0 \int_A \boldsymbol{j}\cdot d\boldsymbol{S} \tag{4.39}$$

となり，この式が任意の曲面 A で成り立つことから，

$$\mathrm{rot}\,\boldsymbol{B} = \mu_0 \boldsymbol{j} \tag{4.40}$$

が成り立ちます．これが**アンペールの法則の微分形**です．

▶ **アンペールの法則の微分形**：電流密度 $\boldsymbol{j}$ と磁場 $\boldsymbol{B}$ との間には

$$\mathrm{rot}\,\boldsymbol{B} = \mu_0 \boldsymbol{j} \tag{4.41}$$

の関係式が成り立つ．

まずは，この物理法則を堪能しましょう．ベクトル場 $\boldsymbol{B}$ に対して，rot $\boldsymbol{B}$ は「ベクトル場 $\boldsymbol{B}$ に小さな水車を入れたときの回転の速さ」を表しているのでした．言い換えれば，ベクトル場 $\boldsymbol{B}$ が渦となっているところで rot $\boldsymbol{B}$ が大きくなるわけですが，アンペールの法則の微分形は，まさに**電流密度 $\boldsymbol{j}$ が磁場 $\boldsymbol{B}$ の渦をつくる**といっているのです（図 4.18 (a)）．そして，この渦が寄り集まることで，電流の周りを取り囲むように磁場 $\boldsymbol{B}$ が生じる，というわけです．

具体的には，経路 C と，経路 C を境界とする曲面 A を考え，曲面 A 内の微小面積ごとに「電流密度 $\boldsymbol{j}$ が磁場 $\boldsymbol{B}$ の渦をつくる」という式（rot $\boldsymbol{B}$ = $\mu_0\boldsymbol{j}$）を，曲面 A に含まれるすべての微小面積に対して足し合わせることによって，アンペールの法則（の積分形）が出てくるのです（図 4.18 (b)）．

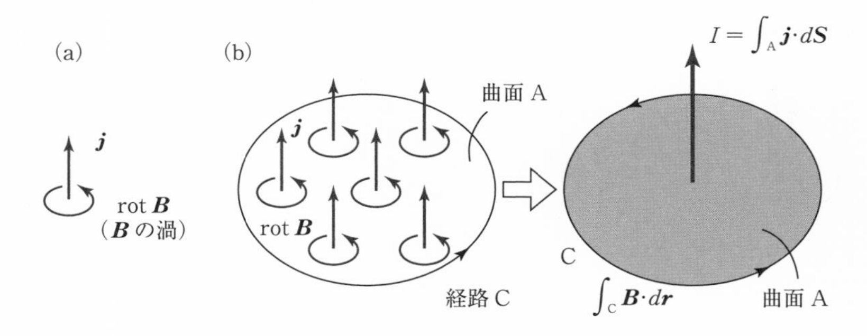

図 4.18　(a)　アンペールの法則の微分形のイメージ図
(b)　アンペールの法則における微分形と積分形の関係

ここまでくると，ベクトル場の微積分のありがたさがわかってくるでしょう．ベクトル場の「渦」の度合いを数式にすることによって初めて，いろいろな関係式を曖昧さなく記述することができるのです．言い方を変えれば，**電磁気学はベクトル場の微積分によって最も美しく表現される**，というわけです．

4.8　モノポールが存在しない条件

さて，アンペールの法則の微分形 (4.41) によって，磁場の循環 rot $\boldsymbol{B}$ が電流密度 $\boldsymbol{j}$ と関係することがわかりました．一方，磁場の発散 div $\boldsymbol{B}$ に対してはどのような法則が成り立つでしょうか．これを考えるために，いくつかの実験事実を見ていくことにしましょう．

まず図 4.19 (a) は，棒磁石によって生じた磁力線の様子を示したものです．磁力線は N 極から湧き出て，S 極に吸い込まれるように生じます．では，N 極だけ，もしくは，S 極だけの磁石はできるでしょうか？ 答えは No です．図 4.19 (b) のように棒磁石を 2 つに割ったとき，「N 極だけ」の磁石や「S 極だけ」の磁石は生じず，割れた箇所に新たに N 極，S 極が生じることで，2 つの棒磁石の両端は必ず N 極，S 極となります．大変不思議なことですが，これは厳然たる実験事実なので，我々は受け入れないといけません．

ちなみに，磁石の内部まで磁力線を描いてみると，図 4.19 (c) のようにな

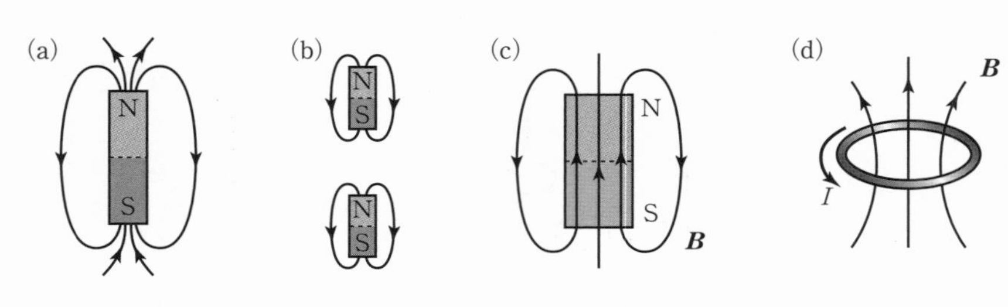

図 4.19　(a)　棒磁石の周りにできる磁力線
(b)　棒磁石を 2 つに割ったときの磁力線の様子
(c)　棒磁石の内部まで見たときの磁力線の様子
(d)　円電流がつくる磁力線の様子

ります[12)]．先ほど，磁力線は「磁石の N 極から湧き出て S 極に吸い込まれる」といいましたが，実は磁石の内部まで考えると，磁力線の湧き出しや吸い込みはなく，磁力線は必ずループ状になります．

同じような特徴は，電流がつくる磁場に対しても観測されます．例えば，円電流がつくる磁力線の様子は図 4.19（d）のようになりますが，この場合も磁力線の湧き出しや吸い込みはありません．

このようにいろいろな実験事実を通して，**磁力線は途中で湧き出したり吸い込まれたりしない**という経験則が導けます．そこで，逆に「もし磁力線の湧き出しや吸い込みが許されたらどうなるか」を考えてみましょう．

仮に磁場（磁力線）が湧き出しているような状況を考えたとして，そのときの磁力線の様子を図 4.20 (a) に示します．このとき，湧き出している場所は「N 極のみの磁石」となっているように見えます．逆に，磁力線の吸い込みがある場所は，図 4.20（b）のように「S 極のみの磁石」となっています．このような N 極（もしくは S 極）のみから成り立つ物体を**モノポール**といいます．

しかし，すでに述べたように，棒磁石を 2 つに割ってもモノポールはできませんし，電流を使ってもモノポールと同じような磁力線はつくれません．

12）　ここで，磁力線は磁束密度 $\boldsymbol{B}$ を用いて描いていることに注意して下さい（本書では磁束密度を単に磁場としています）．

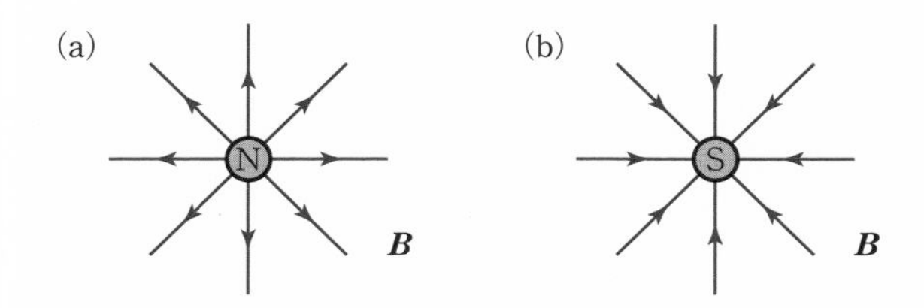

図 4.20　モノポールの周りに生じる磁場
(a)　N 極だけでできたモノポールの場合
(b)　S 極だけでできたモノポールの場合

面白いことに,「この世界にモノポールが存在してはいけない」という数学的な証明はありません．この世界にモノポールが存在する可能性はあるのです．そうしたこともあり，過去数十年に亘って，世界中の物理学者が「モノポール探し」を続けてきました．しかし，そのような努力にもかかわらず，いままでモノポールが存在する証拠は見つかっていません．

ということで，この世界では**モノポールは存在しない**という物理法則を受け入れるしかない状況にあり，これにより，磁場の湧き出しや吸い込みがないことも自然と導かれることになります．

ところで 1.6 節で，電場 $\boldsymbol{E}$ に対して，div $\boldsymbol{E}$ が電場（電気力線）の湧き出し（吸い込み）の大きさを表すことを述べました．よって，磁力線の湧き出しや吸い込みがないことを数式で表すと，

$$\operatorname{div} \boldsymbol{B} = 0 \tag{4.42}$$

となります．これがアンペールの法則と並んで，磁場に関する重要な物理法則となっています．

▶ **モノポールが存在しない条件**：磁力線は湧き出しや吸い込みがなく，

$$\operatorname{div} \boldsymbol{B} = 0 \tag{4.43}$$

が成り立つ．

4.9　ビオ－サバールの法則

定常電流がつくる磁場を求める際の基本法則は，「アンペールの法則」と「モノポールが存在しない条件」の２つで尽きています．しかし，実際に電流がつくる磁場 $\boldsymbol{B}$ の向きと大きさを計算するときには，この２つの法則から導かれる**ビオ－サバールの法則**を使うと便利です．まずは，ビオ－サバールの法則を先に示しておきましょう．

▶ **ビオ－サバールの法則**：経路Cに沿って一定の電流 I が流れているとき，電流が位置 $\boldsymbol{r}$ につくる磁場 $\boldsymbol{B}$ は，経路C上の位置 $\boldsymbol{r}'$ に関する線積分によって，

$$\boldsymbol{B} = \frac{\mu_0 I}{4\pi}\int_{\mathrm{C}} \frac{d\boldsymbol{r}' \times (\boldsymbol{r} - \boldsymbol{r}')}{|\boldsymbol{r} - \boldsymbol{r}'|^3} \tag{4.44}$$

と表される．ただし，電流が流れている導線は十分に細いと仮定する．

(4.44) の意味を吟味してみましょう．図 4.21 のように経路Cに沿って電流が流れているとしたとき，経路Cから離れた点 $\boldsymbol{r}$ での磁場を考えたいとします．ここで経路C上の点を $\boldsymbol{r}'$，経路上の微小変位を $d\boldsymbol{r}'$ とすると，ビオ－サバールの法則は，点 $\boldsymbol{r}'$ から $\boldsymbol{r}' + d\boldsymbol{r}'$ までの微小経路上の電流 I が，位置 $\boldsymbol{r}$ につくる磁場が

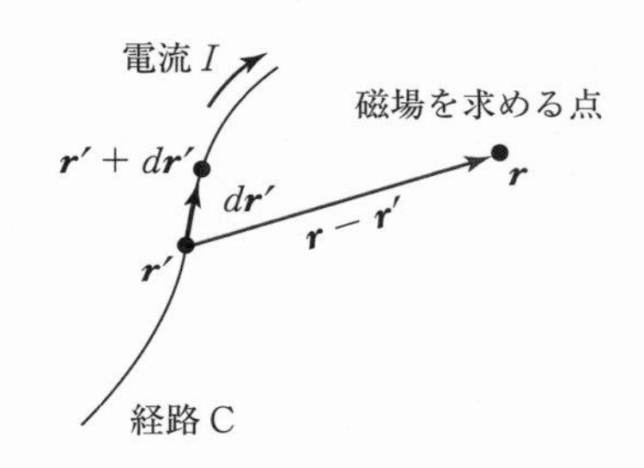

図 4.21　ビオ－サバールの法則で考える電流の経路C

$$d\boldsymbol{B} = \frac{\mu_0 I}{4\pi} \frac{d\boldsymbol{r}' \times (\boldsymbol{r} - \boldsymbol{r}')}{|\boldsymbol{r} - \boldsymbol{r}'|^3} \tag{4.45}$$

で与えられる，ということを述べているのです（× の記号はベクトルの外積を表します）．言い換えると，**微小な磁場 $d\boldsymbol{B}$ をすべての経路上の微小区間について足し合わせることで，電流がつくる磁場を計算することができること**をビオ－サバールの法則は述べているのです．

$$\boldsymbol{B} = \int_{\mathrm{C}} d\boldsymbol{B} = \frac{\mu_0 I}{4\pi}\int_{\mathrm{C}} \frac{d\boldsymbol{r}' \times (\boldsymbol{r} - \boldsymbol{r}')}{|\boldsymbol{r} - \boldsymbol{r}'|^3} \tag{4.46}$$

ビオ－サバールの法則から，回路を流れる電流がつくる磁場は，回路のいろいろな場所での電流がつくる磁場が足し合わされて生じていることがわかります．もし，複数の回路 $\mathrm{C}_1, \mathrm{C}_2, \cdots$ があり，それぞれの回路を流れている電流が空間中のある点につくる磁場を $\boldsymbol{B}_1, \boldsymbol{B}_2, \cdots$ とすると，その点での磁場は，これらの磁場のベクトル和

$$\boldsymbol{B} = \boldsymbol{B}_1 + \boldsymbol{B}_2 + \cdots \tag{4.47}$$

で与えられます．これを**磁場の重ね合わせ**といいます．

このビオ－サバールの法則の導出は後で行うとして，まずは直線電流がつくる磁場を求めてみましょう．直線電流がつくる磁場は，すでに Exercise 4.1 でアンペールの法則を用いて求めていますが，ビオ－サバールの法則によって同じ結果が得られることを次の 2 つの Exercise で確かめてみましょう．

Exercise 4.8

z 軸に沿って伸びている無限に長い直線電流 I が位置 $\boldsymbol{r} = (a, 0, 0)$ につくる磁場 $\boldsymbol{B}$ を，ビオ－サバールの法則を用いて求めなさい．

Coaching 図 4.22 のように，直線電流上の点を $\boldsymbol{r}' = (0, 0, z)$ とします．このとき，

$$d\boldsymbol{r}' = \begin{pmatrix} 0 \\ 0 \\ dz \end{pmatrix} \tag{4.48}$$

$$\boldsymbol{r} - \boldsymbol{r}' = \begin{pmatrix} a \\ 0 \\ 0 \end{pmatrix} - \begin{pmatrix} 0 \\ 0 \\ z \end{pmatrix} = \begin{pmatrix} a \\ 0 \\ -z \end{pmatrix} \tag{4.49}$$

$$|\boldsymbol{r} - \boldsymbol{r}'| = \sqrt{a^2 + z^2} \tag{4.50}$$

となり，ベクトルの外積（A.3.4 項を参照）の計算を具体的に行うことで，

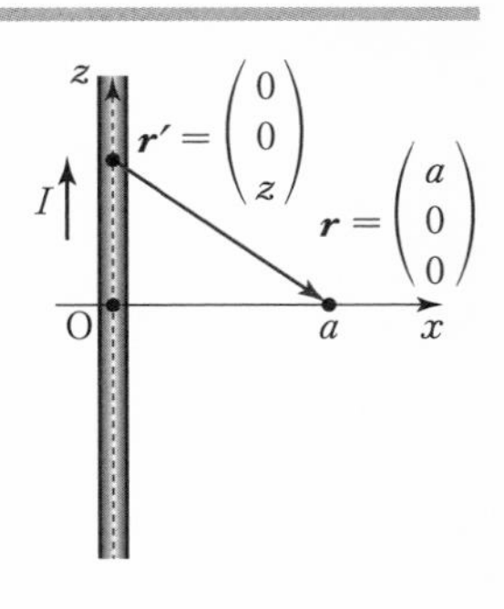

図 4.22　直線電流に対してビオ－サバールの法則を適用した場合

$$d\boldsymbol{r}' \times (\boldsymbol{r} - \boldsymbol{r}') = \begin{pmatrix} 0 \\ 0 \\ dz \end{pmatrix} \times \begin{pmatrix} a \\ 0 \\ -z \end{pmatrix} = \begin{pmatrix} 0 \\ a\,dz \\ 0 \end{pmatrix} \tag{4.51}$$

となります．これより，磁場 $\boldsymbol{B}$ は y 成分 B_y しかもたないことがわかります．

経路Cは z 軸に沿った直線なので，その経路上の線積分は $z=-\infty$ から $z=\infty$ までの z に関する定積分で書き表すことができ，

$$B_y = \frac{\mu_0 I}{4\pi}\int_{-\infty}^{\infty}\frac{a\,dz}{(a^2+z^2)^{3/2}} \tag{4.52}$$

となります．後は，通常の定積分の計算と同じです．$z=a\tan\theta$ と変数変換すると，$\theta=-\pi/2$ から $\theta=\pi/2$ までの定積分に置き換えることができ，

$$\frac{dz}{d\theta}=\frac{a}{\cos^2\theta} \quad \Rightarrow \quad dz=\frac{a\,d\theta}{\cos^2\theta} \tag{4.53}$$

であることから，

$$\begin{aligned} B_y &= \frac{\mu_0 I}{4\pi}\int_{-\pi/2}^{\pi/2}\frac{a}{a^3(1+\tan^2\theta)^{3/2}}\frac{a\,d\theta}{\cos^2\theta} \\ &= \frac{\mu_0 I}{4\pi a}\int_{-\pi/2}^{\pi/2}\cos\theta\,d\theta = \frac{\mu_0 I}{4\pi a}\left[\sin\theta\right]_{-\pi/2}^{\pi/2} = \frac{\mu_0 I}{2\pi a} \end{aligned} \tag{4.54}$$

となります．これは，確かに Exercise 4.1 の答えと一致します（a を r と読みかえてください）． ■

Exercise 4.9

$z=0$ の平面に置かれた原点を中心とする半径 a の円電流が，位置 $(0,0,z)$ につくる磁場の向きと大きさを求めなさい．

Coaching　図 4.23 のように電流の経路をCとすると，経路C上の点 $\boldsymbol{r}'$ は

$$\boldsymbol{r}' = \begin{pmatrix} a\cos\theta \\ a\sin\theta \\ 0 \end{pmatrix} \tag{4.55}$$

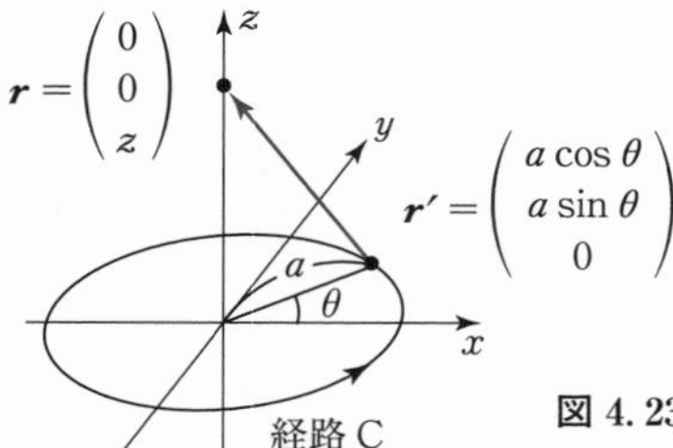

図 4.23　円電流に対してビオ－サバールの法則を適用した場合

のように媒介変数 θ $(0 \leq \theta < 2\pi)$ によって表すことができます.

磁場を計算する位置は $\boldsymbol{r} = (0, 0, z)$ なので,

$$\boldsymbol{r} - \boldsymbol{r}' = \begin{pmatrix} -a\cos\theta \\ -a\sin\theta \\ z \end{pmatrix} \qquad (|\boldsymbol{r} - \boldsymbol{r}'| = \sqrt{a^2 + z^2}) \tag{4.56}$$

$$d\boldsymbol{r}' = \begin{pmatrix} -a\sin\theta\, d\theta \\ a\cos\theta\, d\theta \\ 0 \end{pmatrix} \tag{4.57}$$

$$\begin{aligned} d\boldsymbol{r}' \times (\boldsymbol{r} - \boldsymbol{r}') &= \begin{pmatrix} -a\sin\theta\, d\theta \\ a\cos\theta\, d\theta \\ 0 \end{pmatrix} \times \begin{pmatrix} -a\cos\theta \\ -a\sin\theta \\ z \end{pmatrix} \\ &= \begin{pmatrix} az\cos\theta\, d\theta \\ az\sin\theta\, d\theta \\ a^2(\cos^2\theta + \sin^2\theta)\, d\theta \end{pmatrix} = \begin{pmatrix} az\cos\theta\, d\theta \\ az\sin\theta\, d\theta \\ a^2\, d\theta \end{pmatrix} \end{aligned} \tag{4.58}$$

となります. これを θ について 0 から 2π まで積分すれば磁場 $\boldsymbol{B}$ を求めることができますが, 磁場の x 成分と y 成分については, θ で積分するとゼロになるので, 磁場は z 成分しか残らないことがわかります.

これより, 円電流が位置 $(0, 0, z)$ につくる磁場は z 方向を向き, その成分を B_z とすると

$$B_z = \frac{\mu_0 I}{4\pi}\int_0^{2\pi} \frac{a^2}{(a^2 + z^2)^{3/2}}\, d\theta \tag{4.59}$$

となります. この積分は被積分関数が θ によらないことから, 簡単に計算できて,

$$B_z = \frac{\mu_0 I}{4\pi}\frac{a^2}{(a^2 + z^2)^{3/2}} \times 2\pi = \frac{\mu_0 I a^2}{2(a^2 + z^2)^{3/2}} \tag{4.60}$$

となります. ■

Training 4.5

Exercise 4.9 の解答を用いて, 単位長さ当たりの巻数が n のソレノイドに電流を流したときの, ソレノイドの中心軸上での磁場を求めてみましょう. ソレノイドの中心軸に沿って z 座標をとり, 位置 z から $z + dz$ の区間にあるソレノイドの巻数が $n\, dz$ であることと, Exercise 4.9 の円電流のつくる磁場の式 (4.60) を組み合わせて, ソレノイドの中心軸上 $(0, 0, z)$ での磁場の向きと大きさを求めなさい.

4.10　ビオ - サバールの法則の導出　発展

最後に，ビオ - サバールの法則の導出方法を解説して，本章を締めくくることにしましょう．ただ，この証明は少々込み入っているので，初読の際には斜め読みして，「こんな感じで証明するんだな」と思ってもらえれば十分です．

4.10.1　ベクトルポテンシャル

まず，ベクトル場のもつ次の性質を使います．

▶ **定理 3**：ベクトル場 $\boldsymbol{B}$ に対して，

$$\mathrm{div}\,\boldsymbol{B} = 0 \quad \Rightarrow \quad \text{あるベクトル場 } \boldsymbol{A} \text{ が存在し，} \boldsymbol{B} = \mathrm{rot}\,\boldsymbol{A} \text{ と表せる．} \tag{4.61}$$

この定理の意味を少し解説しましょう．実は，この定理の逆を示すことは簡単です．つまり，$\boldsymbol{B} = \mathrm{rot}\,\boldsymbol{A}$ と表すことができる場合は，

$$\mathrm{div}\,\boldsymbol{B} = \mathrm{div}\,(\mathrm{rot}\,\boldsymbol{A}) = \nabla\cdot(\nabla \times \boldsymbol{A}) = 0 \tag{4.62}$$

がいえます（A.4.5 項を参照）[13]．しかし，$\mathrm{div}\,\boldsymbol{B} = 0$ から $\boldsymbol{B} = \mathrm{rot}\,\boldsymbol{A}$ と表せることを示すのは簡単ではなく，偏微分方程式の解の一意性などの数学的な性質をきちんと示す必要があります．本書ではそこまで立ち入らず，定理（4.61）が成り立つことを認めてもらって先に進みましょう．

さて，磁場 $\boldsymbol{B}$ に対しては，4.8 節で見たように $\mathrm{div}\,\boldsymbol{B} = 0$（モノポールが存在しない条件）が成り立つので，定理（4.61）より $\boldsymbol{B} = \mathrm{rot}\,\boldsymbol{A}$ となるような $\boldsymbol{A}$ が存在します．このとき，$\boldsymbol{A}$ は磁場に対するポテンシャルエネルギーのようなものになります[14]．そうした理由により，$\boldsymbol{A}$ のことを**ベクトルポテンシャル**といいます．本書では，ベクトルポテンシャルの性質については深入

13）　ちなみに B.3.6 項では，$\mathrm{rot}\,\boldsymbol{A} = \boldsymbol{0}$ から $\boldsymbol{A} = \mathrm{grad}\,f$ となるようなスカラー場 f が存在することを述べました．つまり渦なしのベクトル場は，スカラー場の grad で表せるわけです．上述の定理（4.61）は，それと似ていますが，今度は「湧き出し・吸い込みのないベクトル場は，別のベクトル場の rot で表せる」という内容になっています．

14）　$\boldsymbol{E} = -\mathrm{grad}\,\phi$ と表せるとき，ϕ が静電ポテンシャルになっていたことを思い出しましょう（1.7 節を参照）．

りしないので，ここでは単にビオ－サバールの法則を導出するときに使う道具だと思ってください．

4.10.2　ゲージ変換

ところで，このベクトルポテンシャル $\boldsymbol{A}$ には少々変わった性質があります．$\boldsymbol{B} = \mathrm{rot}\,\boldsymbol{A}$ となるような $\boldsymbol{A}$ が1つ見つかったとき，さらに任意のスカラー場 f を用いて新しいベクトルポテンシャル

$$\boldsymbol{A}' = \boldsymbol{A} + \mathrm{grad}\,f \tag{4.63}$$

を定義すると，この $\boldsymbol{A}'$ に対して，

$$\begin{aligned}\mathrm{rot}\,\boldsymbol{A}' &= \mathrm{rot}\,(\boldsymbol{A} + \mathrm{grad}\,f) = \mathrm{rot}\,\boldsymbol{A} + \mathrm{rot}\,(\mathrm{grad}\,f) \\ &= \mathrm{rot}\,\boldsymbol{A}\end{aligned} \tag{4.64}$$

が成り立ちます．ここで最後の等号では，微分公式 $\mathrm{rot}\,(\mathrm{grad}\,f) = \boldsymbol{0}$ を用いました（A.4.5項を参照）．

よって，

$$\mathrm{rot}\,\boldsymbol{A}' = \mathrm{rot}\,\boldsymbol{A} = \boldsymbol{B} \tag{4.65}$$

となります．スカラー場 f は任意にとることができ，$\boldsymbol{A}' = \boldsymbol{A} + \mathrm{grad}\,f$ も様々にとることができるため，同じ磁場 $\boldsymbol{B}$ を与えるベクトルポテンシャル $\boldsymbol{A}$ は無数に存在することがわかります．つまり，複数の異なるベクトルポテンシャル $\boldsymbol{A}, \boldsymbol{A}', \boldsymbol{A}'', \cdots$ が同じ磁場 $\boldsymbol{B} = \mathrm{rot}\,\boldsymbol{A} = \mathrm{rot}\,\boldsymbol{A}' = \mathrm{rot}\,\boldsymbol{A}'' = \cdots$ を与えうるのです．

(4.63) の変換を**ゲージ変換**といい，現代の物理学において極めて重要な概念となっています．本書では詳しく解説しませんが，量子力学や場の量子論を学ぶ際に，また再会することになるでしょう．

4.10.3　クーロンゲージ

前項で，与えられた磁場 $\boldsymbol{B}$ に対して，無数のベクトルポテンシャル $\boldsymbol{A}$ を考えることができることがわかりました．ゲージ変換をしても磁場 $\boldsymbol{B}$ は変わらないので，$\boldsymbol{B} = \mathrm{rot}\,\boldsymbol{A}$ を満たすベクトルポテンシャル $\boldsymbol{A}$ を（何でもよいので）1つ見つけてしまえば大丈夫といえるのですが，性質の良いベクトルポテンシャル $\boldsymbol{A}$ を選んでおくと，後々の計算が楽になります．そこで，無数

にあるベクトルポテンシャル $\boldsymbol{A}$ の中から，

$$\operatorname{div}\boldsymbol{A}=\nabla\cdot\boldsymbol{A}=0 \tag{4.66}$$

の条件を満たすベクトルポテンシャルだけに絞って選ぶことにしましょう．この条件を満たすようなベクトルポテンシャル $\boldsymbol{A}$ のことを，**クーロンゲージでのベクトルポテンシャル**といいます[15]．

以下では，$\boldsymbol{A}$ がクーロンゲージの条件を満たしている（$\operatorname{div}\boldsymbol{A}=0$ である）ことを仮定しておきます．

4.10.4　ビオ－サバールの法則の証明

いよいよビオ－サバールの法則の証明に入りましょう．アンペールの法則の微分形（4.41）から出発します．

$$\operatorname{rot}\boldsymbol{B}=\mu_0\boldsymbol{j} \tag{4.67}$$

この式の左辺に $\boldsymbol{B}=\operatorname{rot}\boldsymbol{A}$ を代入し，数学公式

$$\begin{aligned}\operatorname{rot}(\operatorname{rot}\boldsymbol{A})&=\operatorname{grad}(\operatorname{div}\boldsymbol{A})-\nabla^2\boldsymbol{A}\\&=\nabla(\nabla\cdot\boldsymbol{A})-\nabla^2\boldsymbol{A}\end{aligned} \tag{4.68}$$

を使って式変形していきます．この数学公式の証明は Training 4.6 としておきましょう[16]．

Training 4.6

ベクトル場を $\boldsymbol{A}=(A_x, A_y, A_z)$ と成分表示し，具体的に微分計算を行うことで，公式（4.68）を証明しなさい．

この数学公式を用いると，アンペールの法則の微分形（4.67）は

$$\nabla(\nabla\cdot\boldsymbol{A})-\nabla^2\boldsymbol{A}=\mu_0\boldsymbol{j} \tag{4.69}$$

---

15)　$\operatorname{rot}\boldsymbol{A}=\boldsymbol{B}$ となるベクトルポテンシャル $\boldsymbol{A}$ を1つ見つけたとしても，必ずしも $\operatorname{div}\boldsymbol{A}=0$ を満たすとは限りません．しかし，うまいスカラー場 f を見つけて，ゲージ変換によって新しいベクトルポテンシャル $\boldsymbol{A}'=\boldsymbol{A}+\operatorname{grad}f$ をつくり，それが $\operatorname{div}\boldsymbol{A}'=0$ を満たすようにすることはいつでも可能です．その証明はやや難しいので，本書では省略します．

16)　$\nabla^2=\nabla\cdot\nabla$ の記号については，2.3節を参照してください．

となりますが，ベクトルポテンシャル $\boldsymbol{A}$ はクーロンゲージの条件 $\nabla\cdot\boldsymbol{A}=0$ を満たしているので，左辺の第1項はゼロとなります．よって，$\boldsymbol{A}=(A_x, A_y, A_z)$，$\boldsymbol{j}=(j_x, j_y, j_z)$ と成分表示すると，

$$\begin{cases} \nabla^2 A_x = -\mu_0 j_x \\ \nabla^2 A_y = -\mu_0 j_y \\ \nabla^2 A_z = -\mu_0 j_z \end{cases} \tag{4.70}$$

という方程式が導けます．この方程式を解く必要があるのですが，この形の方程式，どこかですでに出会っていますね？ そう，静電場に対するポアソン方程式

$$\nabla^2\phi = -\frac{\rho}{\varepsilon_0} \tag{4.71}$$

です（2.3節を参照）！ ここで，$\phi(\boldsymbol{r})$ は静電場による静電ポテンシャル，$\rho(\boldsymbol{r})$ は電荷密度でした．

ポアソン方程式を直接解く方法は解説しませんでしたが，実は，すでに私たちは，この方程式の解をつくることができます．電荷密度が $\rho(\boldsymbol{r})$ で与えられているので，位置 $\boldsymbol{r}'$ にある微小体積 $dV'(=dx'\,dy'\,dz')$ の電荷 $\rho(\boldsymbol{r}')\,dV'$ が位置 $\boldsymbol{r}$ につくる電位は，点電荷がつくる電位（1.75）から

$$d\phi(\boldsymbol{r}) = \frac{1}{4\pi\varepsilon_0}\frac{\rho(\boldsymbol{r}')}{|\boldsymbol{r}-\boldsymbol{r}'|}\,dV' \tag{4.72}$$

となります．これをすべての空間Vで足し合わせる（体積積分する）ことで，

$$\phi(\boldsymbol{r}) = \frac{1}{4\pi\varepsilon_0}\int_{\mathrm{V}}\frac{\rho(\boldsymbol{r}')}{|\boldsymbol{r}-\boldsymbol{r}'|}\,dV' \tag{4.73}$$

となり，これがポアソン方程式の解になっているのです．

▶ **ポアソン方程式の解**：一般の電荷密度 $\rho(\boldsymbol{r})$ に対して，ポアソン方程式 $\nabla^2\phi=-\rho/\varepsilon_0$ の解は

$$\phi(\boldsymbol{r}) = \frac{1}{4\pi\varepsilon_0}\int_{\mathrm{V}}\frac{\rho(\boldsymbol{r}')}{|\boldsymbol{r}-\boldsymbol{r}'|}\,dV' \tag{4.74}$$

となる．

私たちは物理的な考察によってこの式を得ましたが，もちろん数学的にポアソン方程式を解いて，このような解になることを直接証明することもできます[17]．ここでは，この結果をそのまま使わせてもらうことにしましょう．

ϕ をベクトルポテンシャル $\boldsymbol{A}$ の成分 A_x, A_y, A_z と読みかえ，$1/\varepsilon_0$ を μ_0 と読みかえることで，(4.70) の方程式の解は次の形になることがわかります．

$$\begin{cases} A_x(\boldsymbol{r}) = \dfrac{\mu_0}{4\pi}\displaystyle\int_{\mathrm{V}} \dfrac{j_x(\boldsymbol{r}')}{|\boldsymbol{r}-\boldsymbol{r}'|}\,dV' \\ A_y(\boldsymbol{r}) = \dfrac{\mu_0}{4\pi}\displaystyle\int_{\mathrm{V}} \dfrac{j_y(\boldsymbol{r}')}{|\boldsymbol{r}-\boldsymbol{r}'|}\,dV' \\ A_z(\boldsymbol{r}) = \dfrac{\mu_0}{4\pi}\displaystyle\int_{\mathrm{V}} \dfrac{j_z(\boldsymbol{r}')}{|\boldsymbol{r}-\boldsymbol{r}'|}\,dV' \end{cases} \tag{4.75}$$

そして，これらの式はベクトル表記によって，

$$\boldsymbol{A}(\boldsymbol{r}) = \frac{\mu_0}{4\pi}\int_{\mathrm{V}} \frac{\boldsymbol{j}(\boldsymbol{r}')}{|\boldsymbol{r}-\boldsymbol{r}'|}\,dV' \tag{4.76}$$

とまとめることができます．

ここで，図 4.24 のように電流 I が流れている回路中の位置 $\boldsymbol{r}'$ の断面と位置 $\boldsymbol{r}'+d\boldsymbol{r}'$ の断面で囲まれた微小領域 V に注目してみます．導線の断面積 S は十分小さいと仮定しましょう．この微小領域 V の体積は $dV' = S\,|d\boldsymbol{r}'|$ と表されます．また，電流の向きに沿ってとった単位ベクトルを $\boldsymbol{n}$ とすると，$\boldsymbol{j} = |\boldsymbol{j}|\,\boldsymbol{n}$ と表せることから，

$$\boldsymbol{A}(\boldsymbol{r}) = \frac{\mu_0}{4\pi}\int_{\mathrm{C}} \frac{|\boldsymbol{j}|\,\boldsymbol{n}}{|\boldsymbol{r}-\boldsymbol{r}'|}\,S\,|d\boldsymbol{r}'| \tag{4.77}$$

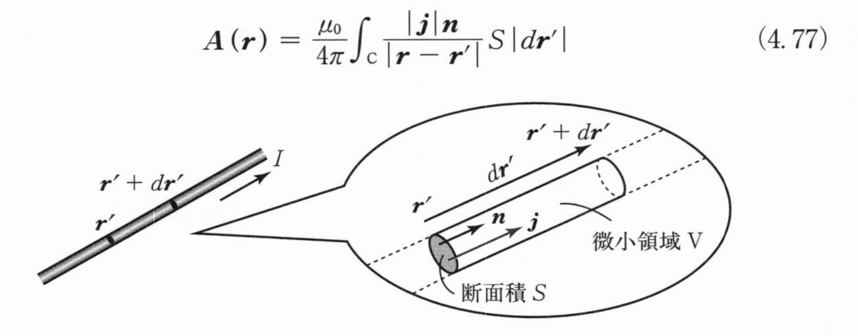

図 4.24　電流が流れている回路上の位置 $\boldsymbol{r}$ と位置 $\boldsymbol{r}+d\boldsymbol{r}$ に挟まれた微小領域 V

17)　フーリエ変換の知識があると直接証明できます．

となります．さらに，電流が $I = |\boldsymbol{j}|\,S$ と表せること，および，$\boldsymbol{n}\,|d\boldsymbol{r}'| = d\boldsymbol{r}'$ であることから，

$$\boldsymbol{A}(\boldsymbol{r}) = \frac{\mu_0 I}{4\pi}\int_{\mathrm{C}} \frac{1}{|\boldsymbol{r} - \boldsymbol{r}'|}\, d\boldsymbol{r}' \tag{4.78}$$

となります．

さぁ，あと一歩です．磁場 $\boldsymbol{B}$ はベクトルポテンシャル $\boldsymbol{A}$ から，

$$\begin{aligned}\boldsymbol{B} &= \mathrm{rot}\,\boldsymbol{A}\\ &= \frac{\mu_0 I}{4\pi}\,\mathrm{rot}\left(\int_{\mathrm{C}} \frac{1}{|\boldsymbol{r} - \boldsymbol{r}'|}\, d\boldsymbol{r}'\right)\\ &= \frac{\mu_0 I}{4\pi}\int_{\mathrm{C}} \mathrm{rot}\left(d\boldsymbol{r}'\,\frac{1}{|\boldsymbol{r} - \boldsymbol{r}'|}\right)\end{aligned} \tag{4.79}$$

と求められます．最後の等号では，rot が線積分と交換できる性質を使っています．なお，rot は位置 $\boldsymbol{r}$ についての微分を行う記号であって，$\boldsymbol{r}'$ に依存する量は定数とみなしてよいことに注意しましょう．

ここで $\boldsymbol{a}$ を定数ベクトル，f を位置 $\boldsymbol{r}$ に依存するスカラー場としたとき，数学公式

$$\mathrm{rot}\,(\boldsymbol{a}f) = -\boldsymbol{a} \times \mathrm{grad}\, f \tag{4.80}$$

を利用することができます（× はベクトルの外積を表します）．この数学公式の証明は，次の Training 4.7 にしておきましょう．

Training 4.7

定数ベクトルを $\boldsymbol{a} = (a_x, a_y, a_z)$ と表して，具体的に微分計算を行うことで，数学公式（4.80）を証明しなさい．

この数学公式（4.80）の $\boldsymbol{a}$ を $d\boldsymbol{r}'$ と置き換え，$f = \dfrac{1}{|\boldsymbol{r} - \boldsymbol{r}'|}$ とおくことで，

$$\mathrm{rot}\left(d\boldsymbol{r}'\,\frac{1}{|\boldsymbol{r} - \boldsymbol{r}'|}\right) = -d\boldsymbol{r}' \times \nabla\left(\frac{1}{|\boldsymbol{r} - \boldsymbol{r}'|}\right) \tag{4.81}$$

と変形されます．さらに

$$\frac{1}{|\boldsymbol{r}-\boldsymbol{r}'|}=\frac{1}{\sqrt{(x-x')^2+(y-y')^2+(z-z')^2}} \tag{4.82}$$

を用いて，具体的に grad の計算を行っていくと，

$$\nabla\left(\frac{1}{|\boldsymbol{r}-\boldsymbol{r}'|}\right)=-\frac{1}{\{(x-x')^2+(y-y')^2+(z-z')^2\}^{3/2}}\begin{pmatrix}x-x'\\y-y'\\z-z'\end{pmatrix}$$

$$=-\frac{\boldsymbol{r}-\boldsymbol{r}'}{|\boldsymbol{r}-\boldsymbol{r}'|^3} \tag{4.83}$$

となります．

そして，(4.81)，(4.83) を使って (4.79) を計算していくと，最終的に

$$\boldsymbol{B}(\boldsymbol{r})=\frac{\mu_0 I}{4\pi}\int_{\mathrm{C}}d\boldsymbol{r}'\times\frac{\boldsymbol{r}-\boldsymbol{r}'}{|\boldsymbol{r}-\boldsymbol{r}'|^3}=\frac{\mu_0 I}{4\pi}\int_{\mathrm{C}}\frac{d\boldsymbol{r}'\times(\boldsymbol{r}-\boldsymbol{r}')}{|\boldsymbol{r}-\boldsymbol{r}'|^3} \tag{4.84}$$

が得られ，ようやくビオ－サバールの法則が導出されます．長い道のりでしたが，これでだいぶスッキリしたのではないでしょうか．お疲れ様でした．

Coffee Break

どこまで強い磁場を発生させることができるか

人類が手にしている最強の磁場はどの程度でしょうか．現在，最強の永久磁石はネオジム磁石で，その発生磁場は 1.6 T です．しかし電磁石（コイルに電流を流してつくる磁石）であれば，もっと大きな磁場を発生できます．大きな磁場をつくるには，コイルに大電流を流す必要があるので，ジュール熱の発生を抑えるために，コイルの材料として電気抵抗がゼロとなる超伝導体が用いられます．この超伝導電磁石を用いて 10 T までの定常磁場を発生させることができます．なお，リニアモーターカーや医療用 MRI（磁気共鳴画像法）装置にも，この超伝導電磁石が用いられています．

10 T 以上の磁場をつくるには，ジュール熱の問題以外にも，コイルがつくる磁場によって電流が受けるローレンツ力の問題があります．この力は，コイルの内側から外側の向きにはたらくため，あまりに大きくなるとコイルが破壊されてしまいます．そこでコイルが破壊される前に，一瞬だけ強い磁場をつくるパルス強磁場が利用されています．この手法であれば，数十マイクロ秒程度の短い時間ですが，強い磁場をつくることが可能です．この手法によって，100 T を超える強磁場がつくら

れており，固体物理の研究に使われています．現在，室内で発生させることができる磁場の最高記録は 1200 T です．

なお，破壊的な方法であればレーザー爆縮法やダイナマイト爆縮法などを使って，磁場を瞬間的に圧縮し，数千 T まで発生させられますが，衝撃が強すぎて測定装置もろともふっ飛ばしてしまうため，残念ながら固体物理の研究には使えません．

本章のPoint

- **アンペールの法則**：$\int_{\mathrm{C}} \boldsymbol{B}\cdot d\boldsymbol{r} = \mu_0 I$　（$\boldsymbol{B}$：磁場，I：閉じた経路 C の内部を貫く電流，経路 C に対して右ネジの法則で I の正の向きを決める.）
- **ローレンツ力**：電荷 q，速度 $\boldsymbol{v}$ の粒子は，磁場 $\boldsymbol{B}$ から $\boldsymbol{F} = q\boldsymbol{v} \times \boldsymbol{B}$ のローレンツ力を受ける.
- **電流が磁場から受ける力**：電流 I の向きに沿って変位ベクトルが $\boldsymbol{l}$ で与えられる回路は，磁場 $\boldsymbol{B}$ から $\boldsymbol{F} = I\boldsymbol{l} \times \boldsymbol{B}$ の力を受ける.
- **アンペールの法則の微分形**：$\mathrm{rot}\,\boldsymbol{B} = \mu_0 \boldsymbol{j}$　（$\boldsymbol{j}$：電流密度）
- **モノポールが存在しない条件**：$\mathrm{div}\,\boldsymbol{B} = 0$
- **ビオ－サバールの法則**：経路 C に沿って一定の電流 I が流れているとき，電流 I が位置 $\boldsymbol{r}$ につくる磁場 $\boldsymbol{B}$ は

$$\boldsymbol{B} = \frac{\mu_0 I}{4\pi}\int_{\mathrm{C}} \frac{d\boldsymbol{r}' \times (\boldsymbol{r} - \boldsymbol{r}')}{|\boldsymbol{r} - \boldsymbol{r}'|^3}$$

  となる.
- **磁場の重ね合わせ**：複数の電流や永久磁石があるとき，それぞれがつくる磁場を $\boldsymbol{B}_1, \boldsymbol{B}_2, \cdots$ とすると，磁場は $\boldsymbol{B} = \boldsymbol{B}_1 + \boldsymbol{B}_2 + \cdots$ となる.

Practice

[4. 1]　磁場の重ね合わせ

図4.25のように，$(x, y) = (a, 0)$ と $(x, y) = (-a, 0)$ の位置に，z 軸と平行な十分長い2つの直線導線が置かれており，$+z$ 方向に電流 I が流れています．このとき，$(x, y) = (0, a)$ における磁場 $\boldsymbol{B}$ の向きと大きさを求めなさい．

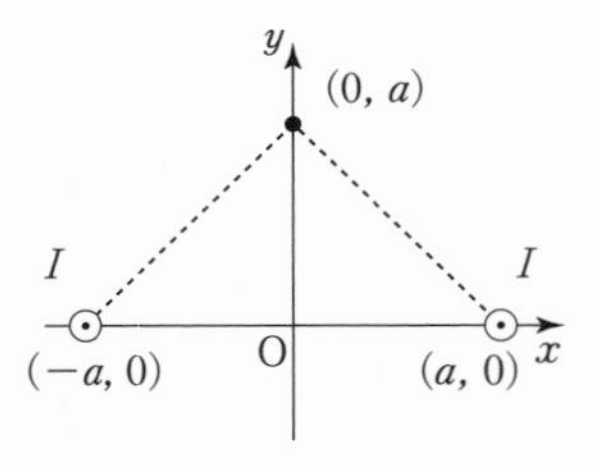

図 4.25　2つの直線電流

[4. 2]　回路が磁場から受ける力

図4.26のように，十分長い直線電流 I_1 と長方形回路PQRSが同一平面上に置かれており，PQとRSは直線電流と平行で長さが l であり，かつ，直線電流からそれぞれ a, b の距離にあったとします．長方形回路PQRSに電流 I_2 が流れているとき，長方形回路が受ける力の向きと大きさを求めなさい．

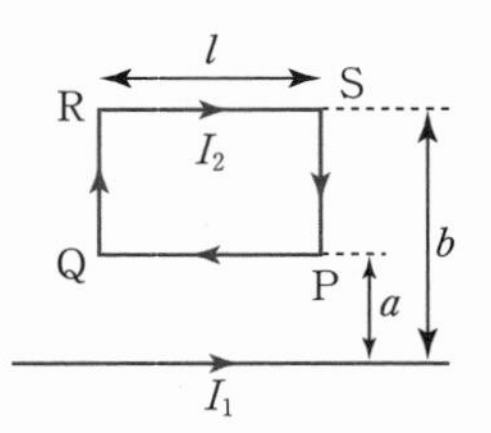

図 4.26　直線電流と長方形の回路

[4. 3]　同軸ケーブルがつくる磁場

図4.27のように，半径 a の無限に長い円柱状の金属棒と，半径 b $(> a)$ の厚さの無視できる無限に長い中空円筒状の金属があります．外側の金属円筒に電流 I を流し，内側の金属棒に逆向きに電流 I を流したとき，中心軸から距離 r の位置における磁場の大きさ $B(r)$ をアンペールの法則を用いて求めなさい．ただし，磁場は中心軸に垂直な平面内を，右ネジの法則で決まる中心軸を取り巻く向きに生じるとします．

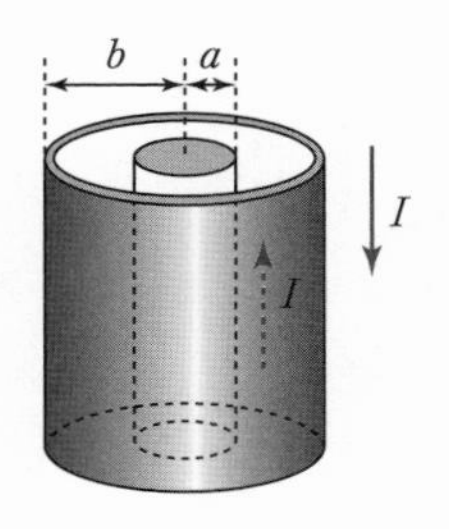

図 4.27　同軸ケーブル

電磁誘導

本章では，回路を貫く磁場が時間変化したときに，回路に誘導起電力が生じる現象について解説します．この物理現象は電磁誘導といい，ファラデーの法則によって記述することができます．また，電磁誘導は回路の素子（コイル）の記述でも重要となります．コイルの自己インダクタンスといわれる特性についても解説します．

5.1 電磁誘導

前章で，**電流によって磁場がつくられること**を述べました．では，逆に磁場は電流をつくるのでしょうか．

この問題に最初に取り組んだのは，19 世紀に活躍した科学者 ファラデーです．まずファラデーは，図 5.1 (a) のように回路の近くに磁石を置いてみましたが，回路に電流は流れないことがわかりました．磁石を置いただけでは，電流をつくり出すことができないのです．しかし，ファラデーはふと思いついて，図 5.1 (b) や (c) のように，磁石の N 極を回路に近づけたり遠ざけたりしてみたのです．そうすると，回路に電流が流れるではないですか！このとき回路に流れる電流の向きは，図 5.1 に示すように，N 極を近づけるときと遠ざけるときで，逆向きになります．

同じように，磁石の S 極を回路に近づけたり遠ざけたりするときにも，回路に電流が流れます．図 5.1 (d) に，磁石の S 極を回路に近づけたときに回

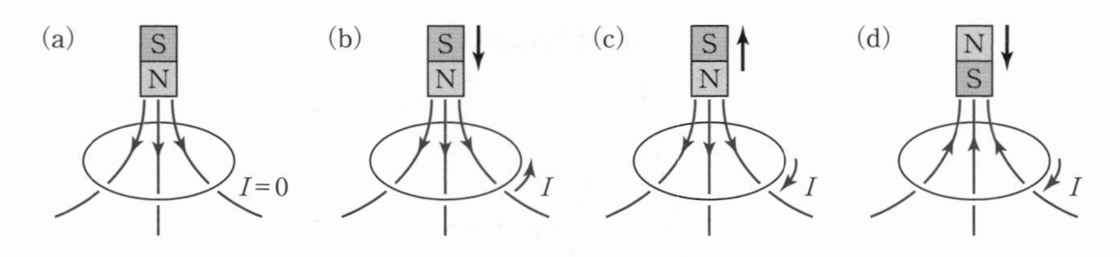

図 5.1　(a)　磁石が静止しているとき
(b)　回路に磁石の N 極を近づけたとき
(c)　回路から磁石の N 極を遠ざけたとき
(d)　回路に磁石の S 極を近づけたとき

路に流れる電流の向きを示します.

ファラデーはこの実験から，**回路を貫く磁場が時間変化したときに回路に電流が流れる**ことを突き止めました．この現象を**電磁誘導**といい，このとき回路に流れる電流を**誘導電流**といいます．これまで本書では，電場 $\boldsymbol{E}$ や磁場 $\boldsymbol{B}$ が時間変化しない場合のみ（静電場や静磁場）を扱ってきましたが，本章から，いよいよ磁場 $\boldsymbol{B}$ が変化する場合を考え始めることになります.

回路に流れる誘導電流の向きについては，ファラデーの電磁誘導の発見後に研究を行ったレンツによって，次のような法則でまとめられています.

▶ **レンツの法則**：誘導電流は，回路を貫く磁場の変化を妨げる向きに流れる.

例えば，図 5.1 (b) のように磁石の N 極を回路に近づけると，回路を下向きに貫く磁場が強くなるので，それを妨げる向き，つまり上向きに磁場が生じるように電流が流れます[1]．また，図 5.1 (c) のように磁石の N 極を回路から遠ざけると，回路を下向きに貫く磁場が弱くなるので，下向きに磁場が生じるように電流が流れます．そして，図 5.1 (d) のように磁石の S 極を回路に近づけた場合は，回路を上向きに貫く磁場が強くなるので，下向きに磁場が生じるように電流が流れることになります.

1)　回路に流れる電流に対して，右ネジの法則によって決まる向きに磁場が生じることを思い出しましょう.

5.2 ファラデーの法則

このように，回路を流れる誘導電流の向きに関しては，レンツの法則によって直観的に記述できますが，定量的に記述するためには，誘導電流が生じる理由を詳しく見ていく必要があります．

まず，回路に磁石を近づけたり遠ざけたりしたときには，回路に電圧（電位差）が生じるようになります．これを**誘導起電力**といいます．この誘導起電力と磁場の時間変化を結び付ける法則が**ファラデーの法則**です．

図 5.2 のような回路を考えてみましょう．回路の経路を C とし，経路 C を境界とする曲面を A とします．ここで経路 C の向きから，右ネジの法則によって曲面 A の正の向きを決めておきます．また，回路を貫く**磁束** Φ は，B.2.1 項で詳しく述べたように，磁場 $\boldsymbol{B}$ の面積分によって，

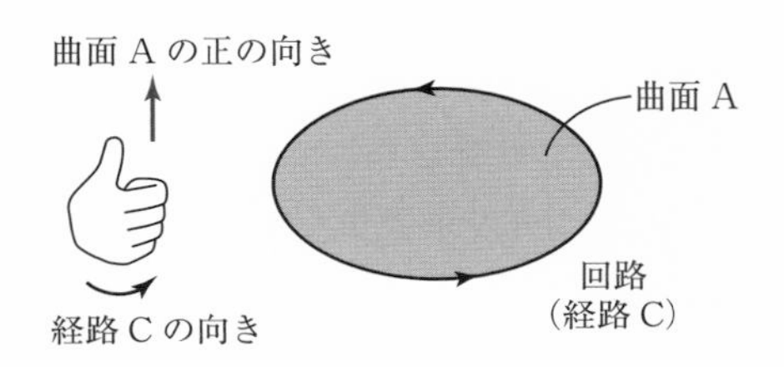

図 5.2 ファラデーの法則で考える設定

$$\Phi = \int_{\mathrm{A}} \boldsymbol{B} \cdot d\boldsymbol{S} \tag{5.1}$$

と表されます[2]．このとき，ファラデーの法則は，磁束 Φ の時間変化と誘導起電力 V との間の関係式として次のように与えられます[3]．

$$V = -\frac{d\Phi}{dt} \tag{5.2}$$

このファラデーの法則は，誘導起電力の大きさだけではなく，次に述べる

2）4.2 節の脚注で述べたように，磁場 $\boldsymbol{B}$ は正確には磁束密度といいます．磁束密度 $\boldsymbol{B}$ は単位面積当たりの磁力線の本数に当たる量なので，それを面積分した磁束は磁力線の総本数に当たる量になります．ただし，電気力線と同様，磁力線はあくまで人間がベクトル場である磁場（磁束密度）$\boldsymbol{B}$ をわかりやすく描くために考えたものであり，「磁力線の本数」という言い方は，あくまで直観的に理解するための方便であることに注意してください．

3）正確には磁束は $\Phi(t)$ と書くべきであり，またその時間微分は $\dfrac{d\Phi(t)}{dt}$ とも書きますが，本書ではしばしば (t) の記号を省略することにします．

ように，誘導起電力（および，それによって生じる誘導電流）の向きまでまとめて記述できていることがわかります.

▶ **ファラデーの法則**：回路の経路をC，回路を貫く磁束をΦとすると，磁束が時間変化したとき，回路には誘導起電力

$$V = -\frac{d\Phi}{dt} \tag{5.3}$$

が生じる.

回路に流れる誘導起電力Vについて，もう少し詳しく考えてみましょう．これは回路に生じる電圧と関係するのですが，静電場のときに出てきた電位とは違った性質をもっています．静電場における電位は電場$\boldsymbol{E}$の線積分として定義されていました（1.7.3項を参照）が，このとき途中の経路の形には依存していませんでした．一方，磁束が変化したときに回路に生じる誘導起電力は，回路中の電場$\boldsymbol{E}$を回路Cに沿って線積分したものとして定義されます.

$$V = \int_{\mathrm{C}} \boldsymbol{E} \cdot d\boldsymbol{r} \tag{5.4}$$

この誘導起電力は経路Cの形状に依存します！

簡単のため，回路Cは電気伝導度σの導体でできているとしましょう．経路Cに沿って正の誘導起電力が生じると，経路Cの向きに沿って電場が生じ，オームの法則より$\boldsymbol{j} = \sigma \boldsymbol{E}$によって電場の向きに電流密度$\boldsymbol{j}$の電流が生じます．これにより，$V > 0$のときには経路Cの向きに誘導電流が生じ，$V < 0$のときには経路Cの向きと逆向きに誘導電流が生じることになります.

さて，ファラデーの法則（5.3）をもう一度見てみましょう．回路を貫く磁束Φの正の向きは，面Aの正の向きと同じで，経路Cの向きから右ネジの法則によって決められています（図5.3を参照）．ファラデーの法則の式から，磁束Φが時間と共に増加したとき（$d\Phi/dt > 0$）に誘導起電力Vが負になっていることがわかりますよね．このとき，回路には経路Cの向きと逆向きに誘導電流が流れ，この電流がつくる磁場が磁束Φの増加を妨げる方向にはたらくこととなります．逆に，磁束Φが時間と共に減少したとき（$d\Phi/dt < 0$）には誘導起電力Vが正となり，経路Cの向きに誘導電流が流れ，この

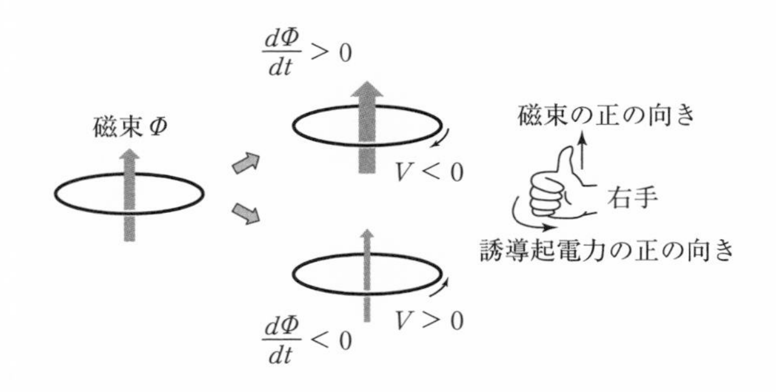

図 5.3 磁束の変化と誘導起電力の向き（＝ 誘導電流の向き）

電流がつくる磁場が磁束 Φ の減少を妨げることになります．

つまり，ファラデーの法則に現れるマイナスは，**磁束の変化を妨げる方向に誘導電流が流れること（レンツの法則）**を表している，というわけです．

ここからは，磁場が時間変化する場合を扱いますが，1 つだけ注意があります．磁場が時間変化する場合には，ファラデーの法則によって，

（i）誘導電流が流れることで新たに生じる磁場の効果

（ii）電場が時間変化することによる別の効果（変位電流の効果）

が存在します．なお，（i）については次節で，（ii）については次章で解説しますが，磁場の時間変化が十分ゆっくりであれば，これらの効果は無視することができます．

具体的には，磁場が数マイクロ秒程度の時間スケールよりもゆっくり変化する（交流に直すと 1MHz 程度の振動数よりも低い振動数で変化する）場合には，上記の効果は十分無視できるので大丈夫です．一方，高周波回路になると，これらの効果が無視できなくなってくるので，注意が必要になります．

Exercise 5.1

図 5.4 のように，平面上に回路 C があり，回路 C の内部の領域（面積 S）に一様な磁場 $\boldsymbol{B}$ が面に垂直に加わっています．磁場の大きさが時刻 t の関数として，$B(t) = \alpha t$ $(\alpha > 0)$ と書き表されるとき，回路 C に生じる誘導起電力を求めなさい．また回路の抵抗を R としたとき，回路に流れる誘導電

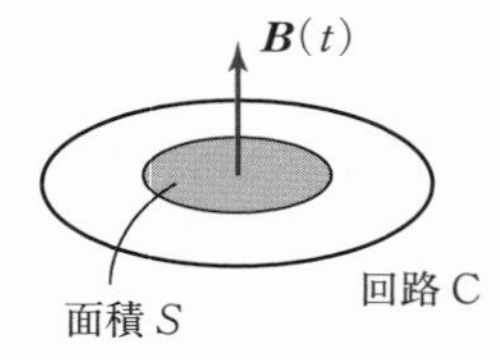

図 5.4　磁場がある領域と回路

流の向きと大きさを求めなさい.

Coaching　図 5.5 のように, 回路 C の正の向きと磁束 Φ の正の向きを定めておきます. このとき, 回路を貫く磁束は $\Phi(t) = B(t)S$ となるので, ファラデーの法則により, 回路 C の正の向きに沿って誘導起電力

$$
\begin{aligned}
V &= -\frac{d\Phi(t)}{dt} \\
&= -S\frac{dB(t)}{dt} \\
&= -S\alpha
\end{aligned}
\tag{5.5}
$$

が生じます. これは負なので, 図 5.5 に示す回路の正の向きと逆向きに誘導電流が流れ, 電流の大きさは,

$$
I = \frac{|V|}{R} = \frac{S\alpha}{R} \tag{5.6}
$$

と求められます.

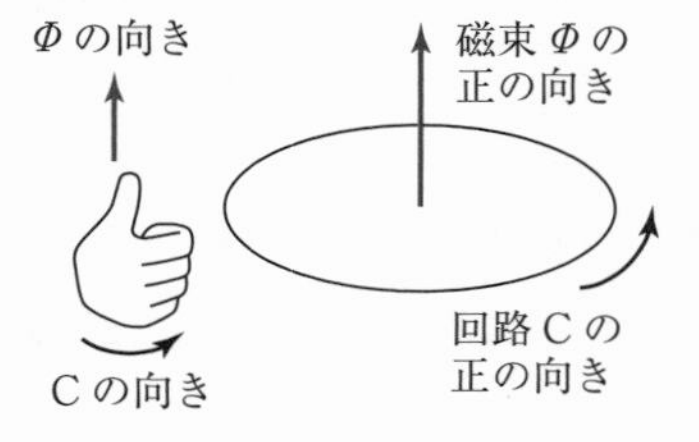

図 5.5　回路の正の向きから, 磁束の正の向きを右ネジの法則によって決める.

■

Training 5.1

図 5.6 のように巻数 N, 断面積 S のソレノイドに, 外部から磁場 $\boldsymbol{B}(t) = (0, 0, B(t))$ を加えたとき, ソレノイドに生じる誘導起電力の大きさを dB/dt を用いて書き表しなさい. ただし, ソレノイドの中心軸に沿って z 軸をとるとします.

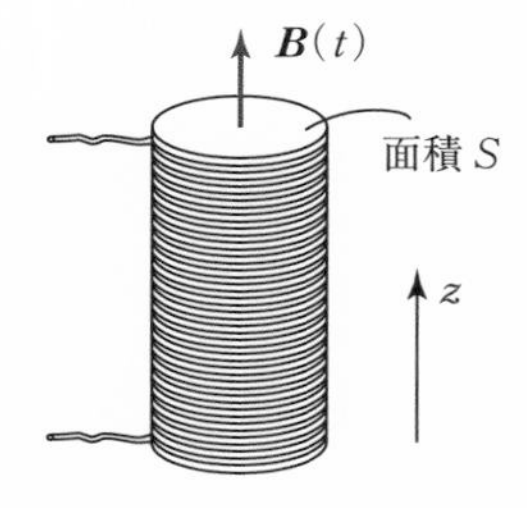

図 5.6 ソレノイドコイルと外部磁場

Exercise 5.2

無限に長い直線状の導線に，時間に依存した電流 $I(t)$ が流れているとします．図 5.7 のように，距離 a, b の位置に直線電流と平行な辺 PQ, SR（長さ l）がくるような長方形 PQRS の回路を考えたとき，この回路に生じる誘導起電力を $\dfrac{dI}{dt}$ を用いて書き表しなさい．ただし，回路の誘導起電力は PQRS の向きを正として定義するものとします．

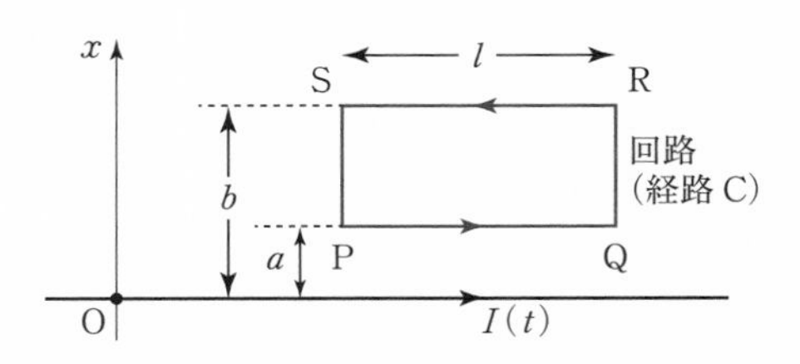

図 5.7 無限に長い直線電流と長方形の回路

Coaching 図 5.7 のように直線電流を原点とする座標 x をとり，位置 x（> 0）における磁場の大きさ $B(x, t)$ をアンペールの法則から求めると，直線電流との距離が x であることから，

$$B(x, t) = \frac{\mu_0 I(t)}{2\pi x} \tag{5.7}$$

となります（Exercise 4.1 を参照）．距離 x から $x + dx$ の間の微小回路を貫く磁束は $B(x, t) l\, dx$ となるので，回路を貫く全磁束は，

$$\begin{aligned}\Phi(t) &= \int_a^b B(x, t) l\, dx = \int_a^b \frac{\mu_0 I(t)}{2\pi x} l\, dx = \frac{\mu_0 l I(t)}{2\pi} \int_a^b \frac{dx}{x} = \frac{\mu_0 l I(t)}{2\pi} [\log r]_a^b \\ &= \frac{\mu_0 l I(t)}{2\pi} \log \frac{b}{a}\end{aligned} \tag{5.8}$$

と書き表されます．$I(t) > 0$ のときに，回路 PQRS の向きに対して右ネジの向きに磁束が貫くので，$\Phi > 0$ となることに注意しましょう．

よって，誘導起電力は，

$$V = -\frac{d\Phi}{dt} = -\frac{d}{dt}\left\{\frac{\mu_0 l I(t)}{2\pi}\log\frac{b}{a}\right\} = -\frac{\mu_0 l}{2\pi}\frac{dI}{dt}\log\frac{b}{a} \tag{5.9}$$

となります．■

5.3　回路が動く場合

ファラデーの法則は，回路が動く場合や変形する場合にもそのまま適用できます．回路が動くことによって回路を貫く磁束 $\Phi(t)$ が時間変化するとき，回路には誘導起電力 $V = -\dfrac{d\Phi}{dt}$ が生じます．

Exercise 5.3

図 5.8 のように，導体から成るレールの上に長さ l の導体棒 PQ を置きます．導体棒とレールが置かれた平面に垂直な向きに大きさ B の一様な磁場 $\boldsymbol{B}$ を加え，導体棒 PQ を一定の速さ v で図 5.8 に示す方向に動かしたとします．

(1)　ファラデーの法則を利用して，回路に生じる誘導起電力を求めなさい．

(2)　自由電子にはたらくローレンツ力を求めなさい．また，このローレンツ力を電子にはたらく有効的な電場 $\boldsymbol{E}$ によるものであると考えたとき，電場 $\boldsymbol{E}$ の大きさ，および，導体棒 AB の両端の電圧を求めなさい．

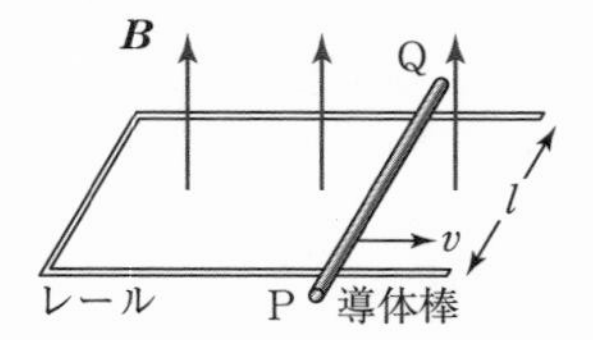

図 5.8　速さ v でレール上を動く導体棒

Coaching　(1)　レールと導体棒によってつくられる回路の面積を $S(t)$ とすると，回路を貫く磁束は $BS(t)$ と表されます．よって，回路に生じる誘導起電力の大きさは，

$$V = \left|\frac{d\Phi(t)}{dt}\right| = B\left|\frac{dS(t)}{dt}\right| \tag{5.10}$$

と書き表されます．導体棒を速さ v で動かすと，$S(t)$ は単位時間当たり lv だけ増加するので，

$$V = Blv \qquad (5.11)$$

と求められます.

(2) 図5.9のように，導体中の自由電子にはローレンツ力

$$\boldsymbol{F} = (-e)\boldsymbol{v} \times \boldsymbol{B} \qquad (5.12)$$

がはたらきます．この力を電子にはたらく有効的な電場 $\boldsymbol{E}$ によるものと考えると，$\boldsymbol{F} = q\boldsymbol{E}$ から，$\boldsymbol{E} = \boldsymbol{v} \times \boldsymbol{B}$ となります．その結果，導体棒PQの両端には，電圧

$$V = |\boldsymbol{E}|l = |\boldsymbol{v} \times \boldsymbol{B}|\,l = |\boldsymbol{v}|\,|\boldsymbol{B}|\sin\left(\frac{\pi}{2}\right)l = vBl \qquad (5.13)$$

が生じることがわかり，(1) の解答と一致します. ■

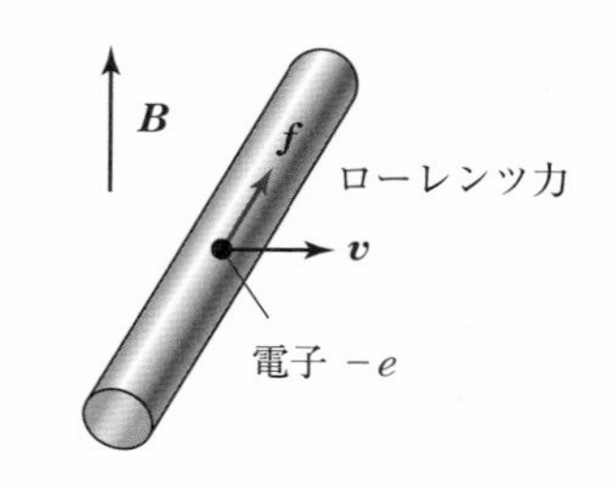

図5.9 導体棒内の電子にはたらくローレンツ力 $\boldsymbol{f} = (-e)\boldsymbol{v} \times \boldsymbol{B}$

Exercise 5.1 ～ 5.3で見たように，ファラデーの法則は

（i）回路が静止していて磁場が変化する場合

（ii）磁場が変化せず回路が動いたり変形したりする場合

の，いずれに対しても成り立ちます[4]．ただ，実際に起きている現象は少し異なっています．（i）の場合には磁場が変化したときに実際に電場 $\boldsymbol{E}$ が生じますが，（ii）の場合には（Exercise 5.3で見たように）ローレンツ力によって，見かけ上，電場が生じているように見えます．このように異なる現象が同じ式で表される背景には，実は深い理由がありますが，やや高度な内容となるので，本書では解説を省略します.

5.4 コイルの自己インダクタンス

図5.10 (a) のように，コイルに電流 I を流すことを考えます．このときコイルは磁場 $\boldsymbol{B}$ をつくりますが，その磁場はコイル自身を貫いています．Exercise 4.2では，ソレノイドのつくる磁場を計算しましたが，一般の形のコイルがつくる磁場から，コイル自身を貫く磁束を計算するのは困難です.

4) （ii）でファラデーの法則が成り立つことの一般的な証明は，本書のWebページの補足事項を参照してください.

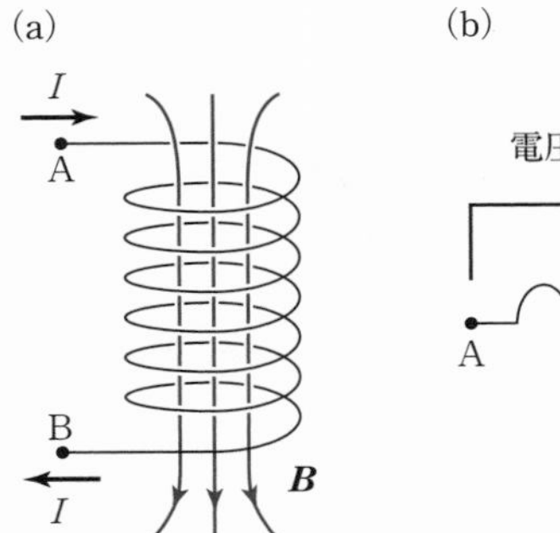

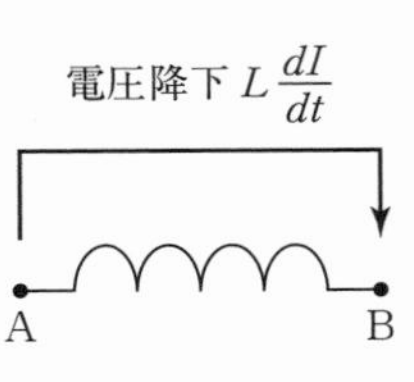

図 5.10　(a)　コイルがつくる磁場
(b)　コイルにおける電圧降下

しかし，少なくとも磁束が電流 I に比例していることは確かです．このとき，コイルを貫く磁束 Φ はコイルを流れる電流 I によって，

$$\Phi = LI \tag{5.14}$$

と表すことができ，比例係数 L をコイルの**自己インダクタンス**といいます．L はコイルの形状によって決まる物理量で，単位は H（ヘンリー）を使います．

Exercise 5.4

半径 a，長さ l，単位長さ当たりの巻数 n のソレノイドコイルの自己インダクタンスを求めなさい．ただし，ソレノイドは十分に長く，端の影響は無視できるものとします．

Coaching　Exercise 4.2 の結果より，ソレノイドに電流を流したときにソレノイドを貫く磁場の大きさ B は

$$B = \mu_0 nI \tag{5.15}$$

となります．よって，コイルを貫く磁束 Φ は，巻数が nl であることに注意すると，

$$\Phi = nl \times B \times \pi a^2 = \pi\mu_0 n^2 la^2 I \tag{5.16}$$

となります．これより，(5.14) と比較するとソレノイドの自己インダクタンスは，

$$L = \pi\mu_0 n^2 la^2 \tag{5.17}$$

となります．■

コイルの形状の効果を自己インダクタンスに押し込めてしまうことで，コイルを回路素子とみなすことが可能になります．図 5.10 (a) のように，自己イ

ンダクタンス L のコイルに，A から B に向けて時間に依存する電流 $I(t)$ を流すことを考えてみましょう．このとき，コイルを貫く磁束は $\Phi(t) = LI(t)$ となり，図 5.10（a）の電流の向きに沿ってコイルに生じる誘導起電力は

$$V = -\frac{d\Phi}{dt} = -L\frac{dI}{dt} \tag{5.18}$$

と表すことができます．

$\dfrac{dI}{dt} > 0$ であると仮定すると，(5.18) はコイルに沿って点 A から点 B へと移動したときに，電位が $-L\dfrac{dI}{dt}$ (< 0) だけ減少することを意味しています．つまり，点 B での電位は点 A での電位に比べて $L\dfrac{dI}{dt}$ だけ低くなります．図 5.10（b）のように点 A から点 B に移動したときに電位が $L\dfrac{dI}{dt}$ だけ下がるので，これを抵抗における電圧降下と同様に考えて，**コイルにおける電圧降下**とみなすと，回路の式を立てやすくなります．ここまでの結果をまとめておきましょう．

▶ **自己インダクタンス**：自己インダクタンス L のコイルに電流 I を流したときにコイルを貫く磁束 Φ は，$\Phi = LI$ となる．また，電流が時間変化するとき，電流の向きに沿ってコイルに生じる電圧降下は $L\dfrac{dI}{dt}$ となる．

5.5　自己インダクタンスの効果

コイルを含む電気回路を具体的に考えてみましょう．図 5.11（a）のような自己インダクタンス L のコイル，抵抗 R，起電力 V の電池，およびスイッチから成る回路において，始めスイッチは開いているとし，時刻 $t = 0$ でスイッチを閉じたとしましょう．このとき，回路を時計回りに 1 周すると，電池で起電力 V だけ電位が上がり，コイルと抵抗での電圧降下がそれぞれ

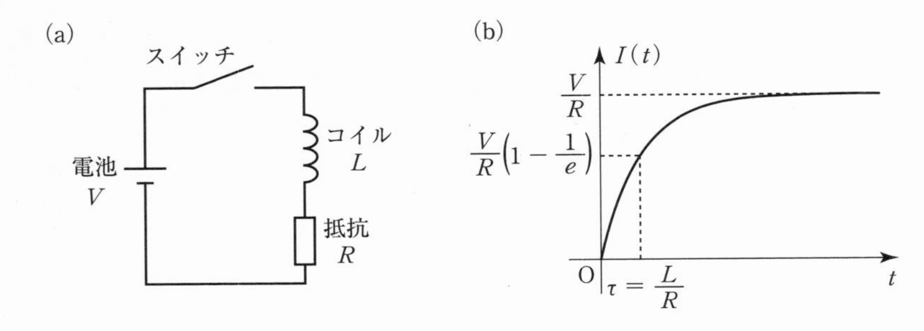

図 5.11　(a)　コイルと抵抗の直列回路
(b)　電流の時間変化

$L\frac{dI}{dt}$, IR で与えられるので，キルヒホッフの第 2 法則より，

$$V = L\frac{dI}{dt} + IR \tag{5.19}$$

が成り立ちます．

これを $\frac{dI}{dt}$ について解き直すと，

$$\frac{dI}{dt} = -\frac{R}{L}\left(I - \frac{V}{R}\right) \tag{5.20}$$

となり，これは $I(t)$ に関する微分方程式となっていて，変数分離型の形をしているので解くことができます[5]．

$$\frac{dI}{dt} = -\frac{R}{L}\left(I - \frac{V}{R}\right) \quad \Rightarrow \quad \frac{dI}{I - V/R} = -\frac{R}{L}\,dt$$

$$\Rightarrow \quad \int\frac{dI}{I - V/R} = -\int\frac{R}{L}\,dt \quad \Rightarrow \quad \log\left|I(t) - \frac{V}{R}\right| = -\frac{R}{L}t + C'$$

$$\Rightarrow \quad I(t) = Ce^{-\frac{R}{L}t} + \frac{V}{R} \tag{5.21}$$

ここで C' は積分定数で，$C = \pm e^{C'}$ も定数です．C は初期条件から決められますが，いまの場合は，時刻 $t = 0$ で $I(t) = 0$ であることから，$C = -V/R$ となります．

よって，時刻 t での電流は

5) R, L, V が定数であることに注意．

$$I(t) = \frac{V}{R}(1 - e^{-t/\tau}), \qquad \tau = \frac{L}{R} \tag{5.22}$$

となり，これをグラフにすると図 5.11 (b) のようになります．ここで，回路の**時定数** $\tau = L/R$ は時間の次元をもっており，電流が流れるようになるまでの時間の目安を与えます．この回路の場合は，自己インダクタンス L が大きいほど（もしくは抵抗 R が小さいほど），回路に電流が流れるまでの時間が長くなることがわかります．

以上のことから，自己インダクタンス L は**電流の変化のしにくさ**を表す物理量であると考えることができます．つまり回路の中にコイルがあると，電流の急激な変化が抑制され，徐々に電流が変化するようになります．「車は急に止まれない」というのと同じように，「電流は急に変われない」というわけですね．

ちなみに，電気機器のスイッチが入ったままコンセントからコードを引き抜くと，火花が飛ぶことがあります．これは，スイッチを切ったときには，電流変化 $\frac{dI}{dt}$ が非常に大きくなり，回路に含まれる自己インダクタンスの効果により，一時的に大きな誘導起電力 $L\frac{dI}{dt}$ が生じるためです[6]．

5.6 磁場のもつエネルギー

前節で考えたコイルと抵抗の直流回路（図 5.11 (a)）を，別の視点から捉えてみましょう．キルヒホッフの第 2 法則から導かれる式をもう一度書いてみます．

$$V = L\frac{dI}{dt} + IR \tag{5.23}$$

これの両辺に I を掛けてみると

$$VI = LI\frac{dI}{dt} + I^2R \tag{5.24}$$

6) 普段は自己インダクタンスが無視できるような回路であっても，小さな有限の自己インダクタンス L を有しているため，このような現象が起こります．

となりますが，$I^2 = \{I(t)\}^2$ を t で微分することで得られる合成関数の微分

$$\frac{d}{dt}(I^2) = \frac{d}{dI}(I^2) \times \frac{dI}{dt} = 2I\frac{dI}{dt} \tag{5.25}$$

を用いると

$$VI = \frac{d}{dt}\left(\frac{1}{2}LI^2\right) + I^2R \tag{5.26}$$

となります．ここで，左辺は起電力 V の電池から供給される単位時間当たりの仕事，右辺の第2項は抵抗 R で単位時間当たりに発生するジュール熱を表しています．

したがって，**コイルがもつエネルギーが** $LI^2/2$ **である**と考えると，右辺の第1項はコイルのエネルギーの単位時間当たりの変化となり，(5.26) は，ちょうどエネルギー収支の式を意味していることがわかります．これにより，コイルのもつエネルギーの公式が得られます．

▶ **コイルのもつエネルギー**：自己インダクタンス L のコイルに電流 I を流したとき，コイルのもつエネルギーは $\frac{1}{2}LI^2$ である．

具体的に，単位長さ当たりの巻数 n，長さ l のソレノイドコイルに電流 I を流したときのコイルのエネルギー U を求めてみましょう．このソレノイドの自己インダクタンス L は，Exercise 5.4 ですでに求めていて，

$$L = \pi\mu_0 n^2 l a^2 \tag{5.27}$$

であったので，ソレノイドがもつエネルギーは

$$U = \frac{1}{2}LI^2 = \pi a^2 l \times \frac{\mu_0 n^2 I^2}{2} \tag{5.28}$$

となります．

さらに，ソレノイド中の磁場の大きさが Exercise 4.2 より $B = \mu_0 nI$ となるので，ソレノイドのエネルギーを磁場の大きさ B を用いて書き直すと，

$$U = \pi a^2 l \times \frac{B^2}{2\mu_0} \tag{5.29}$$

となります．ここで $\pi a^2 l$ はソレノイド内の空間の体積なので，この式は，

単位体積当たりに磁場 $\boldsymbol{B}$ がもつエネルギーは $B^2/2\mu_0$ **である**ことを表していると考えることができます.

ソレノイドコイル以外の一般のコイルがつくる磁場は一様ではなく，上述の計算のように簡単に示すことはできませんが，ベクトル場の微積分を駆使することで，一般のコイルに対しても「コイルのもつエネルギー」を考える代わりに「磁場がもつ単位体積当たりのエネルギーは $B^2/2\mu_0$ となる」と考えてもよいことを証明することができます[7)]．本書では，その証明までは行いませんが，この事実だけ頭に入れておいてください.

▶ **磁場のもつエネルギー**：磁場 $\boldsymbol{B}$ がもつ単位体積当たりのエネルギーは $\dfrac{\boldsymbol{B}^2}{2\mu_0}$ である.

5.7 共振回路

コイルとコンデンサーを組み合わせた回路について，次の Exercise 5.5 に取り組んでみてください.

Exercise 5.5

図 5.12 のような自己インダクタンス L のコイル，電気容量 C のコンデンサー，スイッチから成る回路を考えます．始めスイッチは開いており，コンデンサーに電荷 Q_0 が蓄えられているとします．時刻 $t = 0$ にスイッチを閉じた後のコンデンサーの電荷 Q を時刻 t の関数として求めなさい.

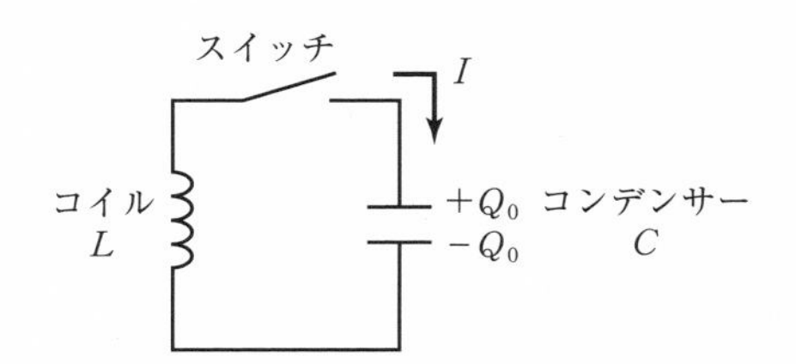

図 5.12 コイルとコンデンサーから成る回路

7) 静電エネルギーが,「単位体積当たりの電場がもつエネルギーは $\varepsilon_0 E^2/2$」と表せることとよく似ていますね.

Coaching　スイッチを閉じた後，時刻 t にコンデンサーに蓄えられている電荷を $Q(t)$，回路に流れている電流を $I(t)$ とします（図 5.12 の矢印の向きを電流の正の向きとします）．コンデンサーおよびコイルでの電圧降下はそれぞれ $\dfrac{Q(t)}{C}$，$L\dfrac{dI}{dt}$ と与えられるので，キルヒホッフの第2法則より，

$$0 = \frac{Q(t)}{C} + L\frac{dI}{dt} \tag{5.30}$$

となります．

また，図 5.13 (a) のようにコンデンサーの正極に着目すると，流れ込んできた電流 $I(t)$ とコンデンサーの電荷 $Q(t)$ の間には，連続方程式

$$\frac{dQ}{dt} = I(t) \tag{5.31}$$

が成り立ちます（3.5.1 項を参照）．これを（5.30）に代入すると，

$$0 = \frac{Q(t)}{C} + L\frac{d^2Q}{dt^2} \quad \Rightarrow \quad \frac{d^2Q}{dt^2} = -\frac{1}{LC}Q(t) \tag{5.32}$$

となります．これはバネにつながれた物体の運動方程式と同じ形をしているので，その一般解は

$$Q(t) = A\cos\omega t + B\sin\omega t, \qquad \omega^2 = \frac{1}{LC} \tag{5.33}$$

と表すことができます[8]．ここで A, B は，初期条件から決まる定数です．

また，電流 $I(t)$ は

$$I(t) = \frac{dQ}{dt} = -A\omega\sin\omega t + B\omega\cos\omega t \tag{5.34}$$

となります．初期条件は時刻 $t=0$ において，$Q = Q_0$, $I = 0$ で与えられるので，

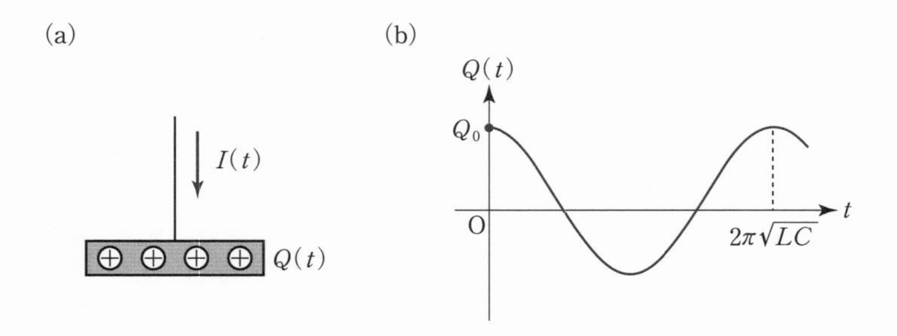

図 5.13　(a)　コンデンサーの正極に流れ込む電流
(b)　コンデンサーに蓄えられた電荷の時間変化

8)　これを微分方程式に代入すると，確かに解になっていることがすぐに確認できます．

これを（5.33）と（5.34）に代入することで，$A = Q_0$, $B = 0$ が得られます．

よって，時刻 t におけるコンデンサーの電荷は，

$$Q(t) = Q_0 \cos \omega t, \qquad \omega = \frac{1}{\sqrt{LC}} \tag{5.35}$$

となり，図5.13（b）のように時間が経つにつれて振動することがわかります． ■

Exercise 5.5 で扱ったコンデンサーとコイルから成る回路での振動現象を**共振回路**といいます．そして，この振動の振動数のことを**共振振動数**といい，それを f で表すと，

$$f = \frac{\omega}{2\pi} = \frac{1}{2\pi\sqrt{LC}} \tag{5.36}$$

となります．（5.36）より，コイルの自己インダクタンス L とコンデンサーの電気容量 C によって共振振動数 f の値を調整することができます．この共振回路を利用して，ある特定の周波数の電波を受信することができますが，これはラジオ波の受信に応用されています．

Coffee Break

身の回りにあるファラデーの法則

ファラデーの法則をうまく応用した例は，身の回りにたくさんあります．例えば，バスや電車などの公共交通機関で利用されるICカードですが，カード内にある電子機器には電池はありません．代わりにICカードの中にはコイルがあり，改札にタッチしたときに改札の機器から時間変化する磁場（交流磁場）が発せられてコイルを貫く磁束が変化し，それによって生じる誘導起電力によってICカードに電源が供給される仕組みになっています．

また，最近になって普及が進んでいるIH調理器（電磁誘導加熱調理器）では，調理器から交流の磁場を発生させることによって，金属製のフライパンや鍋に誘導起電力を生じさせ，それによって生じる電流によってジュール熱を発生させています．

ファラデーの法則はこの他にも，発電機や電圧変換装置（トランス）などにも応用されていて，我々の生活には欠かせない法則になっています．

本章のPoint

- **レンツの法則**：回路を貫く磁場の変化を妨げる向きに誘導電流が流れる．
- **ファラデーの法則**：$V=-\dfrac{d\Phi}{dt}$　（Φ：磁束，V：誘導起電力）
- **コイル**：コイルにおける電圧降下は $L\dfrac{dI}{dt}$（L：コイルの自己インダクタンス，I：電流），コイルが蓄えるエネルギーは $\dfrac{1}{2}LI^2$.

Practice

[5.1]　ソレノイドがつくる磁場による誘導起電力

図 5.14 (a) のような半径 a の十分長い単位長さ当たりの巻数が n のソレノイドを考え，ソレノイドに時間変化する電流 $I(t)$ を流すと，図 5.14 (b) のようにソレノイド内部に一様な磁場 $\boldsymbol{B}$ が生じます．いま，ソレノイドの中心軸方向の磁場の成分を時刻の関数として $B(t)$ と書いたとき，ソレノイドの中心軸から距離 r における電場 $\boldsymbol{E}$ の大きさ $E(t)$ を $\dfrac{dB}{dt}$ を用いて求めなさい．ただし，電気力線は図 5.14 (b) のように右ネジの法則で決まる中心軸を取り巻く向きに生じ，図 5.14 (b) の電気力線上で E は一定であるとします．

(a)

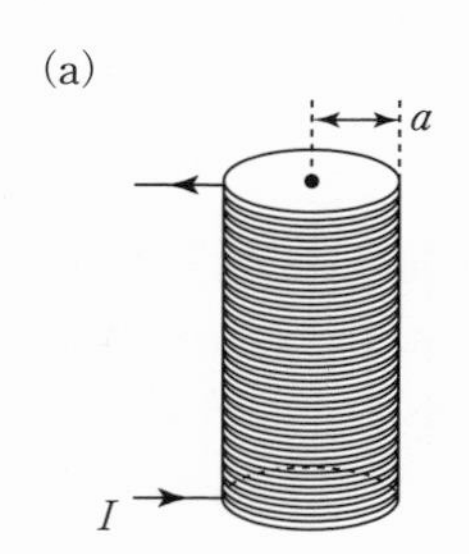

(b)　真上から見た図

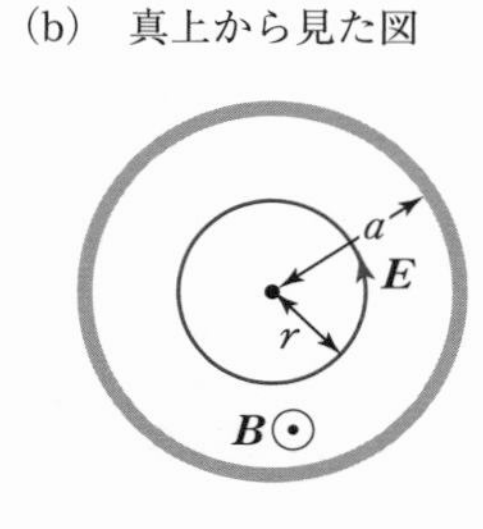

図 5.14　(a)　ソレノイドコイル
(b)　ソレノイドのつくる磁場と電磁誘導によって生じる電気力線

[5.2] 発電機

図5.15 (a) のように，一辺の長さがそれぞれ a, b で与えられる長方形コイルを置き，OO′ を中心軸として角速度 ω で回転させることを考えます．図5.15 (b) のように大きさ B の一様な磁場が加えられているとき，コイルに生じる誘導起電力を時刻 t の関数として求めなさい．ただし，コイルの正の向きを図5.15 (a) のように置き，時刻 $t=0$ でコイルと磁場の成す角 θ はゼロであったとし，そのときコイルを貫く磁束はゼロであるとします（図5.15 (b) を参照）．

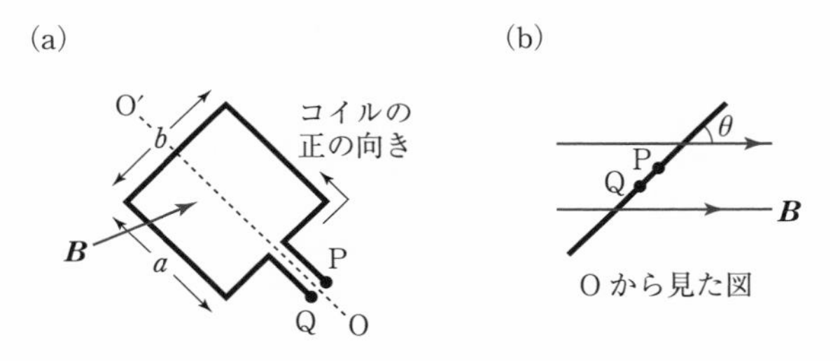

図5.15 (a) 発電機のコイルの模式図
(b) (a) の図を軸方向から見たとき

[5.3] コイルと抵抗の直列回路

図5.16のように，自己インダクタンス L のコイルと抵抗 R の抵抗が直列に接続された回路があります．時刻 $t=0$ で回路を流れる電流が I_0 であったとき，時刻 t (>0) における電流 $I(t)$ を求めなさい．

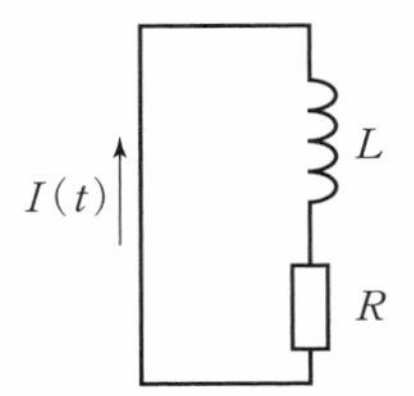

図5.16 コイルと抵抗の直列回路

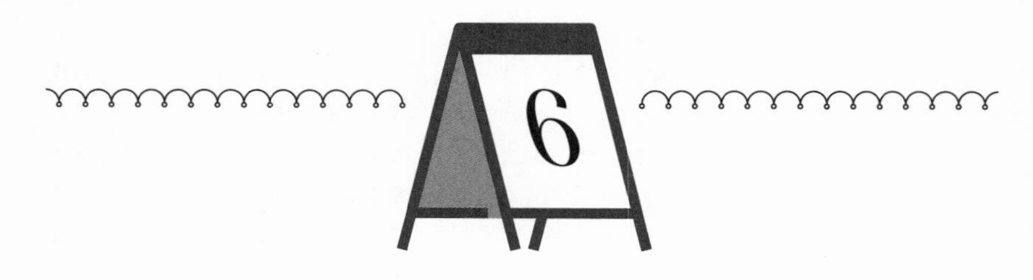

マクスウェル方程式

いよいよ最後の章です．ここでは，時間変化する電場と磁場について解説します．まず，前章で述べたファラデーの法則を微分形に書き直した後，電場が変化するときに成り立つ，最後の新しい物理法則について解説します．これにより，マクスウェル方程式という電磁気学の基礎方程式が出揃うことになります．そして最後に，簡単な場合について，マクスウェル方程式を解いてみることにします．電磁気学のクライマックスといえるパートになりますので，最後まで頑張ってついてきてください．

6.1　基本法則のまとめ

これまでに様々な物理法則が出てきましたが，そのどれもが，ベクトル場の微分を用いた簡単な式にまとめることができました（微分形の法則）．その中で，静電場と静磁場（時間によらず一定な電場と磁場）についての基本法則をまとめると次のようになります．

▶ **静電場と静磁場の基本法則のまとめ**：電荷密度を ρ，電流密度を $\boldsymbol{j}$ としたとき，静電場 $\boldsymbol{E}$ と静磁場 $\boldsymbol{B}$ は次の4つの微分形の法則を満たす．

（i）　$\mathrm{div}\,\boldsymbol{E} = \dfrac{\rho}{\varepsilon_0}$　　（ガウスの法則：1.6節）

（ii）　$\mathrm{rot}\,\boldsymbol{E} = \boldsymbol{0}$　　（電位の存在条件：1.7節）

（iii）　$\mathrm{div}\,\boldsymbol{B} = 0$　　（モノポールが存在しない条件：4.8 節）

（iv）　$\mathrm{rot}\,\boldsymbol{B} = \mu_0 \boldsymbol{j}$　　（アンペールの法則：4.2 節）

このようにまとめてみると，とてもきれいな形をしていることがわかりますね．また，静電場 $\boldsymbol{E}$ と静磁場 $\boldsymbol{B}$ の性質の違いもはっきりと見てとれます．

静電場 $\boldsymbol{E}$ は電荷から湧き出したり，電荷に吸い込まれたりしますが，ベクトル場として渦は生じておらず，静電場 $\boldsymbol{E}$ を水の流速としたとき，小さな水車を入れても回転しないようなベクトル場になっています．つまり，$\mathrm{div}\,\boldsymbol{E}$ はあってもよいですが，$\mathrm{rot}\,\boldsymbol{E}$ は必ずゼロです．

一方，静磁場 $\boldsymbol{B}$ は湧き出しや吸い込みはなく（$\mathrm{div}\,\boldsymbol{B} = 0$），代わりに電流があると，そこにベクトル場として渦が生じることがわかります（$\mathrm{rot}\,\boldsymbol{B} \neq \boldsymbol{0}$）．ここまできて，第 A 章で述べたベクトル場の微分の直観的な意味が活きてくるわけです．

さて，本章では電場 $\boldsymbol{E}$ や磁場 $\boldsymbol{B}$ が時間変化する場合を考えてみましょう．この場合は，$\boldsymbol{E}$ と $\boldsymbol{B}$ は位置 $\boldsymbol{r}$ だけの関数ではなく，時刻 t の関数にもなってきます．

$$\boldsymbol{B}(\boldsymbol{r}, t) = \boldsymbol{B}(x, y, z, t) \tag{6.1}$$

$$\boldsymbol{E}(\boldsymbol{r}, t) = \boldsymbol{E}(x, y, z, t) \tag{6.2}$$

よって，$\boldsymbol{E}$ と $\boldsymbol{B}$ は x, y, z, t の 4 変数関数とみなす必要があります．このように電場 $\boldsymbol{E}$ や磁場 $\boldsymbol{B}$ が時間変化する場合には，上記でまとめた基本法則が変更されますが，どのように変更されるのか，次に進む前に，ぜひ想像をしてみてください．

6.2　ファラデーの法則の微分形

すでに前章で，磁場 $\boldsymbol{B}$ が時間変化するとファラデーの法則によって電場 $\boldsymbol{E}$ が生じることを述べましたが，もう一度，ファラデーの法則を復習しておきましょう．

まず，5.2 節の復習から始めましょう．閉じた経路を C，C を境界とする曲面を A とすると，曲面 A を貫く磁束は

$$\Phi = \int_{\mathrm{A}} \boldsymbol{B} \cdot d\boldsymbol{S} \tag{6.3}$$

誘導起電力は

$$V = \int_{\mathrm{C}} \boldsymbol{E} \cdot d\boldsymbol{r} \tag{6.4}$$

と表せます．また，ファラデーの法則は

$$V = -\frac{d\Phi}{dt} \tag{6.5}$$

と表すことができます．

では，ファラデーの法則を微分形に書き直してみましょう．まず，(6.4) の線積分をストークスの定理（B.3 節を参照）を使って面積分に書き換えておきましょう．

$$V = \int_{\mathrm{A}} (\mathrm{rot}\, \boldsymbol{E}) \cdot d\boldsymbol{S} \tag{6.6}$$

一方，磁束の定義式 (6.3) を，磁場が $\boldsymbol{r}, t$ の関数であることを強調してもう一度書いてみると，

$$\Phi(t) = \int_{\mathrm{A}} \boldsymbol{B}(\boldsymbol{r}, t) \cdot d\boldsymbol{S} \tag{6.7}$$

となり，磁場 $\boldsymbol{B}$ は位置 $\boldsymbol{r}$，時刻 t の両方の関数となっていますが，この面積分を行うと，磁束 Φ は時刻のみの関数になります．

これより，磁束の時間微分は，

$$-\frac{d\Phi}{dt} = -\frac{d}{dt}\left(\int_{\mathrm{A}} \boldsymbol{B}(\boldsymbol{r}, t) \cdot d\boldsymbol{S}\right) = \int_{\mathrm{A}} \left(-\frac{\partial \boldsymbol{B}}{\partial t}\right) \cdot d\boldsymbol{S} \tag{6.8}$$

と書き換えることができます．なお，この式変形の途中で t に関する微分と面積分を交換していますが，磁場が t だけでなく $\boldsymbol{r}$ にも依存しているので，微分記号が偏微分の記号に置き換わることに注意しましょう．

最後に，ファラデーの法則 (6.5) に (6.6) と (6.8) を代入すると，

$$V = -\frac{d\Phi}{dt} \quad \Rightarrow \quad \int_{\mathrm{A}} (\mathrm{rot}\, \boldsymbol{E}) \cdot d\boldsymbol{S} = \int_{\mathrm{A}} \left(-\frac{\partial \boldsymbol{B}}{\partial t}\right) \cdot d\boldsymbol{S} \tag{6.9}$$

となり，最後の式が任意の曲面 A で成り立つので，最終的に

$$\mathrm{rot}\,\boldsymbol{E} = -\frac{\partial \boldsymbol{B}}{\partial t} \tag{6.10}$$

が成り立つことがわかります．これがファラデーの法則の微分形です．

▶ **ファラデーの法則の微分形**：電場 $\boldsymbol{E}$，磁場 $\boldsymbol{B}$ が位置 $\boldsymbol{r}$ と時刻 t の関数であるとき，ファラデーの法則の微分形は，

$$\mathrm{rot}\,\boldsymbol{E} = -\frac{\partial \boldsymbol{B}}{\partial t} \tag{6.11}$$

と表される．

まず，この美しい式をじっくりと堪能しましょう．この式は，ある点で磁場 $\boldsymbol{B}$ が時間変化すると，その点で電場 $\boldsymbol{E}$ をベクトル場として見たときに渦が生じる（$\mathrm{rot}\,\boldsymbol{E} \neq \boldsymbol{0}$）といっているのです（$\mathrm{rot}\,\boldsymbol{E}$ は，電場 $\boldsymbol{E}$ を水の流れと考えたときに，そこに小さな水車を入れたときの回転の速さであったことを思い出しましょう）．ファラデーの法則は，高等学校までは不思議な物理法則だったと思いますが，このように微分形で書くと，**自然界は美しい形の物理法則で書き表せるのでは？** と思ってしまいますよね．

微分形のファラデーの法則から，1つ気がつくことがあります．静電場に対しては，電場 $\boldsymbol{E}$ から電位が，

$$\phi(\boldsymbol{r}) = -\int_{\boldsymbol{r}_0}^{\boldsymbol{r}} \boldsymbol{E}\cdot d\boldsymbol{r} \tag{6.12}$$

によって定義されていましたが，ここに現れる始点 $\boldsymbol{r}_0$ から終点 $\boldsymbol{r}$ への線積分は，途中の経路の形によらないことが大前提でした（1.7節を参照）．これは $\mathrm{rot}\,\boldsymbol{E}$ がゼロであれば保証されますが，$\mathrm{rot}\,\boldsymbol{E}$ がゼロでないときには，線積分が経路の形に依存することになります．つまり，**磁場 $\boldsymbol{B}$ が時間変化するときには，$\mathrm{rot}\,\boldsymbol{E}$ がゼロではないので，電位が定義できないことになります！** 実際，これは正しく，電位が定義できるのは $\mathrm{rot}\,\boldsymbol{E} = \boldsymbol{0}$ の場合，つまり（6.11）より，磁場 $\boldsymbol{B}$ が時刻によらず一定となる場合に限られます．

では，5.2節で導入した誘導起電力 V とは何かというと，正確には電位として解釈するのではなく，回路の形状を決め，回路に沿った経路を C としたときに，

$$V = \int_C \boldsymbol{E} \cdot d\boldsymbol{r} \tag{6.13}$$

という量を誘導起電力として「定義」したのです．この誘導起電力 V は，当然のことながら，回路の形状に依存しています．つまり誘導起電力 V は，本来は「電位」の考え方では出てこない物理量なのですが，回路の形状は通常固定されており，その場合に「回路を1周したときの電位」という言い方をすると (6.13) が理解しやすくなるので，便宜的にそのように表現することで導入された物理量にすぎません．

本来は，磁場が変化すると電位が定義できなくなってしまうことを，よく理解しておいてください．

6.3 変位電流

ファラデーの法則の微分形では，磁場 $\boldsymbol{B}$ の時間変化が電場 $\boldsymbol{E}$ の rot と関係していました．でも，電場 $\boldsymbol{E}$ の時間変化は，いまのところ磁場 $\boldsymbol{B}$ に影響を与えていません．これでは法則に非対称性があることになり，物理法則としてあまり美しくないですよね．何か，まだ物理法則を見落としている気がします．

電磁気学の基礎をつくり上げた物理学者マクスウェルは，このことに気が付いて，いろいろと考えを巡らせ，最終的に次の思考実験によって新しい物理法則の必要性に気が付きました．

図6.1のように，平板コンデンサーに電流が流れている状況を考えてみましょう．電流の周りを1周する経路Cをとり，Cを境界とする曲面をAとします．電流 I が図6.1 (a) のように曲面Aを貫くとき，アンペールの法則より

$$\int_C \boldsymbol{B} \cdot d\boldsymbol{r} = \mu_0 I \tag{6.14}$$

が成り立ちます．ここまでは，特に問題はありません．問題は，ここからです．

本来，アンペールの法則は，曲面Aをその境界Cを固定したままいろいろ動かしても成り立っていないといけません．ところが，図6.1 (b) のように

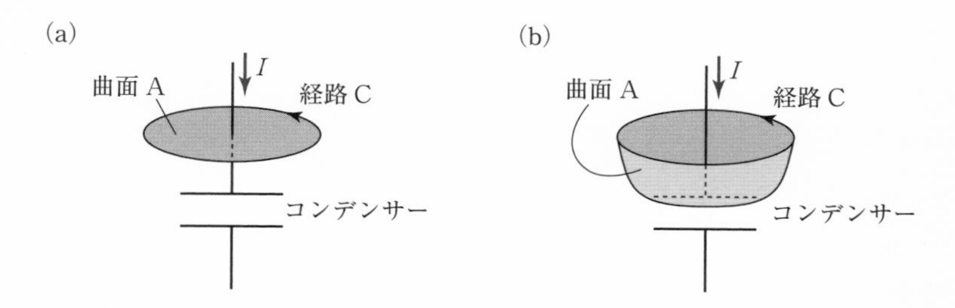

図 6.1 アンペールの法則で考える曲面
(a) 曲面が電流と交点をもつとき
(b) 曲面がコンデンサーの電極間にあるとき

曲面 A をとってしまうと，電流が曲面 A を貫いていないので，アンペールの法則が

$$\int_{\mathrm{C}} \boldsymbol{B} \cdot d\boldsymbol{r} = 0 \quad (?) \tag{6.15}$$

となってしまい，(6.14) と矛盾します．これは何かを見落としていることを示唆しています．さて，何でしょうか？

ヒントは，電場の時間変化にあります．図 6.1 (a) の配置では，曲面 A 上で電場はゼロです．一方，図 6.1 (b) の配置では，曲面 A の一部がコンデンサーの電極間にあるので，その位置でコンデンサーによる電場 $\boldsymbol{E}$ が有限の大きさになっています．電極間の電場 $\boldsymbol{E}$ はコンデンサーに蓄えられている電荷 Q によって決まりますが，コンデンサーに電流 I が流れ込んでいるので，電荷 Q は連続方程式

$$\frac{dQ}{dt} = I \tag{6.16}$$

によって時間変化します (3.5.1 項を参照)．したがって，電流 I が正であれば，コンデンサーの電荷 Q は増え，それによって電場 $\boldsymbol{E}$ の大きさも変化します．

実際に平板コンデンサーの面積を S とすると，コンデンサーの電極間には，Exercise 2.3 より，大きさ

$$E = \frac{Q}{\varepsilon_0 S} \tag{6.17}$$

の電場が生じます．さらに，電場の時間変化を考えると，(6.16) を使って，

$$\frac{dE}{dt} = \frac{1}{\varepsilon_0 S}\frac{dQ}{dt} = \frac{I}{\varepsilon_0 S} \tag{6.18}$$

のように，電流 I を用いて表すことができます．

さて，ここで面積分 $\int_{\mathrm{A}} \frac{\partial \boldsymbol{E}}{\partial t}\cdot d\boldsymbol{S}$ を考えてみましょう．曲面 A がコンデンサーの電極間で電極に平行な平面になっているとすれば，(6.17) を使って，

$$\int_{\mathrm{A}} \frac{\partial \boldsymbol{E}}{\partial t}\cdot d\boldsymbol{S} = \int_{\mathrm{A}} \frac{d\boldsymbol{E}(t)}{dt}\cdot d\boldsymbol{S} = \frac{dE}{dt} \times S = \frac{I}{\varepsilon_0} \tag{6.19}$$

となります[1]．ここまでくると，そろそろわかってきたでしょうか．電極間には電流が流れていない代わりに，電場 $\boldsymbol{E}$ が時間変化しており，それが**電流と同等の役割を果たす**のです．つまり，曲面 A を図 6.1 (b) のようにコンデンサーの電極間にとった場合には，アンペールの法則を

$$\int_{\mathrm{C}} \boldsymbol{B}\cdot d\boldsymbol{r} = \mu_0 \varepsilon_0 \int_{\mathrm{A}} \frac{\partial \boldsymbol{E}}{\partial t}\cdot d\boldsymbol{S} \tag{6.20}$$

と修正すれば，曲面 A によらずに (6.14) が導出されることになります．

以上の思考実験から，これまで述べてきたアンペールの法則は電場 $\boldsymbol{E}$ が時間変化するときにはそのままの形では成り立たず，拡張が必要となります．具体的には，アンペールの法則に

$$\int_{\mathrm{C}} \boldsymbol{B}\cdot d\boldsymbol{r} = \mu_0 \left(I + \varepsilon_0 \int_{\mathrm{A}} \frac{\partial \boldsymbol{E}}{\partial t}\cdot d\boldsymbol{S} \right) \tag{6.21}$$

のように，第 2 項を付け加えればよいことがわかります．

図 6.1 (a) のような曲面 A の配置では電流 I が有限ですが，$\frac{\partial \boldsymbol{E}}{\partial t}$ はゼロになります．一方，図 6.1 (b) のような曲面 A の配置では電流 I はゼロですが，

1)　最初の等号では，コンデンサーの電極間で電場 $\boldsymbol{E}$ が位置 $\boldsymbol{r}$ によらず，時間 t のみの関数であることを用いました．また第 2 の等号では，曲面 A はコンデンサーの電極と平行であるとし，コンデンサーの電極間の電場 $\boldsymbol{E}$ は常に曲面 A と直交することも用いました．

$\dfrac{\partial \boldsymbol{E}}{\partial t}$ は有限になります．よって，どちらの曲面の配置で立式したとしても，実質的に同じ式を与えるわけです．

さらに，電流 I は電流密度 $\boldsymbol{j}$ によって，

$$I = \int_{\mathrm{A}} \boldsymbol{j} \cdot d\boldsymbol{S} \tag{6.22}$$

と表せるので，(6.21) は

$$\int_{\mathrm{C}} \boldsymbol{B} \cdot d\boldsymbol{r} = \mu_0 \int_{\mathrm{A}} \left(\boldsymbol{j} + \varepsilon_0 \frac{\partial \boldsymbol{E}}{\partial t} \right) \cdot d\boldsymbol{S} \tag{6.23}$$

と書き直せます．ここで，右辺のカッコ内の第 2 項 $\varepsilon_0 \dfrac{\partial \boldsymbol{E}}{\partial t}$ のことを**変位電流**といいます[2)]．

そして，(6.23) の左辺はストークスの定理によって $\mathrm{rot}\, \boldsymbol{B}$ の面積分に書き換えることができるので，

$$\int_{\mathrm{A}} \mathrm{rot}\, \boldsymbol{B} \cdot d\boldsymbol{S} = \mu_0 \int_{\mathrm{A}} \left(\boldsymbol{j} + \varepsilon_0 \frac{\partial \boldsymbol{E}}{\partial t} \right) \cdot d\boldsymbol{S} \tag{6.24}$$

となり，この式が任意の曲面 A で成り立つことから

$$\mathrm{rot}\, \boldsymbol{B} = \mu_0 \left(\boldsymbol{j} + \varepsilon_0 \frac{\partial \boldsymbol{E}}{\partial t} \right) \tag{6.25}$$

が導けます．この式は，アンペールの法則の微分形に変位電流が付け加わったものとなります．ここで，一旦まとめておきましょう．

▶ **拡張されたアンペールの法則の微分形**：電流密度を $\boldsymbol{j}$，時間変化する電場を $\boldsymbol{E}$ としたとき，磁場 $\boldsymbol{B}$ に対して

$$\mathrm{rot}\, \boldsymbol{B} = \mu_0 \left(\boldsymbol{j} + \varepsilon_0 \frac{\partial \boldsymbol{E}}{\partial t} \right) \tag{6.26}$$

が成り立つ．ここで，$\varepsilon_0 \dfrac{\partial \boldsymbol{E}}{\partial t}$ を変位電流という．

---

2)　電場の時間変化が電流密度と同じ効果をもたらすために，この名前が付いています．積分した量 $\displaystyle\int_{\mathrm{A}} \varepsilon_0 \frac{\partial \boldsymbol{E}}{\partial t} \cdot d\boldsymbol{S}$ を変位電流ということもあります．

変位電流が必要であることは，次の考察からもわかります．(6.26) の拡張されたアンペールの法則の微分形に対して，両辺の div をとると

$$\mathrm{div}(\mathrm{rot}\,\boldsymbol{B}) = \mu_0\left\{\mathrm{div}\,\boldsymbol{j} + \varepsilon_0\,\mathrm{div}\left(\frac{\partial \boldsymbol{E}}{\partial t}\right)\right\} \tag{6.27}$$

となり，左辺に対しては A.4.5 項で紹介した微分公式

$$\mathrm{div}\,(\mathrm{rot}\,\boldsymbol{A}) = \nabla\cdot(\nabla\times\boldsymbol{A}) = 0 \tag{6.28}$$

を利用することでゼロになることがわかります．

一方，右辺のカッコ内の第 2 項（変位電流の項）は，

$$\varepsilon_0\,\mathrm{div}\left(\frac{\partial \boldsymbol{E}}{\partial t}\right) = \varepsilon_0\nabla\cdot\left(\frac{\partial \boldsymbol{E}}{\partial t}\right) = \varepsilon_0\begin{pmatrix}\dfrac{\partial}{\partial x}\\[2ex] \dfrac{\partial}{\partial y}\\[2ex] \dfrac{\partial}{\partial z}\end{pmatrix}\cdot\begin{pmatrix}\dfrac{\partial E_x}{\partial t}\\[2ex] \dfrac{\partial E_y}{\partial t}\\[2ex] \dfrac{\partial E_z}{\partial t}\end{pmatrix}$$

$$= \varepsilon_0\left\{\frac{\partial}{\partial x}\left(\frac{\partial E_x}{\partial t}\right) + \frac{\partial}{\partial y}\left(\frac{\partial E_y}{\partial t}\right) + \frac{\partial}{\partial z}\left(\frac{\partial E_z}{\partial t}\right)\right\} \tag{6.29}$$

となりますが，偏微分の順番は交換できることから，

$$\varepsilon_0\,\mathrm{div}\left(\frac{\partial \boldsymbol{E}}{\partial t}\right) = \varepsilon_0\frac{\partial}{\partial t}\left(\frac{\partial E_x}{\partial x} + \frac{\partial E_y}{\partial y} + \frac{\partial E_z}{\partial z}\right) = \varepsilon_0\frac{\partial}{\partial t}(\mathrm{div}\,\boldsymbol{E}) \tag{6.30}$$

と変形できます．(6.30) にガウスの法則の微分形

$$\mathrm{div}\,\boldsymbol{E} = \frac{\rho}{\varepsilon_0} \tag{6.31}$$

を代入すると，

$$\varepsilon_0\,\mathrm{div}\left(\frac{\partial \boldsymbol{E}}{\partial t}\right) = \frac{\partial \rho}{\partial t} \tag{6.32}$$

となります．

(6.28) と (6.32) を用いると，(6.27) は，

$$0 = \mu_0\left(\mathrm{div}\,\boldsymbol{j} + \frac{\partial \rho}{\partial t}\right) \tag{6.33}$$

となりますが，この式，どこかで見たことがないでしょうか．そう，3.5.2 項

の (3.19) で出てきた連続方程式の微分形です！ つまり，アンペールの法則に変位電流の項を入れておくことで，連続方程式が自動的に満たされることがわかるのです．逆にいえば，変位電流の項がないと連続方程式が満たされないので，矛盾が生じてしまうことになります．

6.4 マクスウェル方程式

これによって，すべての法則が出揃いました．これまでに出てきた様々な物理法則の微分形をまとめて**マクスウェル方程式**といい，次のように4つの式にまとめられます．

▶ **マクスウェル方程式**：電荷密度を ρ，電流密度を $\boldsymbol{j}$，電場を $\boldsymbol{E}$，磁場を $\boldsymbol{B}$ とする．これらが位置 $\boldsymbol{r}$ と時刻 t の関数となっているとき，

(i) $\mathrm{div}\,\boldsymbol{E} = \dfrac{\rho}{\varepsilon_0}$ （ガウスの法則）

(ii) $\mathrm{rot}\,\boldsymbol{E} = -\dfrac{\partial \boldsymbol{B}}{\partial t}$ （ファラデーの法則）

(iii) $\mathrm{div}\,\boldsymbol{B} = 0$ （モノポールが存在しない条件）

(iv) $\mathrm{rot}\,\boldsymbol{B} = \mu_0\left(\boldsymbol{j} + \varepsilon_0 \dfrac{\partial \boldsymbol{E}}{\partial t}\right)$ （アンペールの法則 ＋ 変位電流）

が成り立つ．また，速度 $\boldsymbol{v}$，電荷 q の点電荷の運動方程式は，

$$m\frac{d\boldsymbol{v}}{dt} = q\boldsymbol{E} + q\boldsymbol{v} \times \boldsymbol{B} \tag{6.34}$$

で与えられる．

本書の目標の1つは，この4つの方程式を導くことにありました．ようやくここまで辿りついたわけですが，実は，マクスウェル方程式が真価を発揮するのはここからです．この4つの方程式から，ここまでの議論を逆に遡ることで，クーロンの法則やアンペールの法則などの電磁気学のすべての法則を導くことができます．ということは，**この世界における電磁気学の現象はすべて，たった4つの方程式で記述できてしまうわけです！**

これだけでも十分驚きなのですが，もう1つ，驚くべき結果を導くことが

できます．本章の最後に，マクスウェル方程式から導かれる素晴らしい結果をお見せすることにしましょう．

いまから，何も物質のない真空の空間を考えることにしましょう．このとき，電荷密度 ρ と電流密度 $\boldsymbol{j}$ は共にゼロになるので，マクスウェル方程式において $\rho = 0$, $\boldsymbol{j} = \boldsymbol{0}$ とすると，

$$\mathrm{div}\,\boldsymbol{E} = 0 \tag{6.35}$$

$$\mathrm{rot}\,\boldsymbol{E} = -\frac{\partial \boldsymbol{B}}{\partial t} \tag{6.36}$$

$$\mathrm{div}\,\boldsymbol{B} = 0 \tag{6.37}$$

$$\mathrm{rot}\,\boldsymbol{B} = \mu_0 \varepsilon_0 \frac{\partial \boldsymbol{E}}{\partial t} \tag{6.38}$$

が得られます．そこで，まずマクスウェル方程式の第4式（6.38）の両辺を時刻 t で偏微分してみると，t に関する偏微分と位置に関する微分操作である rot は交換できるので，

$$\frac{\partial}{\partial t}(\mathrm{rot}\,\boldsymbol{B}) = \mu_0 \varepsilon_0 \frac{\partial^2 \boldsymbol{E}}{\partial t^2} \quad \Rightarrow \quad \mathrm{rot}\left(\frac{\partial \boldsymbol{B}}{\partial t}\right) = \mu_0 \varepsilon_0 \frac{\partial^2 \boldsymbol{E}}{\partial t^2} \tag{6.39}$$

となり，さらにマクスウェル方程式の第2式（6.36）を使うと，

$$\mathrm{rot}\,(-\mathrm{rot}\,\boldsymbol{E}) = \mu_0 \varepsilon_0 \frac{\partial^2 \boldsymbol{E}}{\partial t^2} \tag{6.40}$$

となります．

さて，Training 4.4 で証明したように，一般のベクトル場 $\boldsymbol{A}$ に対して，公式

$$\mathrm{rot}\,(\mathrm{rot}\,\boldsymbol{A}) = \nabla \times (\nabla \times \boldsymbol{A}) = \nabla(\nabla \cdot \boldsymbol{A}) - \nabla^2 \boldsymbol{A} \tag{6.41}$$

が成り立つことを用いると，（6.40）の左辺は，

$$\begin{aligned}\mathrm{rot}\,(-\mathrm{rot}\,\boldsymbol{E}) &= -\mathrm{rot}\,(\mathrm{rot}\,\boldsymbol{E}) = -\nabla(\nabla \cdot \boldsymbol{E}) + \nabla^2 \boldsymbol{E} \\ &= -\mathrm{grad}\,(\mathrm{div}\,\boldsymbol{E}) + \nabla^2 \boldsymbol{E}\end{aligned} \tag{6.42}$$

となります．さらに，マクスウェル方程式の第1式（6.35）を用いると，（6.42）の最後の式の第1項は消え，

$$\mathrm{rot}\,(-\mathrm{rot}\,\boldsymbol{E}) = \nabla^2 \boldsymbol{E} \tag{6.43}$$

となるので，（6.40）は，

$$\nabla^2 \boldsymbol{E} = \mu_0 \varepsilon_0 \frac{\partial^2 \boldsymbol{E}}{\partial t^2} \tag{6.44}$$

となり，電場 $\boldsymbol{E}$ に対する偏微分方程式が得られます．

簡単のため，電場は x 成分しかなく，$\boldsymbol{E} = (E_x, 0, 0)$ となる場合を考えてみましょう．さらに E_x は z と t にのみ依存していて，x, y によらないと仮定してみます．つまり，$E_x(z, t)$ は z と t の 2 変数関数であるとします．このとき，(6.44) の x 成分について，∇^2 の記号を具体的に書くと，

$$\left(\frac{\partial^2 E_x}{\partial x^2} + \frac{\partial^2 E_x}{\partial y^2} + \frac{\partial^2 E_x}{\partial z^2} \right) = \mu_0 \varepsilon_0 \frac{\partial^2 E_x}{\partial t^2} \tag{6.45}$$

となります．すると，いま E_x は z と t にのみ依存するので，上式のカッコ内の第 1 項と第 2 項はゼロになり，

$$\frac{\partial^2 E_x}{\partial z^2} = \mu_0 \varepsilon_0 \frac{\partial^2 E_x}{\partial t^2} \tag{6.46}$$

となります．

この方程式は，おそらく多くの読者は初めて出会う方程式かと思いますが，**波動方程式**という種類の偏微分方程式です．この方程式は所定の手続きで解くことができますが，本書の範囲を超えてしまうので，ここでは解の形を初めから与えてしまいましょう．

この波動方程式の解の形は，

$$E_x(z, t) = A \cos \left(2\pi f t - 2\pi \frac{z}{\lambda} \right) \tag{6.47}$$

となります．この式，どこかで見たことがありますね．そう，波の式です．A は波の振幅，f は波の振動数，λ は波の波長をそれぞれ表しています[3),4)]．この式を波動方程式 (6.46) に代入すると，

---

3)　単位時間当たり $2\pi f$ だけ cos の中身（位相といいます）が増えるので，単位時間当たり cos の値は f 回振動し，確かに f は振動数になっていることがわかります．また x が $x + \lambda$ に増えると，cos の中身（位相）が 2π だけ変化するため，確かに λ は波の波長を表しています．

4)　大学の物理学では，波の式を $\cos(kz - \omega t)$（$= \cos(\omega t - kz)$）と表すことも多いです．ここで $k = 2\pi/\lambda$ は波数，$\omega = 2\pi f$ は角振動数といいます．

$$\frac{\partial^2 E_x}{\partial z^2} = -A\left(\frac{2\pi}{\lambda}\right)^2 \cos\left(2\pi ft - 2\pi\frac{z}{\lambda}\right) \tag{6.48}$$

$$\frac{\partial^2 E_x}{\partial t^2} = -A\,(2\pi f)^2 \cos\left(2\pi ft - 2\pi\frac{z}{\lambda}\right) \tag{6.49}$$

となるので，共通する cos の項が消去されて，

$$-A\left(\frac{2\pi}{\lambda}\right)^2 = -\varepsilon_0\mu_0 A\,(2\pi f)^2 \;\;\Rightarrow\;\; \frac{1}{\lambda^2} = \varepsilon_0\mu_0 f^2 \;\;\Rightarrow\;\; f\lambda = \frac{1}{\sqrt{\varepsilon_0\mu_0}} \tag{6.50}$$

が得られます．つまり，波の式の中に現れる定数 f, λ は，この式を満たす必要があります．

ところで，波の速さを v とすると，波の式は $z = 0$ での波の振動 $A\cos(2\pi ft)$ が時間 z/v だけ遅れてやってくると考えて，

$$E_x(z, t) = A\cos\left\{2\pi f\left(t - \frac{z}{v}\right)\right\} \tag{6.51}$$

とも表されます．この式と（6.47）を比較することで，

$$\frac{f}{v} = \frac{1}{\lambda} \;\;\Rightarrow\;\; f\lambda = v \tag{6.52}$$

という，高等学校の物理の授業で出てきた「波の公式」を示すことができます．そして，この波の公式と（6.50）を見比べると，波が進行する速さは，

$$v = \frac{1}{\sqrt{\varepsilon_0\mu_0}} \tag{6.53}$$

となることがわかります．

さて，真空の誘電率 ε_0 と真空の透磁率 μ_0 を再掲すると，それぞれ国際単位系（SI 単位系）で

$$\varepsilon_0 = 8.854 \times 10^{-12}\,\mathrm{s^4 \cdot A^2/m^3 \cdot kg} \tag{6.54}$$

$$\mu_0 = 1.2566 \times 10^{-6}\,\mathrm{m \cdot kg/s^2 \cdot A^2} \tag{6.55}$$

と与えられたので，これを (6.53) に代入して，波の速さ v を実際に計算してみてください．これだけは，パソコンや電卓を使って“絶対に”計算してみてください!!

真空の誘電率および真空の透磁率の値を用いて，波動方程式の解の進行速度 v を具体的に求め，単位もチェックしなさい．

さて，計算してみたでしょうか．その結果は，

$$v = 2.998 \times 10^8 \mathrm{m/s} \tag{6.56}$$

となります．これは有効桁数（いまは4桁）の範囲で，ちょうど**光速**と一致します．つまり，マクスウェル方程式から導出される波動方程式は，光（もっと一般には**電磁波**）を記述するのです！

さて，ここまでの道のりを振り返ってみてください．本章まで，光（電磁波）というものは全く出てきませんでした．何をしてきたかといえば，物理法則をベクトル場の微分や積分を使って丹念に記述してきただけなのです．そして，いろいろな法則を div や rot で書き表し，最終局面では，マクスウェルによりアンペールの法則に変位電流の項が追加され，4つのマクスウェル方程式が完成しました．その結果，得られたマクスウェル方程式を**他に別の法則を加えることなく**解くことで，光（電磁波）が解として得られたのです！ つまり私たちは，**気づかぬうちに「光（電磁波）とは何か？」という別の疑問に対して答えを与えてしまった**のです．

このことは驚くべきことで，人類が物理学の歴史の中で達成した業績の中でも，最も美しい結果です[5)]．ぜひ，堪能してください．

6.5　電磁場の性質

もう少しだけ，マクスウェル方程式を調べてみましょう．先ほど求めた波動方程式の解では，電場 $\boldsymbol{E}$ は x 成分のみゼロでなく，

$$E_x(z,t) = A\cos\left(2\pi ft - 2\pi\frac{z}{\lambda}\right), \qquad E_y(z,t) = E_z(z,t) = 0 \tag{6.57}$$

と与えられました．これをマクスウェル方程式の第2式（6.36）に代入し，

5)　これを知らないまま生きるなんて，何てもったいない．

$-\dfrac{\partial \boldsymbol{B}}{\partial t} = \mathrm{rot}\,\boldsymbol{E}$ を成分表示して，解 (6.56) を代入すると，

$$\begin{cases} -\dfrac{\partial B_x}{\partial t} = \dfrac{\partial E_z}{\partial y} - \dfrac{\partial E_y}{\partial z} = 0 & (6.58) \\ -\dfrac{\partial B_y}{\partial t} = \dfrac{\partial E_x}{\partial z} - \dfrac{\partial E_z}{\partial x} = A\left(\dfrac{2\pi}{\lambda}\right)\sin\left(2\pi ft - 2\pi\dfrac{z}{\lambda}\right) & (6.59) \\ -\dfrac{\partial B_z}{\partial t} = \dfrac{\partial E_y}{\partial x} - \dfrac{\partial E_x}{\partial y} = 0 & (6.60) \end{cases}$$

となり，磁場 $\boldsymbol{B}$ は y 成分しかないことがわかります[6]．さらに，(6.59) を時刻 t で積分することにより，

$$B_y = \frac{A}{f\lambda}\cos\left(2\pi ft - 2\pi\frac{z}{\lambda}\right) = \frac{A}{c}\cos\left(2\pi ft - 2\pi\frac{z}{\lambda}\right) \qquad (6.61)$$

が得られます[7]．

つまり，光の進行方向（いまは z 方向）と，電場 $\boldsymbol{E}$（いまは x 方向）および磁場 $\boldsymbol{B}$（いまは y 方向）は，すべて互いに直交することがわかります．この様子を図にすると，図 6.2 のようになります．

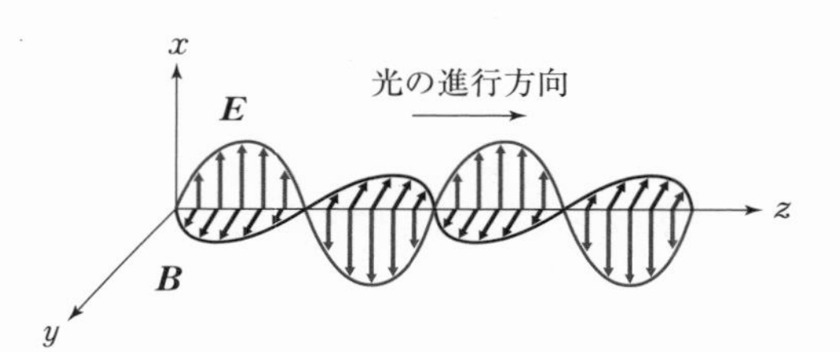

図 6.2　電磁場の様子

このように，光は横波になっていて，電場の方向（もしくは磁場の方向）は進行方向に垂直な面内にあります．通常，光には様々な方向の電場（磁場）の振動が含まれますが，偏光板とよばれる特殊な物質を通すことで，特定の方向に振動する電場（磁場）をもつ光を取り出すことができます．これを**偏光**といいます．

---

6)　時刻 t で偏微分してゼロとなる場合，元の関数は時間によらない定数となってもよいのですが，電磁場がないとき（$A = 0$ のとき）に電場と磁場はゼロであるべきなので，その定数はゼロになります．

7)　ここでも，積分する際に時間によらない積分定数が付いても構いませんが，電磁場がないとき（$A = 0$ のとき）に電場と磁場はゼロであるべきなので，積分定数をゼロとしました．

偏光をうまく利用すると，様々なことに応用することができます．例えば，水やガラスに反射する光は特定の方向に偏光することがわかっているので，これをカットするためにサングラスに偏光フィルターが取り入れられています．また，3D 立体映像を楽しむために使う 3D メガネは，右目部分と左目部分に偏光面が異なる偏光フィルターが入っており，右目と左目に別々の映像が入るようにしています．

6.6 相対性理論との関係

実は，電磁気学はアインシュタインの相対性理論と深い関係があります．それを理解するためには，もちろん相対性理論を知らないといけないのですが，ここでは相対性理論の詳しい解説はしない代わりに，「あぁ，相対性理論が必要になりそうだな」という感じをつかめるところまで解説してみましょう．この節はオマケですので，完全に理解できなくても，雰囲気だけつかめれば大丈夫です．

まず，質量 m，電荷 q の粒子が電場 $\boldsymbol{E}$，磁場 $\boldsymbol{B}$ のもとで速度 $\boldsymbol{v}$ で運動しているとき，粒子の運動方程式は，

$$m\frac{d\boldsymbol{v}}{dt} = q(\boldsymbol{E} + \boldsymbol{v} \times \boldsymbol{B}) \tag{6.62}$$

と表すことができます．ところで，どうしてこの形をしているのか，疑問に感じたことはないでしょうか？ 電場から受ける力 $q\boldsymbol{E}$ の方はまぁよいとしても，磁場から受けるローレンツ力は，なぜ $q\boldsymbol{v} \times \boldsymbol{B}$ というベクトルの外積の形をしているのでしょうか．別の言い方をすれば，なぜローレンツ力は速度 $\boldsymbol{v}$ と磁場 $\boldsymbol{B}$ の双方と直交することになるのでしょうか？ さらに，電磁場が電場 $\boldsymbol{E}$ と磁場 $\boldsymbol{B}$ だけですべてを記述できるのはなぜなのでしょうか？ 他のベクトル場は出てこないのでしょうか？ 以下の議論で，これらの疑問に一部答えることができます．

まず，運動量ベクトル $\boldsymbol{p} = m\boldsymbol{v}$ を使って運動方程式 (6.62) の左辺を書き直すと，

$$\frac{d\boldsymbol{p}}{dt} = q(\boldsymbol{E} + \boldsymbol{v} \times \boldsymbol{B}) \tag{6.63}$$

となるので，これを成分ごとに分けて書いてみましょう．ベクトルの外積が，

$$\boldsymbol{v} \times \boldsymbol{B} = \begin{pmatrix} v_x \\ v_y \\ v_z \end{pmatrix} \times \begin{pmatrix} B_x \\ B_y \\ B_z \end{pmatrix} = \begin{pmatrix} v_y B_z - v_z B_y \\ v_z B_x - v_x B_z \\ v_x B_y - v_y B_x \end{pmatrix} \tag{6.64}$$

と表せることに注意すると，運動方程式 (6.63) は成分ごとに

$$\begin{cases} \dfrac{dp_x}{dt} = qE_x + qv_y B_z - qv_z B_y & (6.65) \\ \dfrac{dp_y}{dt} = qE_y + qv_z B_x - qv_x B_z & (6.66) \\ \dfrac{dp_z}{dt} = qE_z + qv_x B_y - qv_y B_x & (6.67) \end{cases}$$

となります．

ここで dt を微小量だと思って，分母をはらう（両辺に dt を掛ける）と，電荷の変位 $d\boldsymbol{r} = (dx, dy, dz)$ を使って，$v_x\,dt = dx$，$v_y\,dt = dy$，$v_z\,dt = dz$ と書き直すことができます．その結果，

$$\begin{cases} dp_x = qE_x\,dt + qB_z\,dy - qB_y\,dz & (6.68) \\ dp_y = qE_y\,dt + qB_x\,dz - qB_z\,dx & (6.69) \\ dp_z = qE_z\,dt + qB_y\,dx - qB_x\,dy & (6.70) \end{cases}$$

となります．ここまでくると，何かキレイな関係式がありそうな予感がしてきます．

実際に，この式を行列を使って書き直してみると

$$\begin{pmatrix} dp_x \\ dp_y \\ dp_z \end{pmatrix} = q \begin{pmatrix} E_x & 0 & B_z & -B_y \\ E_y & -B_z & 0 & B_x \\ E_z & B_y & -B_x & 0 \end{pmatrix} \begin{pmatrix} dt \\ dx \\ dy \\ dz \end{pmatrix} \tag{6.71}$$

となって，キレイな形になります．でも，少し不満があります．行列が 3×4 行列になっていて，形がいびつになっていますね．ということで，これを 4×4 行列に拡張してみましょう．

$$\begin{pmatrix} ? \\ dp_x \\ dp_y \\ dp_z \end{pmatrix} = q\begin{pmatrix} ? & ? & ? & ? \\ E_x & 0 & B_z & -B_y \\ E_y & -B_z & 0 & B_x \\ E_z & B_y & -B_x & 0 \end{pmatrix}\begin{pmatrix} dt \\ dx \\ dy \\ dz \end{pmatrix} \tag{6.72}$$

これでキレイな形となりましたが，？が付いている部分には何が入りそうでしょうか．ヒントは，行列の成分の規則性です．上の式の行列をよく見てください．対角成分はゼロになっていて，かつ，対角成分を挟んで対称な位置にある2つの行列要素は符号を逆転させたものになっています．

例えば，行列の2行3列目の成分は B_z になっていますが，対角成分を挟んで反対側の3行2列目の成分は $-B_z$ になっています．とすると，この行列は反対称行列（m 行 n 列目の値と n 行 m 列目の値の大きさが同じで，符号が逆になる行列）になっていると予想できそうです．これで，行列の1行目が $0, -E_x, -E_y, -E_z$ となりそうなことがわかりました．

さらに，この結果を踏まえて第1成分を書き出してみると，

$$? = -qE_x\,dx - qE_y\,dy - qE_z\,dz \tag{6.73}$$

となるので，これは，エネルギーにマイナスを付けたものになりそうです．そこで左辺を

$$-dU = -qE_x\,dx - qE_y\,dy - qE_z\,dz \tag{6.74}$$

とおいてみると，左辺はエネルギーの変化（にマイナスを付けたもの），右辺は電場が粒子にする仕事（にマイナスを付けたもの）になっていることがわかります．すなわち，(6.72) と (6.74) をまとめると，

$$\begin{pmatrix} -dU \\ dp_x \\ dp_y \\ dp_z \end{pmatrix} = q\begin{pmatrix} 0 & -E_x & -E_y & -E_z \\ E_x & 0 & B_z & -B_y \\ E_y & -B_z & 0 & B_x \\ E_z & B_y & -B_x & 0 \end{pmatrix}\begin{pmatrix} dt \\ dx \\ dy \\ dz \end{pmatrix} \tag{6.75}$$

となります．

(6.75) からは，いろいろなことがわかります．左辺には，電荷のエネルギー

と運動量の変位 $(-dU, dp_x, dp_y, dp_z)$ がワンセットで現れています[8]．つまり，エネルギーと運動量が「対」になっているのです．同様に，時刻と位置の微小変化である dt と (dx, dy, dz) も「対」になっていることがわかります．さらに，電場と磁場は 4×4 の反対称行列の成分として統合されていることがわかります．少なくとも 4 次元時空（3 次元空間 + 時間）を考える限り，磁場と電場が同時に出てくることは自然なことだとわかります．

逆に，なぜ磁場と電場が 3 次元ベクトルとして存在するかというと，それは，この世が 4 次元時空として記述されるからですね．4 次元時空であるからこそ，反対称行列成分は 6 個となり，それをうまく振り分けることで，電場 $\boldsymbol{E}$ と磁場 $\boldsymbol{B}$ が構成されます．もしこの世界が 5 次元時空で記述されるならば，反対称行列成分は 10 個に増え，ベクトルとして簡単には扱えなくなります[9]．

Coffee Break

マクスウェル方程式と相対性理論

マクスウェル方程式が現在の形で記述されるようになったのは，1890 年代のことです．これにより電磁気学は完成を見るわけですが，実はこのマクスウェル方程式には，後のアインシュタインの相対性理論につながる重要な性質が秘められていました．

通常の力学では，ある座標系に対して，一定の速度で運動している別の座標系を考えても，物理法則は変わらないことが知られています．このような座標変換をガリレイ変換といいますが，この変換をそのまま適用すると，マクスウェル方程式の形が変わり，異なる物理法則に従うように見えることがわかります．例えば，ある座標系で電荷が静止していたとき，この電荷は磁場をつくりませんが，別の座標系では電荷は動いて見えるので電流が生じ，磁場が発生してしまいます．その結果，2 つの座標系で異なる物理法則が生じるように見える，という問題が生じます．

8）この 4 成分は単位が違うので，本格的に議論するときには光速 c を適当に掛けたり割ったりして，単位を合わせておくのが普通です（Training 6.4 を参照）．右辺に現れる 4 次元変位ベクトル (dt, dx, dy, dz) や 4×4 反対称行列の成分も同様です．

9）逆にいえば，4 次元以上の時空を考えることで，電磁力と電磁力以外の力が統一的に記述される可能性があります．この方向を思いっきり突き詰めたのが，11 次元空間における超ひも理論です．かなりざっくりとした表現ですが…….

この問題を解決するには，時刻と座標を混ぜる新しい変換（ローレンツ変換）と，それに伴う電場・磁場の変換則が必要になります．このローレンツ変換はマクスウェル方程式の形を変えないので，どの座標で見ても物理法則は変わらなくなります．ローレンツ変換は，相対性理論の肝となる変換なのですが，マクスウェル方程式をじっと眺めているだけで発見できたはずだったのです．しかし，歴史的にはそうはならず，本格的な理論の構築はアインシュタインの登場を待たなければいけませんでした．ローレンツ変換は我々の常識とかけ離れた結論を導くために，多くの人は見過ごしてしまったわけです．アインシュタインが提出した相対性理論のアイディアがいかに素晴らしかったか，よくわかりますね．

本章のPoint

電場 $\boldsymbol{E}$，磁場 $\boldsymbol{B}$ に対して，次の法則が成り立つ．

（ρ：電荷密度，$\boldsymbol{j}$：電流密度，ε_0：真空の誘電率，μ_0：真空の透磁率）

▶ **ファラデーの法則の微分形**：$\mathrm{rot}\,\boldsymbol{E} = -\dfrac{\partial \boldsymbol{B}}{\partial t}$

▶ **拡張されたアンペールの法則の微分形と変位電流**：$\mathrm{rot}\,\boldsymbol{B} = \mu_0\left(\boldsymbol{j} + \varepsilon_0 \dfrac{\partial \boldsymbol{E}}{\partial t}\right)$

$\left(\varepsilon_0 \dfrac{\partial \boldsymbol{E}}{\partial t}\right.$ を変位電流という．$\left.\right)$

▶ **マクスウェル方程式**：

$$\mathrm{div}\,\boldsymbol{E} = \frac{\rho}{\varepsilon_0} \qquad \text{（ガウスの法則）}$$

$$\mathrm{rot}\,\boldsymbol{E} = -\frac{\partial \boldsymbol{B}}{\partial t} \qquad \text{（ファラデーの法則）}$$

$$\mathrm{div}\,\boldsymbol{B} = 0 \qquad \text{（モノポールが存在しない条件）}$$

$$\mathrm{rot}\,\boldsymbol{B} = \mu_0\left(\boldsymbol{j} + \varepsilon_0 \frac{\partial \boldsymbol{E}}{\partial t}\right) \qquad \text{（アンペールの法則 + 変位電流）}$$

Practice

[6.1]　変位電流の評価

銅に交流電場 $\boldsymbol{E}(t) = (E_0 \cos 2\pi f t, 0, 0)$ が加わっているとき，オームの法則によって決まる電流密度 $\boldsymbol{j}$ と変位電流 $\varepsilon_0 \dfrac{\partial \boldsymbol{E}}{\partial t}$ の振幅が等しくなる振動数 f を求めなさい．ただし，銅の伝導度を $\sigma = 6.5 \times 10^7\,\Omega^{-1}\mathrm{m}^{-1}$ とし，銅の誘電率は真空の誘電率と等しいことを仮定して構いません．

[6.2]　平 面 波

一般に 3 次元空間中の電磁場は，電場 $\boldsymbol{E}$ に対して

$$\begin{cases} E_x = A_x \cos\,(2\pi f t - k_x x - k_y y - k_z z) \\ E_y = A_y \cos\,(2\pi f t - k_x x - k_y y - k_z z) \\ E_z = A_z \cos\,(2\pi f t - k_x x - k_y y - k_z z) \end{cases} \tag{6.76}$$

と書き表されます．ここで f は光の振動数，$\boldsymbol{k} = (k_x, k_y, k_z)$ は定数ベクトル，$\boldsymbol{E}_0 = (A_x, A_y, A_z)$ は振幅を表します．

(1)　光はベクトル $\boldsymbol{k}$ の向きに進行することを説明しなさい．

(2)　光の波長を λ としたとき，$|\boldsymbol{k}| = 2\pi/\lambda$ が成り立つことを示しなさい．

(3)　(6.76) を波動方程式 (6.44) に代入すると，波の公式 $f\lambda = c$ (c は光の速さ) が得られることを示しなさい．

[6.3]　電磁場の振幅

電場の振幅が 0.1 V/m の電磁場に対して，磁場の振幅を求めなさい．

[6.4]　マクスウェル方程式

マクスウェル方程式の一部が以下の形にまとめられることを，各成分ごとに分けて具体的に計算することで確かめなさい．

$$\begin{pmatrix} -\dfrac{1}{c}\dfrac{\partial}{\partial t} & \dfrac{\partial}{\partial x} & \dfrac{\partial}{\partial y} & \dfrac{\partial}{\partial z} \end{pmatrix} \begin{pmatrix} 0 & -E_x & -E_y & -E_z \\ E_x & 0 & cB_z & -cB_y \\ E_y & -cB_z & 0 & cB_x \\ E_z & cB_y & -cB_x & 0 \end{pmatrix} = \frac{1}{\varepsilon_0}\begin{pmatrix} \rho & -\dfrac{j_x}{c} & -\dfrac{j_y}{c} & -\dfrac{j_z}{c} \end{pmatrix} \tag{6.77}$$

Training と Practice の略解

（詳細解答は，本書の Web ページを参照してください.）

Training

スペースの都合で，ベクトルの成分表示は (A_x, A_y, A_z) のように書き表します.

A. 1 (1) $\dfrac{\partial f}{\partial x} = 2$, $\dfrac{\partial f}{\partial y} = -1$, $\dfrac{\partial f}{\partial z} = 1$ (2) $\dfrac{\partial f}{\partial x} = 2x$, $\dfrac{\partial f}{\partial y} = 2y$, $\dfrac{\partial f}{\partial z} = 2z$ (3) $\dfrac{\partial f}{\partial x} = -a\sin(ax + by + cz)$, $\dfrac{\partial f}{\partial y} = -b\sin(ax + by + cz)$, $\dfrac{\partial f}{\partial z} = -c\sin(ax + by + cz)$

A. 2 $\dfrac{\partial^2 f}{\partial y\,\partial z} = 3x^2z^2 = \dfrac{\partial^2 f}{\partial z\,\partial y}$, $\dfrac{\partial^2 f}{\partial z\,\partial x} = 6xyz^2 = \dfrac{\partial^2 f}{\partial x\,\partial z}$

A. 3 $\dfrac{\partial f}{\partial x} = 2xyz^3$, $\dfrac{\partial f}{\partial y} = x^2z^3$, $\dfrac{\partial f}{\partial z} = 3x^2yz^2$ なので，$(x, y, z) = (1, 1, 1)$ のとき $\dfrac{\partial f}{\partial x} = 2$, $\dfrac{\partial f}{\partial y} = 1$, $\dfrac{\partial f}{\partial z} = 3$ となり，全微分公式より，$df = 2\,dx + dy + 3\,dz \fallingdotseq 2 \times 0.01 + 0.02 - 3 \times 0.01 = 0.01$.

A. 4 (1) $df = 2x\,dx + 2y\,dy + 2z\,dz$ (2) $df = yz\,dx + xz\,dy + xy\,dz$

A. 5 $\mathrm{grad}\,f = (2x, 2y, 2z)$

A. 6 等高面は原点を中心とする球面. $\mathrm{grad}\,f = (2x, 2y, 2z)$ は原点から遠ざかる向きを向くので，原点を中心とする球面と直交します.

A. 7 等高面の間隔が狭くなった場所では，等高面に直交する方向で $f(x, y, z)$ の値の変化の割合（$=\mathrm{grad}\,f$ の大きさ）が大きいため.

A. 8 (1) $\boldsymbol{a} \times \boldsymbol{b} = (a_yb_z - a_zb_y, a_zb_x - a_xb_z, a_xb_y - a_yb_x)$ より，$(\boldsymbol{a} \times \boldsymbol{b})\cdot\boldsymbol{a} = (a_yb_z - a_zb_y, a_zb_x - a_xb_z, a_xb_y - a_yb_x)\cdot(a_x, a_y, a_z) = (a_yb_z - a_zb_y)a_x + (a_zb_x - a_xb_z)a_y + (a_xb_y - a_yb_x)a_z = 0$. $(\boldsymbol{a} \times \boldsymbol{b})\cdot\boldsymbol{b}$ も同様の計算でゼロになります.

(2) 右辺を式変形していくと，

$(a_x^2 + a_y^2 + a_z^2)(b_x^2 + b_y^2 + b_z^2) - (a_xb_x + a_yb_y + a_zb_z)^2 = a_x^2b_x^2 + a_x^2b_y^2 + a_x^2b_z^2 + a_y^2b_x^2 + a_y^2b_y^2 + a_y^2b_z^2 + a_z^2b_x^2 + a_z^2b_y^2 + a_z^2b_z^2 - a_x^2b_x^2 - a_y^2b_y^2 - a_z^2b_z^2 - 2a_xa_yb_xb_y - 2a_ya_zb_yb_z - 2a_za_xb_zb_x = (a_y^2b_z^2 + a_z^2b_y^2 - 2a_ya_zb_yb_z) + (a_z^2b_x^2 + a_x^2b_z^2 - 2a_za_xb_zb_x) + (a_x^2b_y^2 + a_y^2b_x^2 - 2a_xa_yb_xb_y) = (a_yb_z - a_zb_y)^2$

$+ (a_z b_x - a_x b_z)^2 + (a_x b_y - a_y b_x)^2$.

(3)　(2) の式より $|\boldsymbol{a}|^2|\boldsymbol{b}|^2 - (\boldsymbol{a}\cdot\boldsymbol{b})^2 = |\boldsymbol{a}\times\boldsymbol{b}|^2$. 内積の公式 $\boldsymbol{a}\cdot\boldsymbol{b} = |\boldsymbol{a}||\boldsymbol{b}|\cos\theta$ より，$|\boldsymbol{a}\times\boldsymbol{b}|^2 = |\boldsymbol{a}|^2|\boldsymbol{b}|^2 - |\boldsymbol{a}|^2|\boldsymbol{b}|^2\cos^2\theta = |\boldsymbol{a}|^2|\boldsymbol{b}|^2\sin^2\theta$ となり，両辺の平方根をとって $|\boldsymbol{a}\times\boldsymbol{b}| = |\boldsymbol{a}||\boldsymbol{b}|\sin\theta$.

B. 1　(1)　$(x, y, z) = (\cos\theta, \sin\theta, 0)$ $(\theta = \pi/2 \to 0)$ とすると，$(dx, dy, dz) = (-\sin\theta, \cos\theta, 0)\,d\theta$ より，$\int_{\mathrm{C}} \boldsymbol{A}\cdot d\boldsymbol{r} = \int_{\pi/2}^{0} (\sin^2\theta + \cos^2\theta)\,d\theta = -\dfrac{\pi}{2}$.

(2)　$\boldsymbol{A}$ と経路は常に直交しているので線積分はゼロになる.

B. 2　(1)　$(x, y, z) = (1 + t, 2t, 0)$ $(t = 0 \to 1)$ とすると，$(dx, dy, dz) = (1, 2, 0)\,dt$ より，$\int_{\mathrm{C}} \boldsymbol{A}\cdot d\boldsymbol{r} = \int_0^1 \{(1+t)\times 1 + 2t\times 2\}\,dt = \dfrac{7}{2}$.

(2)　$\dfrac{\partial f}{\partial x} = x$, $\dfrac{\partial f}{\partial y} = y$, $\dfrac{\partial f}{\partial z} = 0$ より，$\mathrm{grad}\, f = (x, y, 0) = \boldsymbol{A}$.

(3)　$f(\boldsymbol{r}_{\mathrm{B}}) - f(\boldsymbol{r}_{\mathrm{A}}) = \dfrac{1}{2}(2^2 + 2^2) - \dfrac{1}{2}(1^2 + 0^2) = \dfrac{7}{2}$ となり，(1) と一致します（線積分の基本定理を確かめたことになります）.

B. 3　(1)　$-\mathrm{grad}\, V = -\left(\dfrac{\partial V}{\partial x}, \dfrac{\partial V}{\partial y}, \dfrac{\partial V}{\partial z}\right) = (0, 0, -mg)$ となり，物体にはたらく重力 $\boldsymbol{f}$ と一致します.

(2)　重力とつり合う外力は $\boldsymbol{F} = -\boldsymbol{f} = (0, 0, mg) = \mathrm{grad}\, V$ となります. 線積分の基本定理より $\int_{\mathrm{C}} \boldsymbol{F}\cdot d\boldsymbol{r} = \int_{\mathrm{C}} (\mathrm{grad}\, V)\cdot d\boldsymbol{r} = V(x_2, y_2, z_2) - V(x_1, y_1, z_1) = mgz_2 - mgz_1$ となり，外力がした仕事は重力による位置エネルギーに蓄えられることがわかります.

B. 4　円柱の側面部分のみ面積分に寄与し，$\int_{\mathrm{A}} \boldsymbol{A}\cdot d\boldsymbol{S} = |\boldsymbol{A}| \times$ (円柱の側面積) $= (1/a) \times 2\pi a h = 2\pi h$.

1. 1　$Q = 3.2 \times 10^7\,\mathrm{C}$, クーロン力を F とすると，$F = 9.2 \times 10^{20}\,\mathrm{N}$.

1. 2　円周を $\boldsymbol{r} = (r\cos\theta, r\sin\theta, 0)$ $(0 \le \theta \le 2\pi)$ と媒介変数表示します. θ から $\theta + d\theta$ の間の円周の微小区間に含まれる電荷は $dq = \dfrac{r\,d\theta}{2\pi r} q = \dfrac{q}{2\pi} d\theta$ となるので，この微小電荷が位置 $(0, 0, a)$ につくる電場は $d\boldsymbol{E} = \dfrac{dq}{4\pi\varepsilon_0 (a^2 + r^2)^{3/2}}(-r\cos\theta, -r\sin\theta, a)$ となります. x 成分と y 成分は θ の積分によってゼロになるので，電場は z 成分のみで $E_z = \int_0^{2\pi} \dfrac{qa}{2\pi} \dfrac{1}{4\pi\varepsilon_0 (a^2 + r^2)^{3/2}}\,d\theta = \dfrac{qa}{4\pi\varepsilon_0 (a^2 + r^2)^{3/2}}$.

1.3 (1) r から $r+dr$ の円の間にある電荷の大きさは $\sigma \times 2\pi r\,dr$ となります．Training 1.2 の結果より，この微小電荷が位置 $(0,0,a)$ につくる電場は z 方向を向いており，$dE_z = \dfrac{(2\pi\sigma r\,dr)a}{4\pi\varepsilon_0(a^2+r^2)^{3/2}} = \dfrac{\sigma ra}{2\varepsilon_0(a^2+r^2)^{3/2}}\,dr.$

(2) $r=0$ から $r=\infty$ まで積分すると，$E_z = \displaystyle\int_0^\infty \frac{\sigma ra}{2\varepsilon_0(a^2+r^2)^{3/2}}\,dr = \frac{\sigma a}{2\varepsilon_0}\left[-\frac{1}{(a^2+r^2)^{1/2}}\right]_0^\infty = \frac{\sigma}{2\varepsilon_0}.$

1.4 棒の中心軸を共有する，高さ h，半径 r の円柱の表面でガウスの法則を適用します．$r<a$ のとき，円柱内に含まれる電荷は $\pi r^2 h\rho$ となります．電場の面積分は円柱の側面でのみ有限の値をとり，ガウスの法則は $E(r)\times 2\pi rh = \pi r^2 h\rho/\varepsilon_0$ となるので，$E(r) = \rho r/2\varepsilon_0$ となります．$r>a$ のときには，円柱に含まれる電荷は $\pi a^2 h\rho$ となるので，ガウスの定理は $E(r)\times 2\pi rh = \pi a^2 h\rho/\varepsilon_0$ となり，$E(r) = \rho a^2/2\varepsilon_0 r$ となります．

2.1 自己電気容量を C_0 とすると，$C_0 = 1.1\times 10^{-11}\,\mathrm{F}$，電位を V とすると，$V = 9\times 10^4\,\mathrm{V}$.

2.2 電位を V とすると，$V = 4\times 10^5\,\mathrm{V}$，静電エネルギーを U とすると，$U = 0.4\,\mathrm{J}$.

2.3 電気容量を C とすると，$C = 9\times 10^{-13}\,\mathrm{F}$.

2.4 電気容量は Training 2.3 と同じで静電エネルギーを U とすると，$U = 4.5\times 10^{-11}\,\mathrm{J}$.

3.1 電場の大きさを E とすると，$E = 30\,\mathrm{V/m}$.

3.2 自由電子の速さを v とすると，$v = 7.4\times 10^{-5}\,\mathrm{m/s}$.

3.3 電流密度の大きさを $|\boldsymbol{j}|$ とすると，$|\boldsymbol{j}| = I/2\pi rd$.

3.4 銅線の電気抵抗を R とすると，$R = 1.5\times 10^{-2}\,\Omega$.

3.5 時間を t とすると，$t = 270\,\mathrm{s}$.

3.6 時定数を τ とすると，$\tau = 10\,\mathrm{ms}$.

4.1 位置 x から $x+dx$ の間にある無限に長い直線電流から $\mathrm{A}(0,0,a)$ までの距離は $r = \sqrt{x^2+a^2}$ です．A に最も近い位置にある直線電流上の点は $\mathrm{B}(x,0,0)$ なので，この区間の電流がつくる磁場 $d\boldsymbol{B}$ の向きは B から A に向かう変位ベクトル $(-x,0,a)$ に直交し，電流に対する右ネジの向きとなり，その単位方向ベクトルは $\boldsymbol{n} = \dfrac{1}{\sqrt{x^2+a^2}}(a,0,x)$ となります．磁場の大きさは $\dfrac{\mu_0 J\,dx}{2\pi r}$ で与えられるので，$d\boldsymbol{B} = \dfrac{\mu_0 J\,dx}{2\pi\sqrt{x^2+a^2}}\boldsymbol{n} = \dfrac{\mu_0 J\,dx}{2\pi(x^2+a^2)}(a,0,x)$ となります．$x=-\infty$ から $x=\infty$

まで積分したとき x 成分のみが残り，$B_x = \int_{-\infty}^{\infty} \frac{\mu_0 Ja\,dx}{2\pi(x^2+a^2)} = \frac{\mu_0 J}{2}$ となって Exercise 4.3 の解答と一致します．

4.2　金属棒の中心軸に垂直な平面内にある，中心軸を中心にもつ半径 r の円 C を考えて，アンペールの法則を適用します．$r < a$ のときには，円 C を貫く電流は Ir^2/a^2 となるので，磁場の大きさを B としてアンペールの法則は $\int_C \boldsymbol{B}\cdot d\boldsymbol{r} = B \times 2\pi r = \frac{\mu_0 Ir^2}{a^2}$ となり，$B = \frac{\mu_0 Ir}{2\pi a^2}$．$r > a$ のときは，円 C を貫く電流は I となるので，アンペールの法則は $B \times 2\pi r = \mu_0 I$ となり，$B = \frac{\mu_0 I}{2\pi r}$．

4.3　運動方程式を成分ごとに書き表すと，$m\frac{dv_x}{dt} = -qv_yB,\ m\frac{dv_y}{dt} = qv_xB,\ m\frac{dv_z}{dt} = 0$ となります．x 成分の式の両辺をさらに時刻 t で微分し，運動方程式の y 成分の式を用いると，$m\frac{d^2v_x}{dt^2} = -qB\frac{dv_y}{dt} = -\frac{q^2B^2}{m}v_x$ となり，$\frac{d^2v_x}{dt^2} = -\frac{q^2B^2}{m^2}v_x$ が得られます．これはバネにつながれた物体の運動方程式から導かれる 2 階の微分方程式と同じ形をしており，一般解は $\omega = qB/m$ として $v_x(t) = A\cos\omega t + B\sin\omega t$ となります．さらに運動方程式の x 成分より，$v_y(t) = -\frac{m}{qB}\frac{dv_x}{dt} = -\frac{m}{qB}(-A\omega\sin\omega t + B\omega\cos\omega t) = A\sin\omega t - B\cos\omega t$ となります．初期条件（$t=0$ で $v_x = v_0, v_y = 0$）より，$A = v_0, B = 0$ となり，$v_x(t) = v_0\cos\omega t,\ v_y(t) = v_0\sin\omega t$ となります．初期条件（$t = 0$ のときに $v_z = 0$）のときは，xy 平面に平行な円運動を行います．初期条件（$t = 0$ のときに $v_z = v_1$）のときは，xy 方向は円運動をしつつ，z 方向に等速運動をし，全体としてらせん運動を行います．

4.4　$F = 2.0 \times 10^{-7}\,\mathrm{N}$

4.5　位置 z から $z + dz$ の区間にあるソレノイド（電流 $In\,dz$）が原点 $(0, 0, 0)$ につくる磁場 $d\boldsymbol{B}$ は $+z$ 方向を向いており，$dB_z = \frac{\mu_0(In\,dz)a^2}{2(a^2+z^2)^{3/2}}$ となります．$z = -\infty$ から $z = +\infty$ まで積分することで，$B_z = \int_{-\infty}^{\infty} \frac{\mu_0 Ina^2}{2(a^2+z^2)^{3/2}}dz = \frac{n\mu_0 I}{2}\int_{-\infty}^{\infty}\frac{a^2\,dz}{(a^2+z^2)^{3/2}}$ となります．積分は $z = a\tan\theta$ として z から θ へ変数変換することで実行でき，$B_z = (n\mu_0 I/2) \times 2 = n\mu_0 I$（Exercise 4.2 の解答と一致）．

4.6　左辺の z 成分を変形すると $\{\mathrm{rot}\,(\mathrm{rot}\,\boldsymbol{A})\}_z = \frac{\partial}{\partial x}\left(\frac{\partial A_x}{\partial z} - \frac{\partial A_z}{\partial x}\right) -$

$$\frac{\partial}{\partial y}\left(\frac{\partial A_z}{\partial y}-\frac{\partial A_y}{\partial z}\right)=-\left(\frac{\partial^2}{\partial x^2}+\frac{\partial^2}{\partial y^2}+\frac{\partial^2}{\partial z^2}\right)A_z+\frac{\partial}{\partial z}\left(\frac{\partial A_x}{\partial x}+\frac{\partial A_y}{\partial y}+\frac{\partial A_z}{\partial z}\right)=$$

$(-\nabla^2\boldsymbol{A})_z+\dfrac{\partial}{\partial z}(\mathrm{div}\,\boldsymbol{A})=\{-\nabla^2\boldsymbol{A}+\mathrm{grad}\,(\mathrm{div}\,\boldsymbol{A})\}_z$ となります．x 成分，y 成分についても同様に計算できるので，証明が完了します．

4.7 左辺の z 成分を変形すると $\{\mathrm{rot}\,(\boldsymbol{a}f)\}_z=\dfrac{\partial}{\partial x}(a_y f)-\dfrac{\partial}{\partial y}(a_x f)=$ $a_y\dfrac{\partial f}{\partial x}-a_x\dfrac{\partial f}{\partial y}=a_y(\mathrm{grad}\,f)_x-a_x(\mathrm{grad}\,f)_y=(-\boldsymbol{a}\times\mathrm{grad}\,f)_z$ となります．x 成分，y 成分についても同様に計算できるので，証明が完了します．

5.1 $NS\left|\dfrac{dB}{dt}\right|$

6.1 $\varepsilon_0\mu_0=1.1126\times10^{-17}\,\mathrm{s^2/m^2}$ より $v=1/\sqrt{\varepsilon_0\mu_0}=2.998\times10^8\,\mathrm{m/s}$.

Practice

［**A.1**］ $df=(y+z)\,dx+(z+x)\,dy+(x+y)\,dz$

［**A.2**］ $\mathrm{grad}\,f=-\dfrac{1}{(x^2+y^2+z^2)^{3/2}}(x,y,z)$

［**A.3**］ $\dfrac{\partial A_x}{\partial x}=\dfrac{1}{r^3}-\dfrac{3x^2}{r^5},\quad \dfrac{\partial A_y}{\partial y}=\dfrac{1}{r^3}-\dfrac{3y^2}{r^5},\quad \dfrac{\partial A_z}{\partial z}=\dfrac{1}{r^3}-\dfrac{3z^2}{r^5}$ より，$\mathrm{div}\,\boldsymbol{A}=\dfrac{\partial A_x}{\partial x}+\dfrac{\partial A_y}{\partial y}+\dfrac{\partial A_z}{\partial z}=0$.

［**A.4**］ $\dfrac{\partial A_y}{\partial x}=-\dfrac{3xy}{(x^2+y^2+z^2)^{5/2}},\quad \dfrac{\partial A_x}{\partial y}=-\dfrac{3xy}{(x^2+y^2+z^2)^{5/2}}$ より，$(\mathrm{rot}\,\boldsymbol{A})_z=\partial A_y/\partial x-\partial A_x/\partial y=0$ となります．同様の計算により，$\mathrm{rot}\,\boldsymbol{A}$ の x 成分，y 成分もゼロであることがいえます．

［**A.5**］（i） $\mathrm{grad}\,(f+g)=\left(\dfrac{\partial}{\partial x}(f+g),\ \dfrac{\partial}{\partial y}(f+g),\ \dfrac{\partial}{\partial z}(f+g)\right)=$ $\left(\dfrac{\partial f}{\partial x}+\dfrac{\partial g}{\partial x},\ \dfrac{\partial f}{\partial y}+\dfrac{\partial g}{\partial y},\ \dfrac{\partial f}{\partial z}+\dfrac{\partial g}{\partial z}\right)=\left(\dfrac{\partial f}{\partial x},\ \dfrac{\partial f}{\partial y},\ \dfrac{\partial f}{\partial z}\right)+\left(\dfrac{\partial g}{\partial x},\ \dfrac{\partial g}{\partial y},\ \dfrac{\partial g}{\partial z}\right)=$ $\mathrm{grad}\,f+\mathrm{grad}\,g$

（ii） $\mathrm{div}\,(\boldsymbol{A}+\boldsymbol{B})=\dfrac{\partial}{\partial x}(A_x+B_x)+\dfrac{\partial}{\partial y}(A_y+B_y)+\dfrac{\partial}{\partial z}(A_z+B_z)=$

$\left(\dfrac{\partial A_x}{\partial x}+\dfrac{\partial A_y}{\partial y}+\dfrac{\partial A_z}{\partial z}\right)+\left(\dfrac{\partial B_x}{\partial x}+\dfrac{\partial B_y}{\partial y}+\dfrac{\partial B_z}{\partial z}\right)=\mathrm{div}\,\boldsymbol{A}+\mathrm{div}\,\boldsymbol{B}$

（iii）　$\{\mathrm{rot}\,(\boldsymbol{A}+\boldsymbol{B})\}_z=\dfrac{\partial}{\partial x}(A_y+B_y)-\dfrac{\partial}{\partial y}(A_x+B_x)=\left(\dfrac{\partial A_y}{\partial x}-\dfrac{\partial A_x}{\partial y}\right)+\left(\dfrac{\partial B_y}{\partial x}-\dfrac{\partial B_x}{\partial y}\right)=(\mathrm{rot}\,\boldsymbol{A})_z+(\mathrm{rot}\,\boldsymbol{B})_z$
となり，x 成分，y 成分についても同様に示すことができます．

（iv）　$\{\mathrm{rot}\,(\mathrm{grad}\,f)\}_z=\dfrac{\partial}{\partial x}\left(\dfrac{\partial f}{\partial y}\right)-\dfrac{\partial}{\partial y}\left(\dfrac{\partial f}{\partial x}\right)=\dfrac{\partial^2 f}{\partial x\,\partial y}-\dfrac{\partial^2 f}{\partial y\,\partial x}=0$
となり，x 成分，y 成分についても同様にゼロになることを示すことができます．

（v）　$\mathrm{div}\,(\mathrm{rot}\,\boldsymbol{A})=\dfrac{\partial}{\partial x}\left(\dfrac{\partial A_z}{\partial y}-\dfrac{\partial A_y}{\partial z}\right)+\dfrac{\partial}{\partial y}\left(\dfrac{\partial A_x}{\partial z}-\dfrac{\partial A_z}{\partial x}\right)+\dfrac{\partial}{\partial z}\left(\dfrac{\partial A_y}{\partial x}-\dfrac{\partial A_x}{\partial y}\right)=\dfrac{\partial^2 A_z}{\partial x\,\partial y}-\dfrac{\partial^2 A_y}{\partial x\,\partial z}+\dfrac{\partial^2 A_x}{\partial y\,\partial z}-\dfrac{\partial^2 A_z}{\partial y\,\partial x}+\dfrac{\partial^2 A_y}{\partial z\,\partial x}-\dfrac{\partial^2 A_x}{\partial z\,\partial y}=0$

［**B. 1**］　(1)　辺 QR と辺 RS における線積分のみ寄与し，$\displaystyle\int_{\mathrm{C}}\boldsymbol{A}\cdot d\boldsymbol{r}=ab+ab=2ab$.

(2)　$\mathrm{rot}\,\boldsymbol{A}=(0,0,2)$

(3)　A を経路 C に囲まれる長方形の平面として，$\displaystyle\int_{\mathrm{A}}(\mathrm{rot}\,\boldsymbol{A})_z\,dS=\int_{\mathrm{A}}2\,dS=2\times$(長方形の面積)$=2ab$ となって (1) と一致し，ストークスの定理が成り立っていることがわかります．

［**B. 2**］　$\displaystyle f(\boldsymbol{r}+d\boldsymbol{r})-f(\boldsymbol{r})=\int_{\boldsymbol{r}}^{\boldsymbol{r}+d\boldsymbol{r}}\boldsymbol{A}\cdot d\boldsymbol{r}=\boldsymbol{A}\cdot d\boldsymbol{r}$ となります．一方，全微分公式より $f(\boldsymbol{r}+d\boldsymbol{r})-f(\boldsymbol{r})=df=(\mathrm{grad}\,f)\cdot d\boldsymbol{r}$ となるので，比較より $\boldsymbol{A}=\mathrm{grad}\,f$.

［**B. 3**］　(1)　ベクトル場 $\boldsymbol{A}$ と球面 A は直交しているので，球面 A 上で $|\boldsymbol{A}|=\sqrt{x^2+y^2+z^2}=a$ となることを使って，$\displaystyle\int_{\mathrm{A}}\boldsymbol{A}\cdot d\boldsymbol{S}=\int_{\mathrm{A}}a\,dS=a\times$(A の面積)$=4\pi a^3$.

(2)　$\mathrm{div}\,\boldsymbol{A}=1+1+1=3$

(3)　A の内部を V として $\displaystyle\int_{\mathrm{V}}\mathrm{div}\,\boldsymbol{A}\,dV=\int_{\mathrm{V}}3\,dV=3\times$(V の体積)$=3\times\dfrac{4\pi a^3}{3}=4\pi a^3$ となって (1) と一致するので，ガウスの定理が成り立っていることがわかります．

［**B. 4**］　B. 3. 6 項で導いたように，$\mathrm{rot}\,\boldsymbol{A}=\boldsymbol{0}$ のとき，線積分 $\displaystyle\int_{\mathrm{C}}\boldsymbol{A}\cdot d\boldsymbol{r}$ が途中の

経路によらなくなります．それぞれのベクトル場に対して，rot $\boldsymbol{A}$ を計算してみると，（ i ）rot $\boldsymbol{A} = (0, 0, 0)$，（ ii ）rot $\boldsymbol{A} = (0, 0, 1)$，（iii）rot $\boldsymbol{A} = (0, 0, 0)$ となるので，答えは（ i ）と（iii）．

［B. 5］ ガウスの定理から，$\int_{\mathrm{A}} \boldsymbol{A}\cdot d\boldsymbol{S} = \int_{\mathrm{A\,の内部}} \mathrm{div}\,\boldsymbol{A}\,dV$ となるので，div $\boldsymbol{A} = 0$ のとき，曲面 A に関する面積分 $\int_{\mathrm{A}} \boldsymbol{A}\cdot d\boldsymbol{S}$ が A の形状によらずゼロとなります．それぞれのベクトル場に対して，div $\boldsymbol{A}$ を計算してみると，（ i ）div $\boldsymbol{A} = 1$，（ ii ）div $\boldsymbol{A} = 0$，（iii）div $\boldsymbol{A} = 3$ となるので，答えは（ ii ）．

［1. 1］ (万有引力):(クーロン力) $= 4.4 \times 10^{-40} : 1 = 1 : 2.3 \times 10^{39}$.

［1. 2］ 点 $(a, 0)$，$(-a, 0)$ に置かれた 2 本の直線状の電荷が点 $(0, a)$ につくる電場をそれぞれ $\boldsymbol{E}_1, \boldsymbol{E}_2$ とおきます．点 $(0, a)$ は 2 つの直線状の電荷から距離 $\sqrt{2}a$ の位置にあるので，Exercise 1.3 の解答より 2 つの電場の大きさは等しく，$|\boldsymbol{E}_1| = |\boldsymbol{E}_2| = \dfrac{\lambda}{2\pi\varepsilon_0\sqrt{2}a}$. さらに，電場の向きは直線状の電荷から離れる向きとなるので，

$$\boldsymbol{E}_1 = |\boldsymbol{E}_1|(-1/\sqrt{2}, 1/\sqrt{2}) = \frac{\lambda}{4\pi\varepsilon_0 a}(-1, 1),\ \boldsymbol{E}_2 = |\boldsymbol{E}_2|\left(\frac{1}{\sqrt{2}}, \frac{1}{\sqrt{2}}\right) = \frac{\lambda}{4\pi\varepsilon_0 a}(1, 1)$$

となります．電場の重ね合わせより，$\boldsymbol{E} = \boldsymbol{E}_1 + \boldsymbol{E}_2 = \dfrac{\lambda}{2\pi\varepsilon_0 a}(0, 1)$.

［1. 3］ 棒の中心軸を共有する，高さ h，半径 r の円柱 A に対してガウスの法則を適用します．$r < a$ のとき円柱内に含まれる電荷はゼロなので，ガウスの法則は $\int_{\mathrm{A\,の表面}} \boldsymbol{E}\cdot d\boldsymbol{S} = E \times 2\pi rh = 0$ となり，$E = 0$．$r > a$ のとき，円柱内に含まれる電荷は $\sigma \times 2\pi ah = 2\pi ah\sigma$ なので，ガウスの法則は $\int_{\mathrm{A\,の表面}} \boldsymbol{E}\cdot d\boldsymbol{S} = E \times 2\pi rh = \dfrac{2\pi ah\sigma}{\varepsilon_0}$ となり，$E = \dfrac{\sigma a}{\varepsilon_0 r}$.

［1. 4］ 等電位面を図示すると，図のようになります．また，電場は $\boldsymbol{E} = -\mathrm{grad}\,\phi = \left(-\dfrac{\partial\phi}{\partial x}, -\dfrac{\partial\phi}{\partial y}, -\dfrac{\partial\phi}{\partial z}\right) = (-3, -2, 0)$ となります（単位は V/m）．図に示すように，電場 $\boldsymbol{E}$ は等電位面と直交します．

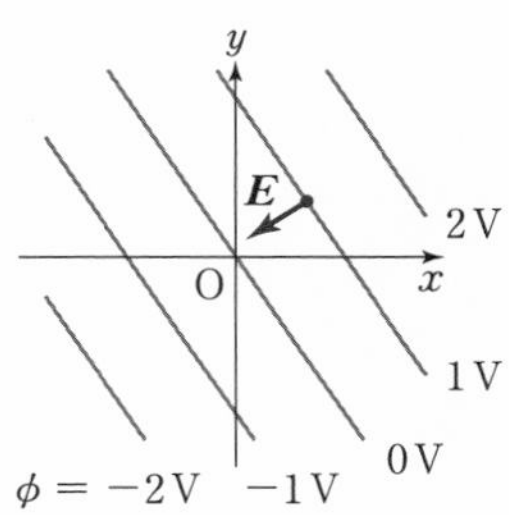

［1. 5］ $\boldsymbol{E} = -\mathrm{grad}\,\phi$ を使うと

$$W_{1\to2} = \int_{r_1}^{r_2} (-q\boldsymbol{E})\cdot d\boldsymbol{r} = q\int_{r_1}^{r_2} (\mathrm{grad}\,\phi)\cdot d\boldsymbol{r}$$

となり，さらに線積分の基本定理を用いると，$W_{1\to2} = q\{\phi(\boldsymbol{r}_2) - \phi(\boldsymbol{r}_1)\}$ となって，(1. 67) が導出されます．

[**2.1**]　平板コンデンサーの電荷を Q とすると，平板金属を挿入する前の電極間の電場は $E = Q/\varepsilon_0 S$. 平板金属を挿入すると，平板金属内部の電場をゼロにするように表面に電荷 $\pm Q$ が現れますが，金属平板間の空間の電場は $E = Q/\varepsilon_0 S$ のままであり，コンデンサーの電圧は $V = E \times d/2 = Qd/2\varepsilon_0 S$ となります．よって，電気容量は $C = Q/V = 2\varepsilon_0 S/d$.

[**2.2**]　円筒状のコンデンサーの内側の金属に Q の，外側の金属に $-Q$ の電荷を帯電させます．円筒と共通の中心軸をもち，長さ l で $a < r < b$ を満たす半径 r の円柱の表面を A とし，ガウスの法則を適用すると，円柱内部の電荷は Q なので $|\boldsymbol{E}| \times 2\pi rl = Q/\varepsilon_0$ となり，$E(r) = Q/2\pi\varepsilon_0 rl$ となります．コンデンサーの電圧は $V = \int_a^b E(r)\,dr = \int_a^b \frac{Q}{2\pi\varepsilon_0 rl}\,dr = \frac{Q}{2\pi\varepsilon_0 l}\log\frac{b}{a}$ となるので，電気容量は $C = \frac{Q}{V} = \frac{2\pi\varepsilon_0 l}{\log(b/a)}$.

[**2.3**]　片方の金属棒に電荷 Q を帯電させ，金属棒間で距離 r の位置につくる電場の大きさ E_1 は，Exercise 1.3 の解答より $E_1 = \frac{Q/l}{2\pi\varepsilon_0 r}$ となります．同様に，もう片方の棒に電荷 $-Q$ を帯電させ，上述同じ位置での電場の大きさ E_2 を考えると，$E_2 = \frac{Q/l}{2\pi\varepsilon_0(d-r)}$ となります．この 2 つの電場は同じ向きを向いているので，電場の重ね合わせから $E = E_1 + E_2$ となり，2 つの金属棒間の電位差は $V = \int_a^{d-a} E\,dr \simeq \frac{Q}{2\pi\varepsilon_0 l}\left(\int_a^d \frac{dr}{r} + \int_0^{d-a}\frac{dr}{d-r}\right) = \frac{Q}{\pi\varepsilon_0 l}\log\frac{d}{a}$ となります（$d \gg a$ を用いました）．これより，（相互）電気容量は，$C = \frac{Q}{V} = \frac{\pi\varepsilon_0 l}{\log(d/a)}$.

[**2.4**]　$a + b + c = -\frac{\rho}{2\varepsilon_0}$

[**2.5**]　(1)　$\phi(x, y, 0) = \frac{q}{4\pi\varepsilon_0}(x^2 + y^2 + a^2)^{-1/2} - \frac{q}{4\pi\varepsilon_0}(x^2 + y^2 + (-a)^2)^{-1/2} = 0$

(2)　電場の重ね合わせにより電場は z 方向を向き，$E_z = -\frac{qa}{2\pi\varepsilon_0}(x^2 + a^2)^{-3/2}$ となり，金属表面と直交します．

(3)　$(x, 0, 0)$ 近傍で，この点を含む上面・下面（面積 dS）が xy 平面に平行で，高さが h の小さな柱を考えます（h は十分小さいとします）．柱の内部の電荷は $\sigma\,dS$ で与えられ，電場は $z > 0$ の領域では $-z$ 方向を向いており，$z < 0$ の金属領域ではゼロになっています．ガウスの法則より，$\int_{柱の表面} \boldsymbol{E}\cdot d\boldsymbol{r} = -|\boldsymbol{E}|\,dS = \frac{\sigma\,dS}{\varepsilon_0}$

となるので，$\sigma = -\varepsilon_0|\boldsymbol{E}|$．(2) の解答を用いて，$\sigma = -\dfrac{qa}{2\pi(x^2 + a^2)^{3/2}}$．

［3.1］ 半球の中心から半径 r の半球面 A を考えると，A を貫く電流密度 $\boldsymbol{j}$ は A 上で一定であり，常に A と直交します．よって，$\int_{\mathrm{A}} \boldsymbol{j}\cdot d\boldsymbol{S} = |\boldsymbol{j}| \times$ (半球面の面積) $= |\boldsymbol{j}| \times 2\pi r^2 = I$ より，$|\boldsymbol{j}| = I/2\pi r^2$．中心から距離 r の位置における電場の大きさは，オームの法則より $E(r) = |\boldsymbol{E}| = |\boldsymbol{j}|/\sigma$ であり，半球の中心と球面の間の電位差は $V = \int_a^b E(r)\,dr = \int_a^b \dfrac{I}{2\pi\sigma r^2}\,dr = \dfrac{I}{2\pi\sigma}\left[-\dfrac{1}{r}\right]_a^b = \dfrac{(b-a)I}{2\pi\sigma ab}$ となります．これより，電気抵抗は $R = \dfrac{V}{I} = \dfrac{b-a}{2\pi\sigma ab}$．

［3.2］ 中央の抵抗に流れる電流は，キルヒホッフの第 1 法則より $I_1 + I_2$．キルヒホッフの第 2 法則より，左の周回経路で $5I_1 + 2(I_1 + I_2) = 16$，左の周回経路で $4I_2 + 2(I_1 + I_2) = 10$ となります．この連立方程式を解いて，$I_1 = 2\,\mathrm{A}, I_2 = 1\,\mathrm{A}$．

［3.3］ (1) 20 mW　(2) 2.5 倍

［3.4］ キルヒホッフの第 2 法則 $E = IR + \dfrac{Q}{C}$ および連続方程式 $I = \dfrac{dQ}{dt}$ より，$Q(t)$ に対する微分方程式 $\dfrac{dQ}{dt} = -\dfrac{1}{RC}(Q - CE)$ が得られます．$q(t) = Q(t) - CE$ とおくと，$\dfrac{dq}{dt} = -\dfrac{1}{RC}q(t)$ となり，この微分方程式を解くと $q(t) = Ae^{-t/RC}$ となります．よって $Q(t) = CE + Ae^{-t/RC}$（A は積分定数）となり，初期条件（$t = 0$ で $Q = 0$）から $A = -CE$ となるので $Q(t) = CE(1 - e^{-t/RC})$．

［3.5］ Exercise 3.1 の解答より，$V(t) = \dfrac{Q(t)}{C} = \dfrac{Q_0}{C}e^{-t/RC}$．よって，ジュール熱は $\int_0^\infty \dfrac{V(t)^2}{R}\,dt = \dfrac{{Q_0}^2}{RC^2}\int_0^\infty e^{-2t/RC}\,dt = \dfrac{{Q_0}^2}{RC^2}\left[-\dfrac{RC}{2}e^{-2t/RC}\right]_0^\infty = \dfrac{{Q_0}^2}{2C}$ となります．これは，時刻 $t = 0$ にコンデンサーが蓄えていた静電エネルギー ${Q_0}^2/2C$ に一致します．

［4.1］ $(a, 0)$ に置かれた直線電流が $(0, a)$ につくる磁場 $\boldsymbol{B}_1$ は $\boldsymbol{B}_1 = \dfrac{\mu_0 I}{4\pi a}(-1, -1, 0)$ となり，$(-a, 0)$ に置かれた直線電流が $(0, a)$ につくる磁場 $\boldsymbol{B}_2$ は $\boldsymbol{B}_2 = \dfrac{\mu_0 I}{4\pi a}(-1, 1, 0)$．磁場の重ね合わせより $\boldsymbol{B} = \boldsymbol{B}_1 + \boldsymbol{B}_2 = \dfrac{\mu_0 I}{2\pi a}(-1, 0, 0)$ となり，磁場は $-x$ 方向を向き，磁場の大きさは $\mu_0 I/2\pi a$．

［4.2］ 長方形の辺 QR と辺 SP に加わる力の大きさは等しく，向きは反対にな

るので，力は打ち消し合います．辺 PQ は直線電流 I_1 から離れる向きに力 $F_{PQ} = I_2 B_{PQ} l = \dfrac{\mu_0 I_1 I_2 l}{2\pi a}$ を受け，同様にして，辺 RS は直線電流 I_1 に近づく向きに力 $F_{RS} = I_2 B_{RS} l = \dfrac{\mu_0 I_1 I_2 l}{2\pi b}$ を受けることがわかります．$a < b$ より $F_{PQ} > F_{RS}$ となるので，最終的に長方形 PQRS は直線電流 I_1 から離れる向きに力を受け，その大きさは $F = F_{PQ} - F_{RS} = \dfrac{\mu_0 I_1 I_2 l(b-a)}{2\pi ab}$.

[4.3]　中心軸を中心とする半径 r の円周 C を考え，アンペールの法則を適用します．$r < a$ のとき経路 C を貫く電流の大きさは $I \times (r^2/a^2)$ となるので，アンペールの法則は $B \times 2\pi r = \dfrac{\mu_0 I r^2}{a^2}$ となり，$B = \dfrac{\mu_0 I r}{2\pi a^2}$ が得られます．$a < r < b$ のときは，経路 C を貫く電流の大きさは I となるので，アンペールの法則は磁場の大きさを B として，$B \times 2\pi r = \mu_0 I$ となり，$B = \dfrac{\mu_0 I}{2\pi r}$ となります．$b < r$ のときは，経路 C を貫く電流の大きさは 2 つの電流が打ち消し合ってゼロになるので，$B \times 2\pi r = 0$ より $B = 0$.

[5.1]　コイルの軸に垂直な平面内に，コイルの軸に中心をもつ半径 r の円周 C をとり，経路 C に囲まれた面 A に対してファラデーの法則を適用すると，電場の大きさを E として $E \times 2\pi r = \left|\dfrac{dB}{dt}\right| \times \pi r^2$ となります．これより，$E = \dfrac{r}{2}\left|\dfrac{dB}{dt}\right|$.

[5.2]　コイルを貫く磁束は $\Phi = -abB\sin\omega t$ となるので，誘導起電力は，$V = -d\Phi/dt = abB\omega\cos\omega t$.

[5.3]　キルヒホッフの第 2 法則より $IR + L\dfrac{dI}{dt} = 0$ となり，微分方程式 $\dfrac{dI}{dt} = -\dfrac{R}{L}I(t)$ が得られます．この微分方程式を解くと，$I(t) = Ce^{-(R/L)t}$ となります（C は定数)．初期条件（$t = 0$ で $I = I_0$）より $C = I_0$ となるので，$I(t) = I_0 e^{-(R/L)t}$.

[6.1]　オームの法則より $\boldsymbol{j} = \sigma\boldsymbol{E} = (\sigma E_0\cos 2\pi ft, 0, 0)$．一方，変位電流は $\varepsilon_0\dfrac{\partial \boldsymbol{E}}{\partial t} = (-2\pi f\varepsilon_0 E_0 \sin 2\pi ft, 0, 0)$．振幅が等しいとき，$\sigma E_0 = 2\pi f\varepsilon_0 E_0$ より，$f = \dfrac{\sigma}{2\pi\varepsilon_0} = 1.2 \times 10^{18}\,\mathrm{Hz}$.

[6.2]　(1)　cos の中身（= 位相）がゼロとなるような場所 (x, y, z) は $k_x x +$

$k_y y + k_z z = 2\pi ft$ となり，これが波面になります．時刻が進むと，波面は法線ベクトル $\boldsymbol{k} = (k_x, k_y, k_z)$ の向きに進むので，$\boldsymbol{k}$ は波の進行方向を向きます．

(2) 時刻 $t = 0$ のとき，位相がゼロのときの波面は $k_x x + k_y y + k_z z = 0$，位相が 2π のときの波面は $k_x x + k_y y + k_z z = 2\pi$ となります．2つの波面の間隔（＝波長）は $\lambda = 2\pi/|\boldsymbol{k}|$ と計算されるので，題意が示されます．

(3) 波動方程式 (6.44) の x 成分に代入すると，$-A_x({k_x}^2 + {k_y}^2 + {k_z}^2)\cos(2\pi ft - k_x x - k_y y - k_z z) = -\dfrac{A_x(2\pi f)^2}{c^2}\cos(2\pi ft - k_x x - k_y y - k_z z)$ となります ($c = 1/\sqrt{\varepsilon_0\mu_0}$ を用いました)．この式を整理すると，$|\boldsymbol{k}| = 2\pi f/c$ となります．さらに (2) の解答を用いることで，波の公式 $f\lambda = c$ が得られます（他の成分の式からも，同じ式が得られます）．

[6.3] (6.57) と (6.61) を用いると，磁場の振幅 B_0 は電場の振幅 A の $1/c$ 倍になっているので，$B_0 = 3 \times 10^{-10}\,\mathrm{V\cdot s/m^2}$ ($= 3 \times 10^{-10}\,\mathrm{T}$)．

[6.4] 1列目の成分に注目すると，$\dfrac{\partial E_x}{\partial x} + \dfrac{\partial E_y}{\partial y} + \dfrac{\partial E_z}{\partial z} = \dfrac{\rho}{\varepsilon_0}$ となり，マクスウェル方程式 $\mathrm{div}\,\boldsymbol{E} = \dfrac{\rho}{\varepsilon_0}$ が得られます．2列目の成分に注目すると，$\dfrac{1}{c}\dfrac{\partial E_x}{\partial t} - c\dfrac{\partial B_z}{\partial y} + c\dfrac{\partial B_y}{\partial z} = -\dfrac{j_x}{c\varepsilon_0}$ となりますが，$\dfrac{1}{c^2} = \mu_0\varepsilon_0$ を代入すると，$(\mathrm{rot}\,\boldsymbol{B})_x = \mu_0\left(\boldsymbol{j} + \varepsilon_0\dfrac{\partial \boldsymbol{E}}{\partial t}\right)_x$ となり，マクスウェル方程式 $\mathrm{rot}\,\boldsymbol{B} = \mu_0\left(\boldsymbol{j} + \varepsilon_0\dfrac{\boldsymbol{E}}{\partial t}\right)$ の x 成分になります．同様にして，3列目，4列目の成分に注目すると，マクスウェル方程式 $\mathrm{rot}\,\boldsymbol{B} = \mu_0\left(\boldsymbol{j} + \varepsilon_0\dfrac{\partial \boldsymbol{E}}{\partial t}\right)$ の y 成分と z 成分になることがわかります．

索　引

ア

アンペールの法則　Ampere's law　143
　── の微分形　differential form of ──
　　158, 201

イ

1 次近似　first - order approximation　6

エ

遠隔力（遠隔相互作用）
　force at a distance　63, 140

オ

オームの法則　Ohm's law　129

カ

外積（ベクトル積）　vector product　17
ガウスの定理　Gauss's theorem　51
ガウスの法則　Gauss's law　73, 75, 77
　── の微分形　differential form of ──
　　84, 111

キ

起電力　electromotive force　118
境界条件　boundary condition　113
共振回路　resonance circuit　191
共振振動数　resonance frequency　191
キルヒホッフの第 1 法則　Kirchhoff's first
　law　133
キルヒホッフの第 2 法則
　Kirchhoff's second law　134

ク

クーロンゲージ　Coulomb gauge　168
クーロン定数　Coulomb constant　62
クーロンの法則　Coulomb's law　61
クーロン力（静電気力）　Coulomb force
　61

ケ

ゲージ変換　gauge transformation　167

コ

光速　speed of light　207
勾配（grad）　gradient　9
コンデンサー　capacitor　106, 107
　── の静電エネルギー　electrostatic
　　energy stored in a ──　109
　── の放電　discharging a ── s　134

サ

サイクロトロン運動　cyclotron motion
　150
サイクロトロン振動数
　cyclotron frequency　150
サイクロトロン半径（ラーモア半径）
　cyclotron radius　150

シ

自己インダクタンス　self inductance
　184, 185
自己電気容量（自己キャパシタンス）　self
　capacitance　103
仕事　work　31
磁束　magnetic flux　36, 177

—— 密度　—— density　142
時定数　time constant　136, 187
磁場　magnetic field　36, 141
—— の重ね合わせ　superposition of ——s　163
ジュール熱　Joule heat　131
ジュールの法則　Joule's law　131
循環（rot）　rotation　17
磁力線　magnetic field lines　37, 141
真空の透磁率　vacuum permeability　142
真空の誘電率　vacuum permittivity　62

ス

スカラー積（内積）　scalar product　10
スカラー場　scalar field　2, 3
ストークスの定理　Stokes's theorem　41, 42

セ

静電エネルギー　electrostatic energy　104
静電気力（クーロン力）　electrostatic force　61
静電遮蔽　electrostatic shielding　99
静電場　electrostatic field　60
静電誘導　electrostatic induction　99
線積分　curvilinear integral　30, 31
—— の基本定理　fundamental theorem of ——　34
全微分公式　total differential equation　6, 7

ソ

相互電気容量（相互キャパシタンス，電気容量，キャパシタンス）
mutual capacitance　107

タ

体積積分　volume integral　49, 50

テ

ディリクレ境界条件　Dirichlet boundary condition　113
電圧　voltage　118
電位　electric potential　87
—— の重ね合わせ　superposition of ——　95
電荷　electric charge　60
—— 保存則　conservation law of ——　124
電気素量　elementary charge　61
電気抵抗　electrical resistance　130
—— 率　electrical resistivity　130
電気伝導度　electrical conductivity　129
電気容量（キャパシタンス，相互電気容量，相互キャパシタンス）　capacitance　107
電気力線　electric field lines　66
電子のドリフト速度
drift velocity of electron　119
電磁波　electromagnetic wave　207
電磁誘導　electromagnetic induction　176
点電荷　point charge　61
電場　electric field　64
—— の渦なし条件　zero - rotation condition of ——s　87
—— の重ね合わせ　superposition of ——s　67
電流　electric current　120
—— 密度　current density　121

ト

等高線　contour line　13

等高面　contour surface　13
導体　conductor　98

ナ

内積（スカラー積）　inner product　10

ハ

媒介変数表示　parametric representation　32
発散（div）　divergence　16
波動方程式　wave equation　205

ヒ

ビオ - サバールの法則　Biot - Savart law　162
微分公式　differential formula　28

フ

ファラデーの法則　Faraday's law　177, 178
　── の微分形　differential form of ──　197

ヘ

ベクトル積（外積）　vector product　17
ベクトル場　vector field　2, 15
ベクトルポテンシャル　vector potential　166
変位電流　displacement current　201
偏光　polarization　208
偏微分　partial differential　3

ホ

ポアソン方程式　Poisson's equation　112
　── の解　solution of ──　169

マ

マクスウェル方程式　Maxwell's equations　203

メ

面積分　surface integral　36, 40
面積ベクトル　surface vector　37

モ

モノポール　monopole　160
　── が存在しない条件　no - monopole condition　161

ユ

誘導起電力　induced electromotive force　177
誘導電流　induced current　176

ラ

ラプラシアン　Laplacian　112
ラーモア半径（サイクロトロン半径）　Larmor radius　150

レ

連続方程式　continuity equation　125, 126
　── の微分形　differential form of ──　127, 128
レンツの法則　Lenz's law　176

ロ

ローレンツ力　Lorentz force　149

著者略歴

加藤岳生（かとう　たけお）

1971 年 静岡県生まれ．東京大学理学部物理学科卒業，同大学大学院理学研究科物理学専攻博士課程修了．大阪市立大学講師を経て，現在，東京大学物性研究所准教授．博士（理学）．

主な著書に，『一歩進んだ理解を目指す 物性物理学講義』（サイエンス社），『ゼロから学ぶ 統計力学』（講談社サイエンティフィク）などがある．

物理学レクチャーコース　**電磁気学入門**

2022 年 11 月 25 日　第 1 版 1 刷発行
2023 年 5 月 10 日　第 1 版 2 刷発行

検印
省略

定価はカバーに表示してあります．

著作者　加藤岳生
発行者　吉野和浩
発行所　東京都千代田区四番町 8-1
電話 03-3262-9166（代）
郵便番号 102-0081
株式会社 裳華房
印刷所　株式会社 精興社
製本所　牧製本印刷株式会社

一般社団法人
自然科学書協会会員

ISBN 978-4-7853-2411-7